高等职业教育教材

煤质化验工
高技能人才培训教程

陈　玲　主　编
李庆龄　副主编

MEIZHI
HUAYANGONG
GAOJINENG
RENCAI PEIXUN
JIAOCHENG

化学工业出版社
·北京·

内容简介

《煤质化验工高技能人才培训教程》根据初级、中级、高级煤质化验工职业技能鉴定的知识要求和技能要求组织内容。内容包括煤质化验室基础知识、煤样的采制、煤化学基础知识和煤炭分类、煤的工业分析、煤的元素分析、煤的发热量测定、煤的密度测定、煤的黏结性与结焦性测定、煤灰成分测定、煤灰熔融性测定及光电分析法等。本书的章对应于煤质化验工相应标准的“职业功能”，节对应于职业标准的“工作内容”。

本书适用于高职高专煤化工技术、煤炭综合利用、矿物（煤炭）加工等专业教学，也可作为煤质化验工职业技能考核鉴定前的培训教材，还可作为煤炭企业煤质化验从业人员的培训教材。相关从业人员也可参考阅读。

图书在版编目（CIP）数据

煤质化验工高技能人才培训教程/陈玲主编；李庆龄副主编．—北京：化学工业出版社，2022.10

ISBN 978-7-122-42562-1

Ⅰ．①煤…　Ⅱ．①陈…②李…　Ⅲ．①煤质-检验-职业技能鉴定-教材　Ⅳ．①TQ531

中国版本图书馆 CIP 数据核字（2022）第 212778 号

责任编辑：刘心怡　　文字编辑：杨凤轩　师明远
责任校对：王　静　　装帧设计：李子姮

出版发行：化学工业出版社（北京市东城区青年湖南街 13 号　邮政编码 100011）
印　　刷：三河市航远印刷有限公司
装　　订：三河市宇新装订厂
787mm×1092mm　1/16　印张 14¾　字数 360 千字　2023 年 9 月北京第 1 版第 1 次印刷

购书咨询：010-64518888　　售后服务：010-64518899
网　　址：http://www.cip.com.cn
凡购买本书，如有缺损质量问题，本社销售中心负责调换。

定　　价：**46.00 元**

前言

长期以来，煤炭一直是我国的主体能源。随着新能源的开发和利用，尽管近年来煤炭在一次能源中的占比呈现逐年下降的趋势，但我国“富煤、贫油、少气”的资源特点决定了目前煤炭在我国一次能源消费结构中仍处于主导地位。煤炭在相当长时间内仍将是体量较大的能源行业，还要发挥新能源逐步替代过程中保障能源安全的“兜底”作用。

随着“双碳”（2030 年实现碳达峰， 2060 年实现碳中和）目标的逐步推进，我国经济绿色低碳发展的宏图已经展开，这对于煤炭行业既是巨大挑战，也是空前机遇。在挑战与机遇并存下，煤炭行业势必迎来新一轮技术升级和产业转型。煤炭行业由自动化向智能化、无人化迈进，由超低排放向近零排放、零排放转变。可以预见的是，从现在到 2060 年，煤炭在能源消费中的占比将逐步下降，将由主体能源转变为基础能源，再由基础能源转变为保障能源，最后转变为支撑能源，也代表着我国煤炭行业将向着绿色智能化的方向发展。

近年来，煤炭在由单一燃料向燃料与原料并重转变中取得新进展。煤制油、煤制烯烃、煤制气、煤制乙二醇等煤化工技术趋于成熟。煤炭上下游产业融合发展，煤电、煤焦、煤化、煤钢一体化发展趋势明显。这些都意味着煤炭的利用更加合理，价值大幅提升。

以上目标的实现均建立在对煤炭性质详细分析、充分了解的基础上，无论是煤炭资源的合理开发、有效利用，还是妥善加工、价值提升，煤质化验工作都极为重要，因此煤炭行业对从事煤质化验工作的高技能人才有一定量需求。

本教材基于上述需求编写。本书编写团队在广泛调研和征求意见的基础上，本着科学、精练、实用的原则，结合煤炭行业需求和煤质化验工作性质，将内容分为基础知识和操作技能两大部分，共二十二章。全书由兰州石化职业技术大学陈玲任主编，李庆龄任副主编，赵旭会参编。具体编写分工如下：李庆龄编写第一～十、二十一、二十二章；赵旭会编写第十一～十三章；陈玲编写第十四～二十章。

由于时间仓促，加上编者水平有限，书中难免有不当之处，恳请广大读者批评指正。

编者

2022 年 2 月

目录

上篇　基础知识

第一章　化学分析和滴定分析概述

第二章　酸碱滴定法

第三章　重量分析法

第四章　滴定分析和重量分析操作方法

第五章　实验室安全知识

第六章　煤质分析概述

第七章　煤化学基础知识和煤炭分类

第八章　煤质化验室基础知识

第九章　煤样的采制

第十章　煤质化验室用称量仪器

第十一章　煤质化验室通用电热仪器

第十二章　煤质化验室的实际操作

第十三章　煤质分析中的误差和数据处理

下篇　操作技能

第十四章　煤的工业分析

第十五章 煤的元素分析

第十六章 煤的发热量测定

第十七章　煤的密度测定

第十八章　煤的黏结性与结焦性测定

第十九章　煤的其他性质分析

第二十章　煤灰成分测定

第二十一章　煤灰熔融性的测定

第二十二章　光电分析法

参考文献

上篇

基础知识

第一章　化学分析和滴定分析概述

第一节　分析方法分类

分析化学是关于研究物质的组成、含量、结构和形态等化学信息的分析方法及理论的一门科学，是化学的一个重要分支。其主要任务是鉴定物质的化学组成（元素、离子、官能团或化合物），测定物质的有关组分含量，确定物质的结构（化学结构、晶体结构、空间分布）和存在形态（价态、配位态、结晶态）及其与物质性质之间的关系等。

根据分析物质、分析目的、所用方法等不同，分析方法分为以下类型。

一、定性分析、定量分析、结构分析

按分析任务不同，分析方法分为以下三种。

1. 定性分析

定性分析的任务是鉴定物质的化学组成，如化合物、元素、离子、基团等。

2. 定量分析

定量分析的任务是测定各组成部分的含量或纯度。

通常在进行定量分析前应做定性分析，这是因为定量分析方法的选择和方案的拟定，与物质的定性组成，即试样的主要成分（或官能团）和主要杂质有关。但是在许多情况下，尤其是工业生产中的原料、半成品和产品等，他们的主要成分和主要杂质往往是已知的，常常不需要进行定性分析，而只需要进行定量分析。

3. 结构分析

用以确定物质的化学结构，如价态、晶态、平面与立体结构等。

二、无机分析和有机分析

根据分析对象不同，分析方法分为无机分析和有机分析。前者分析的对象是无机物，后者分析的对象是有机物。由于无机物和有机物在其组成和结构上的差异，因此在分析上的要求和分析手段也不尽相同。

无机物所含元素的种类很多，通常要求鉴定被测物质是由哪些元素、离子、原子团或化合物组成的，各组分的相对含量是多少，比如利用离子反应来测定物质的组成与含量等。

与无机分析不同，由于组成有机物（比如煤中有机质）的元素为数不多（主要有 C、

H、O、N、S等），但结构复杂，所以对有机物要做元素分析，更重要的是进行官能团分析和结构分析。

无机分析和有机分析应用于国民经济各部门中，形成了许多特定对象的分析。如金属与合金分析、硅酸盐材料分析、药物分析、食品分析、土壤分析、水质分析和大气分析等。

三、化学分析和仪器分析

按照分析方法依据的原理，分析方法可分为化学分析法和仪器分析法。

1. 化学分析法

化学分析法指的是以物质的化学反应为基础的分析方法，是依赖于特定的化学反应及其计量关系来对物质进行分析的方法。化学分析法历史悠久，是分析化学的基础，又称为经典分析法。

化学分析法通常用于测定相对含量在1%以上的常量组分，准确度相当高（一般情况下相对误差为0.1%～0.2%左右），所用天平、滴定管等仪器设备又很简单，是解决常量分析问题的有效手段。化学分析法被应用在许多实际生产领域，并且由于科学技术的发展，它在向自动化、智能化、一体化、在线化的方向发展，可以与各种仪器分析紧密结合。

化学分析法在定量分析中主要包括滴定分析法和重量分析法。

若将一种已知准确浓度的试剂溶液，滴加到被测组分的溶液中，直到恰好与被测组分反应完全为止，由消耗的试剂溶液体积及其浓度计算被测组分的含量，称为滴定分析法。

根据某一化学反应及一系列操作，使试样中的被测组分定量地转化成一种纯粹的、有固定组成的物质，称量所得产物的质量，从而计算被测组分的含量，这样的分析方法称为重量分析法。

2. 仪器分析法

以测定物质的光学性质、电学性质等物理或物理化学性质及其变化为基础的分析方法，称为物理或物理化学分析法，由于这类分析方法都需要较复杂的分析仪器，故一般又称为仪器分析法。仪器分析法包括光学分析法、电化学分析法和色谱法等。

① 凡是基于检测能量作用于待测物质后所产生的辐射信号或引起的变化的分析方法均可称为光学分析法。它可以分为光谱法和非光谱法两类。

光谱法以光的吸收、发射和拉曼散射等作用而建立的分析方法，它是通过检测光谱的波长和强度来进行分析的。属于这类方法的有：原子吸收光谱法、原子发射光谱法、原子荧光光谱法、紫外-可见分光光度法、红外吸收光谱法、核磁共振波谱法、X射线荧光光谱法、分子荧光光度法、分子磷光光度法、化学发光法和激光拉曼光谱法等。

非光谱法是指那些不以光的波长为特征信号，仅测量电磁辐射的某些基本性质，如折射、干涉、衍射和偏振等变化的分析方法。属于这类方法的有：折射法、干涉法、散射浊度法、旋光法、X射线衍射法和电子衍射法等。

② 电化学分析法是根据物质在溶液中的电化学性质及变化而建立的分析方法。根据所测得的电信号的不同，可以分为：电位分析法、电解和库仑分析法、电导分析法以及伏安和极谱分析法等。

③ 色谱法是一种分离和分析方法。色谱法主要有气相色谱法和液相色谱法等。

仪器分析法还包括质谱分析法、热分析法、放射化学分析法等方法。

四、常量分析、微量分析和痕量分析

根据分析试样的用量，分析方法可分为常量分析、半微量分析、微量分析和痕量分析。由于试样用量不同，各种方法使用的仪器及操作也有很大差异。例如，煤中全硫的测定，艾氏卡重量法是常量分析方法，库仑法是半微量分析方法。

各种分析方法的试样用量见表 1-1。

表 1-1　各种分析方法的试样用量

方法	试样质量/g	试样体积/mL
常量分析	0.1～1	10～100
半微量分析	0.01～0.1	1～10
微量分析	0.001～0.01	0.1～1
痕量分析	0.0001～0.001	0.01～0.1

五、常规分析、快速分析和仲裁分析

按分析的性质和目的，分析方法可分为常规分析、快速分析和仲裁分析。

1. 常规分析

常规分析是指一般化验室对日常生产中的原材料或产品所进行的分析，又叫例行分析。要求有一定的分析准确度，“准”是前提，然后考虑“快”。

2. 快速分析

生产过程中，由于调整工艺参数、控制生产流程等需要，要求在极短的时间内，报出化验结果，“快”成为主要目标，这样的分析方法称为快速分析。例如，洗煤生产过程中快灰的测定、炼钢时的炉前分析等，分析时，“快”是前提，再适当考虑“准”。

3. 仲裁分析

仲裁分析是指不同单位对某一试样的分析结果发生争议时，要求权威部门用指定的方法进行准确的分析，并以此做出裁定。显然，仲裁分析对分析方法和分析结果的准确度有很高要求。

比如，当煤炭供销双方或不同的化验室对分析结果有争议时，要求有关单位进行准确的分析，即为仲裁分析。仲裁分析一般采用公认的“经典”方法。由于煤炭是大宗商品，供销双方在采、制、化中又站在各自的利益立场，因此分析结果常有争议，为了解决这个问题，我国逐渐采用双方认可的有关单位（第三方）进行准确的采、制、化工作，以达到公平、公正。

第二节　滴定分析法概述

一、滴定分析法

将一种已知准确浓度的试剂溶液滴加到待测物质的溶液中（或将待测物质的溶液滴加到已知准确浓度的溶液中），直到两者按化学计量关系恰好反应完全，根据加入试剂的浓度、体积计算出被测物质含量的分析方法称为滴定分析法。

在上述定义中，已知准确浓度的试剂溶液称为标准溶液，也称为滴定剂。将滴定剂由滴定管加到待测溶液中的操作过程称为滴定。当加入的滴定剂与被测物质按反应式的化学计量关系恰好反应完全时，反应即达到了化学计量点，用 sp 表示。一般通过指示剂颜色的变化来判断化学计量点的到达，指示剂颜色变化而停止滴定的点称为滴定终点，用 ep 表示。在实际分析中，滴定终点与理论上的化学计量点不一定恰好吻合，由此造成的分析误差称为终点误差或滴定误差。

滴定分析法又称为容量分析法，主要用于常量组分的测定，有时采用微量滴定管也能进行微量滴定。

滴定分析需要基准物质作标准，而基准物质的组成是否可靠，直接影响容量分析的准确度。但是，该方法准确度高，操作简便、快捷，仪器结构简单、价格低廉，方法成熟。因此，滴定分析法在生产和科研中具有重要的实用价值。

二、滴定分析法必须具备的条件

滴定分析法是以化学反应为基础的分析方法，并不是所有的化学反应都能用于滴定分析，适用于滴定分析的化学反应必须具备以下条件：

① 滴定反应要按一定的化学反应方程式进行，无副反应发生，反应定量且进行的完全程度要达到 99.9%以上，这是定量计算的基础。

② 化学反应的速率要快。对于速率较慢的反应，需通过加热或加入催化剂等方法提高其反应速率。

③ 反应的选择性要高。标准溶液只能与被测物质反应，如有干扰组分，必须用适当的方法分离或掩蔽，消除干扰。

④ 有简便、合适、可靠的方法确定滴定终点。比如有适宜的指示剂可选择。

三、滴定分析法的分类

根据标准溶液和被测物质发生反应类型的不同，可将滴定分析法分为以下 4 类：

1. 酸碱滴定法

酸碱滴定法是以酸碱反应为基础的滴定分析方法。可用来测定酸、碱以及能直接或间接与酸、碱发生反应的物质的含量。

2. 沉淀滴定法

沉淀滴定法是以沉淀反应为基础的滴定分析方法。此类方法中，银量法应用最广泛。可用来测定含 Cl^-、Br^-、I^-、SCN^- 等离子的化合物。

3. 配位滴定法（络合滴定法）

配位滴定法是以配位反应（络合反应）为基础的滴定方法。用于测定金属离子或配位剂的含量。

4. 氧化还原滴定法

氧化还原滴定法是以氧化还原反应为基础的滴定分析方法。可用于直接测定具有氧化性或还原性的物质，也可间接测定某些不具有氧化性或还原性的物质。

第三节　基准物质与标准溶液

一、基准物质

用于直接配制标准溶液的化学试剂称为基准物质（或基准试剂）。基准物质必须满足以下条件：

① 纯度要高，干燥以后基准物质含量在99.9%以上。

② 物质的组成要与化学式完全相符。若含结晶水，其含量也应与化学式相符。

③ 一般条件下性质稳定，干燥时不分解，称量时不吸水，不吸收CO_2，不被空气氧化等。

④ 具有较大摩尔质量，以减小称量误差。

⑤ 反应过程中不发生副反应，反应后的产物组成稳定。

常用基准物质及干燥条件和应用范围见表1-2。

表1-2　常用基准物质及干燥条件和应用范围

基准物质名称	分子式	干燥后组成	干燥条件/℃	应用
碳酸氢钠	$NaHCO_3$	Na_2CO_3	270～300	标定酸
碳酸钠	Na_2CO_3	Na_2CO_3	270～300	标定酸
邻苯二甲酸氢钾	$C_6H_4C_2O_4HK$	$C_6H_4C_2O_4HK$	110～120	标定碱
重铬酸钾	$K_2Cr_2O_7$	$K_2Cr_2O_7$	140～150	标定还原剂
碘酸钾	KIO_3	KIO_3	130	标定还原剂
草酸钠	$Na_2C_2O_4$	$Na_2C_2O_4$	130	标定氧化剂
碳酸钙	$CaCO_3$	$CaCO_3$	110	标定EDTA
氧化锌	ZnO	ZnO	900～1000	标定EDTA
氯化钠	NaCl	NaCl	500～600	标定$AgNO_3$
锌	Zn	Zn	室温干燥器中保存	标定EDTA

二、标准溶液的配制与标定

标准溶液的配制，通常有直接配制法和间接配制法两种。

1. 直接配制法

直接配制法是指准确称量一定质量的固体试剂，溶解于适量溶剂后，移入容量瓶中，稀释、定容的操作方法。根据称取固体试剂的质量和容量瓶的容积，即可计算出该溶液的准确浓度。

2. 间接配制法（标定法）

由于许多物质纯度达不到基准物质的要求，如易吸潮、易挥发、易风化等，其标准溶液不能采用直接法配制，只能采用间接法。

间接配制法是指称取一定量的试剂，配成一定浓度的溶液（称为待标定溶液），用另一种基准物质或另一种标准溶液来标定该溶液浓度的操作方法。利用基准物质或已知准确浓度的标准溶液来测定待标定溶液的操作过程称为标定。标定的方法有两种：

（1）用基准物质标定　准确称取一定量的基准物质，溶解后用待标定溶液滴定，根据基准物质的质量和待标定溶液的体积，即可计算出待标定溶液的准确浓度。大多数标准溶液用基准物质来标定其准确浓度。例如，NaOH标准溶液常用邻苯二甲酸氢钾、草酸等基准物质来标定其准确浓度。

（2）与已知浓度的标准溶液比较滴定　准确吸取一定量的待标定溶液，用已知浓度的标准溶液滴定，或准确吸取一定量标准溶液，用待标定溶液滴定，根据两种溶液的体积和标准溶液的浓度来计算待标定溶液的浓度。例如，用已知浓度的 HCl 标准溶液标定未知浓度的 NaOH 溶液。

第四节　溶液的浓度

溶液的浓度是指一定量溶液或溶剂中溶质的量。溶液量一定时，溶质含量越多，溶液浓度越大。

根据试剂的性质和使用上的不同要求，可以用多种表示方法表示溶液浓度。这里主要讲的有以下几种表示方法。

一、溶液浓度的表示方法

1. 物质的量浓度

物质的量浓度是指单位体积溶液中所含溶质的物质的量，单位为 mol/L。

物质的量的基本单位是摩尔，其定义如下：1 摩尔是一系统物质的量，该系统中所包含基本单元数与 0.012kg 的碳 12 的原子数目相等。在使用摩尔时，基本单元应指明，可以是原子、分子、离子、电子及其他粒子，或是这些粒子的特定组合。

例如，$c(NaOH)=1mol/L$，表示溶质的基本单元是氢氧化钠分子，其摩尔质量为 40g/mol，溶液的浓度为 1mol/L，即每升溶液中含有 40g 氢氧化钠。

$c(1/2H_2SO_4)=3mol/L$，表示溶质的基本单元是 1/2 硫酸分子，摩尔质量为 49g/mol，溶液的浓度为 3mol/L，即每升溶液中含有 3×49g=147g 硫酸。

$c(1/2Ca^{2+})=1mol/L$，表示溶质的基本单元是 1/2 钙离子，其摩尔质量为 20.04g/mol，溶液的浓度为 1mol/L，即每升溶液中含有 20.04g 钙离子。

物质的量浓度是一个非常重要的量值，根据摩尔质量可以导出溶质的质量、溶质的摩尔质量、溶液体积之间的关系。假设溶质为 B，则其物质的量浓度为

$$c_B=\frac{n_B}{V}=\frac{m_B}{M_BV}$$

式中　m_B——溶质的质量，g；

M_B——溶质的摩尔质量，g/mol；

n_B——溶质的物质的量，mol；

V——溶液的体积，L。

根据上式可得

$$n_B=\frac{m_B}{M_B}$$

$$m_B=n_BM_B=C_BM_BV$$

［例 1-1］ 称取 8.0g NaOH，配成 500mL 溶液，求此 NaOH 溶液的物质的量浓度。

解：

$$c(\mathrm{NaOH})=\frac{8.0}{40.00\times 0.500}=0.40(\mathrm{mol/L})$$

2. 滴定度 T

滴定度是指每毫升标准溶液相当于待测物质的质量，用 $T_{T/A}$ 表示，下标中 T 是滴定剂，A 是待测物质。换句话说，1mL 标准溶液相当于被测物质的质量就是该标准溶液对被测物质的滴定度。例如，1mL 重铬酸钾标准溶液相当于 5.6mg 铁，即重铬酸钾标准溶液对铁的滴定度为 5.6mg/mL。

生产过程的例行分析中，使用滴定度比较方便，可直接用滴定度计算待测物质的质量和质量分数。

3. 质量浓度

物质 B 的质量浓度（ρ_B）定义为物质 B 的质量除以混合物的体积。常用质量浓度的单位为 g/L、mg/L 或 mg/mL。

对由固体试剂配制的溶液往往用这种浓度表示方式，如 NaOH 的质量浓度为 10.0g/L。配制方法是称取 10.0g NaOH 固体，用水溶解后稀释至 1L，即 1L NaOH 溶液中含有固体 NaOH 10g。

4. 质量分数

质量分数是指 100g 溶液中所含溶质的质量（g）。各种原装酸和碱的浓度一般用这种方式来表示。例如，原装硫酸浓度为 98%，就是指 100g 硫酸溶液中含 H_2SO_4 为 98g。

5. 体积分数

体积分数是指 100mL 溶液中所含溶质的体积（mL）。各种溶液一般用这种方式来表示。例如，95%乙醇溶液，就是指 100mL 溶液中含乙醇 95mL。

6. 稀释度（1+X）

稀释度（1+X）是指 1 体积的原装酸或碱的浓溶液用 X 体积水稀释而成的溶液的浓度。例如，(1+5)HCl 溶液是指把 1 体积的浓盐酸溶于 5 体积水而成的溶液。

二、溶液浓度的换算

由上述内容可知，表示溶液浓度的方法概括起来可以分为两大类：一类是体积浓度，表示一定体积溶液中所含溶质的量；另一类是质量浓度，表示一定质量溶液中溶质的量。

溶液浓度的相互换算，实质上是以下两个方面的换算：

① 溶质的质量与溶质的物质的量之间的相互换算；

② 溶液的质量与溶液的体积之间的相互换算。

比如，质量浓度和物质的量浓度之间的相互换算。

由前述内容可知，物质质量浓度是以每升溶液中所含溶质的质量来表示，而物质的量浓度是以每升溶液中所含溶质的物质的量（mol）来表示，两者之间的换算式如下：

$$\rho_B=\frac{m_B}{V}=\frac{n_B M_B}{V}=c_B M_B$$

即

$$\rho_B=c_B M_B$$

或

$$c_B=\frac{\rho_B}{M_B}$$

[例 1-2] 市售 98%的浓 H_2SO_4（密度为 1.84g/mL），试计算该溶液的物质的量浓度。

解： 由已知条件可知，该溶液的质量浓度

$$\rho_{H_2SO_4}=1.84\times1000\times98\%=1803(g/L)$$

所以该溶液的物质的量浓度

$$c(H_2SO_4)=\frac{\rho_{H_2SO_4}}{M_{H_2SO_4}}=\frac{1803}{98.08}=18.4(mol/L)$$

[例 1-3] 要配制 $c(Na_2CO_3)=0.5mol/L$ 溶液 500mL，应如何配制？

解： 配制该溶液需要 Na_2CO_3 的量是

$$m=cVM/1000=0.5\times500\times106/1000=26.5(g)$$

称取 26.5g Na_2CO_3 溶于水中，用水稀释至 500mL 摇匀，即可得 0.5mol/L Na_2CO_3 溶液。

三、溶液的稀释

在化验工作中，常需要把浓溶液稀释成化验所需浓度。溶液稀释后，虽然浓度发生变化，但溶液中所含溶质的量没有改变。因此浓度稀释公式是

$$c_1V_1=c_2V_2$$

式中 c_1——稀释前溶液的浓度；

V_1——稀释前溶液的体积；

c_2——稀释后溶液的浓度；

V_2——稀释后溶液的体积。

[例 1-4] 要配制 500mL 的 $c(NaOH)=0.2mol/L$ 的溶液，需 $c(NaOH)=0.5mol/L$ 的溶液多少毫升？

解： 根据公式 $c_1V_1=c_2V_2$

有 $0.5\times V_1=0.2\times0.5$

故 $V_1=0.2L=200mL$

答： 需 $c(NaOH)=0.5mol/L$ 的溶液 200mL。

将 $c(NaOH)=0.5mol/L$ 的溶液 200mL 倒入 500mL 容量瓶中，用水稀释至刻度即可。

第二章　酸碱滴定法

酸碱滴定法是指利用酸和碱在水中以质子转移反应为基础的滴定分析方法。可用于测定酸、碱和两性物质，是一种利用酸碱中和反应进行容量分析的方法。用酸作滴定剂可以测定碱，用碱作滴定剂可以测定酸，这是一种用途极为广泛的分析方法。最常用的酸标准溶液是盐酸，有时也用硝酸和硫酸。标定它们的基准物质是碳酸钠。

酸碱中和反应的实质，是 H^+ 和 OH^- 结合生成难电离的水。化学反应式为：

$$H^+ + OH^- \rightleftharpoons H_2O$$

广义地说，凡能与 H^+ 或 OH^- 结合而生成难电离的弱电解质的反应，都属于酸碱反应的范围。因此一般强酸和弱酸（如 HCl、$H_2C_2O_4$），强碱和弱碱（如 NaOH、$NH_3 \cdot H_2O$），以及直接能与酸或碱起反应的弱酸盐或弱碱盐（如 Na_2CO_3）都可用酸碱滴定法测定其含量。有些物质虽然不能与酸或碱直接发生反应，但也可利用酸碱滴定法通过间接的方式进行测定。

酸碱中和反应的化学方程式中有关物质的计算应遵循等物质的量规则，在酸碱滴定中，反应的实质是质子的转移，因此就以给出或接受一个质子的组合作为基本单元。例如，用 NaOH 标准溶液滴定 H_2SO_4 溶液时

$$2NaOH + H_2SO_4 \longrightarrow Na_2SO_4 + 2H_2O$$

在此反应中，一个 NaOH 接受一个质子，则以 NaOH 为基本单元，而一个 H_2SO_4 给出两个质子，因此硫酸的基本单元为 $1/2H_2SO_4$，故化学反应方程式也可写成

$$NaOH + 1/2H_2SO_4 \longrightarrow 1/2Na_2SO_4 + H_2O$$

这样可直接表达基本单元。

第一节　酸碱平衡理论基础

一、酸碱质子理论

酸碱质子理论是丹麦化学家布朗斯特和英国化学家汤马士・马丁・劳里于 1923 年各自独立提出的一种酸碱理论，是处理酸碱平衡的基础。该理论认为：凡是可以释放质子（氢离子 H^+）的分子或离子为酸（布朗斯特酸），凡是能接受氢离子的分子或离子则为碱（布朗斯特碱）。酸（HA）失去质子后变成碱（A^-）；同样，碱（A^-）得到一个质子后又变成酸（HA）。

$$HA \rightleftharpoons H^+ + A^-$$

上述反应称为酸碱半反应。反应中的 HA 是酸，它给出质子后转化生成的 A^- 对于质子具有一定的亲和力，能够接受质子，因而 A^- 是一种碱。这种因一个质子的得失而相互转变的一对酸碱，称为共轭酸碱对。上述反应中，HA 和 A^- 称为共轭酸碱对。

根据酸碱质子理论，酸和碱可以是中性分子，也可以是阳离子或阴离子。另外，对于某种具体物质到底是酸还是碱，要在具体环境下进行分析。例如，NH_4^+、HAc 是酸，NH_3、Ac^- 是碱，但 $H_2PO_4^-$ 既可以给出质子，又可以接受质子，这类物质称为两性物质。

二、水溶液中的酸碱解离平衡

在水溶液中存在酸碱解离平衡。酸碱的强弱取决于物质给出质子或接受质子能力的强弱。给出质子的能力越强，该物质的酸性就越强；反之就越弱。同理，接受质子的能力越强，碱性就越强；反之就越弱。在共轭酸碱对中，如果酸越容易给出质子，酸性越强，其共轭碱对质子的亲和力就越弱，就越不容易接受质子，碱性就越弱；反之，酸性越弱，给出质子的能力就越弱，则其共轭碱就越容易接受质子，因此碱性就越强。

三、酸碱平衡体系的相关概念

1. 酸的浓度和酸度

酸的浓度也就是酸的分析浓度，指单位体积的溶液中含有某种酸的物质的量，包括已解离和未解离的酸的浓度。

酸度是指溶液中 H^+ 的平衡浓度，通常用溶液的 pH 表示。

2. 分析浓度、平衡浓度及分布系数

在酸碱水溶液的平衡体系中，一种溶质往往以多种不同的型体存在于溶液中。其分析浓度是指溶液中该溶质各种平衡浓度的总和，用符号 c 表示（单位为 mol/L）。平衡浓度是指在平衡状态时，溶液中溶质各型体的浓度，用符号 [ ] 表示。例如 0.1mol/L 的 NaCl 和 HAc 溶液，它们各自的分析浓度 c_{NaCl} 和 c_{HAc} 都是 0.1mol/L。但是 NaCl 完全解离，因此 $[Cl^-]=[Na^+]=0.1mol/L$；而 HAc 是弱酸，因部分解离，在溶液中存在两种型体，即 HAc 和 Ac^-，平衡浓度分别为 [HAc] 和 $[Ac^-]$，二者之和为分析浓度，即

$$c_{HAc}=[HAc]+[Ac^-]$$

分布系数是指溶液中某种酸碱组分的平衡浓度在溶质总浓度中所占的分数，又称为分布分数，以 δ_i 表示，并用下标 i 说明它所属型体。计算式为：

$$\delta_i=\frac{[i]}{c}$$

对于一元弱酸 HA，设其浓度为 c（mol/L），在水溶液中达到解离平衡后有两种型体，浓度分别为 [HA] 和 $[A^-]$，根据分布系数的定义，得 HA 和 A^- 的分布系数分别为

$$\delta_{HA}=\frac{[HA]}{c}$$

$$\delta_{A^-}=\frac{[A^-]}{c}$$

因

$$[HA]+[A^-]=c$$

故 $$\delta_{HA}+\delta_{A^-}=1$$

根据分析浓度和分布系数，就可计算出在某一酸度的溶液中一元弱酸两种存在型体的平衡浓度。同样，已知某一型体的平衡浓度及分布系数，也可计算其分析浓度。

第二节 酸碱标准溶液

酸碱滴定中最常用的标准溶液是 HCl 和 NaOH，也可用 H_2SO_4、HNO_3、KOH 等其他强酸强碱，浓度一般为 0.01～1mol/L，最常用的浓度是 0.1mol/L，通常采用间接法配制。

一、酸标准溶液

酸标准溶液一般用浓 HCl 采用间接法配制，即先配成近似浓度的溶液，然后用基准物质标定。通常用来标定的基准物质为无水碳酸钠和硼砂。

无水碳酸钠的优点是容易获得纯品、价格便宜，但吸湿性强，用前应在 270～300℃的条件下干燥至恒重，然后放在干燥器中保存备用。称量时动作要快，以免吸收空气中的水分而引入误差。

硼砂的优点是容易制得纯品、不易吸水、称量误差小，但当空气的相对湿度小于 39%时，容易失去结晶水，因此应保存在相对湿度为 60%的恒湿容器中。

二、碱标准溶液

碱标准溶液一般用 NaOH 配制，最常用浓度为 0.1mol/L。有时需用到浓度高达 1mol/L 或低到 0.01mol/L 的溶液。易吸潮，也易吸收空气中的 CO_2 以致常含有 Na_2CO_3，而且 NaOH 中还可能混有硫酸盐等杂质，因此用间接法配制其标准溶液。为了配制不含 CO_3^{2-} 的碱标准溶液，可采用浓碱法，用 1 份纯净的 NaOH，加入 1 份水，搅拌使之溶解，配成 50%的浓溶液，在此溶液中 Na_2CO_3 的溶解度很小，待沉淀后，取上清液稀释成所需浓度，再加以标定。常用来标定的基准物质有邻苯二甲酸氢钾、草酸等。邻苯二甲酸氢钾容易获得纯品，不含结晶水，不吸潮，容易保存，标定时，称量误差较小，是一种良好的基准物质。

第三节 酸碱指示剂

一、酸碱指示剂的变色原理

在酸碱滴定过程中，溶液的 pH 随着滴定剂的不断加入而发生变化，为了指示滴定终点的到达，常用的最简单的方法是用酸碱指示剂。酸碱指示剂是一类有机弱酸或弱碱，它们的共轭酸碱对具有不同结构，因而呈现不同颜色。当溶液的 pH 发生改变时，指示剂得到质子转化为酸式结构或失去质子转化为碱式结构而发生结构转变，导致指示剂的颜色改变。

二元弱酸酚酞，在酸性溶液中，它主要以酸式结构存在，溶液无色；在碱性溶液中，它主要以碱式结构（醌型）存在，溶液显红色。

类似酚酞，在酸式或碱式型体中，仅有一种型体具有颜色的指示剂，称为单色指示剂。

甲基橙是一种有机弱碱，它在碱性溶液中主要以碱式型体偶氮结构存在，溶液呈黄色。当溶液酸性增强时，它主要以醌式双极离子体存在，溶液由黄色转变为红色；反之，由红色转变为黄色。

类似甲基橙，在酸式和碱式型体中，均有颜色的指示剂称为双色指示剂。

需要注意的是，指示剂以酸式或碱式型体存在，并不表明此时溶液一定呈酸性或碱性。

二、指示剂的变色范围

前面介绍了指示剂为什么会在酸、碱溶液中变色，但它们在多大的范围内变色，对滴定来说更为重要。因为只有知道了某种指示剂在多大的范围内变色，才有可能用它来指示滴定终点。要解决这个问题，必须知道指示剂的变色范围与溶液之间的关系。

现以弱酸性指示剂（符号为 HIn）为例，来说明指示剂的变色与溶液 pH 之间的关系。HIn 在溶液中有如下解离平衡：

$$\underset{\text{酸式型体}}{HIn} \rightleftharpoons H^+ + \underset{\text{碱式型体}}{In^-}$$

平衡时，可得

$$K_{HIn}=\frac{[H^+][In^-]}{[HIn]}$$

K_{HIn} 为指示剂的解离平衡常数，又称为指示剂常数。在一定温度下，为常数。上式可改写为

$$\frac{[In^-]}{[HIn]}=\frac{K_{HIn}}{[H^+]}$$

此式表明：在溶液中，$[In^-]$ 和 $[HIn]$ 的比值取决于溶液的指示剂常数 K_{HIn} 和溶液酸度 $[H^+]$ 两个因素。K_{HIn} 是由指示剂的本质决定的，对于某种指示剂，在一定温度下，K_{HIn} 为常数，因此某种指示剂的颜色完全由溶液的 $[H^+]$ 来决定。由于指示剂的酸式型体和碱式型体具有不同的颜色，pH 的变化引起不同型体在总浓度中所占比例的变化，导致溶液颜色改变。

显然，在溶液中，指示剂的两种颜色必定同时存在，也就是说，溶液中指示剂的颜色应当是两种不同颜色的混合色。由于人眼对颜色分辨有一定限度，实验证明，当两种颜色的浓度之比是 10 倍或 10 倍以上时，人们只能看到浓度较大的那种颜色，而另一种颜色就辨别不出来。

指示剂呈现的颜色与溶液中的 $[In^-]/[HIn]$ 及 pH 三者之间的关系为：

$[In^-]/[HIn]\leqslant 1/10$　即 $pH\leqslant pK_{HIn}-1$　酸式色

$1/10<[In^-]/[HIn]<10$　即 $pK_{HIn}-1<pH<pK_{HIn}+1$　颜色逐渐变化的混合色

$[In^-]/[HIn]\geqslant 10$　即 $pH\geqslant pK_{HIn}+1$　碱式色

由上可知，当 pH 小于 $pK_{HIn}-1$ 或大于 $pK_{HIn}+1$ 时，都观察不出溶液颜色随酸度不同而变化的情况。只有当溶液的 pH 由 $pK_{HIn}-1$ 变化到 $pK_{HIn}+1$（或由 $pK_{HIn}+1$ 变化到 $pK_{HIn}-1$）时，才可以观察到指示剂由酸式（碱式）色经混合色变化到碱式（酸式）色这一过程。因此，这一颜色变化的 pH 范围，即 $pH=pK_{HIn}\pm 1$，称为指示剂的理论变色范

围。指示剂的 pK_{HIn} 值不同，其变色范围也不同。当 $[In^-]/[HIn]=1$ 时，指示剂的酸式色与碱式色各占一半，溶液呈现指示剂的过渡颜色。此时 $pH=pK_{HIn}$，是指示剂变色最灵敏点，称为指示剂的理论变色点。

指示剂的实际变色范围是通过目测确定的，与理论值并不完全一致，具体数据见表 2-1，这是因为人眼对各种颜色的敏感程度有差别，以及指示剂两种颜色的强度不同所致。例如甲基橙的 $pK_{HIn}=3.4$，理论变色范围应为 pH＝2.4～4.4，但实际变色范围却是 pH＝3.1～4.4。

在滴定过程中，并不要求指示剂由酸式色完全转变为碱式色或者相反，而只需在指示剂的变色范围内找出能产生明显颜色改变的点，即可据此指示滴定终点。

由于不同的人对同一颜色的敏感程度有所不同，就算是同一个人，在观察同一颜色变化过程时也会有差异。一般来说，人们观察指示剂颜色的变化约有 0.2～0.5pH 单位的误差，称之为观测终点的不确定性，用 ΔpH 来表示，一般按 ΔpH＝±0.2 来考虑，作为使用指示剂观测终点的分辨极限值。常用酸碱指示剂见表 2-1，常用混合指示剂见表 2-2。

表 2-1 常用酸碱指示剂

指示剂	变色范围	颜色	
	pH	酸色	碱色
百里酚蓝	1.2～2.8	红	黄
甲基橙	3.1～4.4	红	黄
溴酚蓝	3.1～4.6	黄	紫
甲基红	4.4～6.2	红	黄
溴百里酚蓝	6.0～7.6	黄	蓝
酚红	6.7～8.4	黄	红
酚酞	8.0～10.0	无	红
百里酚酞	9.4～10.6	无	蓝

表 2-2 常用混合指示剂

指示剂的溶质组合	变色点	颜色	
	pH	酸色	碱色
1 份 0.1%甲基黄乙醇溶液 1 份 0.1%亚甲基黄乙醇溶液	3.25	蓝紫	绿
3 份 0.1%溴甲酚绿乙醇溶液 1 份 0.2%甲基红乙醇溶液	5.1	酒红	绿
1 份 0.1%溴甲酚绿钠盐水溶液 1 份 0.1%氯酚红钠盐水溶液	6.1	黄绿	蓝紫
1 份 0.1%中性红乙醇溶液 1 份 0.1%亚甲基蓝乙醇溶液	7.0	蓝紫	绿
1 份 0.1%甲酚红钠盐水溶液 3 份 0.1%百里酚蓝盐水溶液	8.3	黄	紫
1 份 0.1%百里酚蓝 50%乙醇溶液 2 份 0.1%酚酞 50%乙醇溶液	9.0	黄	紫

第四节　酸碱滴定法的基本原理

在滴定分析中，随着滴定剂体积的增大，反应液中待测组分浓度也随之变化，以组分浓度（或浓度负对数）为纵坐标，滴定剂加入体积（或体积分数）为横坐标作图，得到的曲线称为滴定曲线。本节主要介绍酸碱滴定过程中 pH 的变化曲线，并且以滴定曲线为核心内容来讨论酸碱完全滴定的条件、滴定突跃及其影响因素、酸碱指示剂的选择、滴定误差等内容。

一、强酸（碱）的滴定

酸碱滴定中，当酸提供的 H^+ 物质的量与碱提供的 OH^- 物质的量相等时，反应完全。

强酸强碱相互滴定的过程可以分四个阶段，分别是：滴定以前，滴定开始至化学计量点前，化学计量点时，化学计量点后。

现以 0.1000mol/L NaOH 滴定 20.00mL 0.1000mol/L HCl 为例，其反应产物是 NaCl 和 H_2O，化学计量点时溶液呈中性，整个滴定过程酸度计算的依据是

$$c(H^+)V=c(OH^-)V$$

① 滴定以前，溶液的酸度等于 HCl 的原始浓度，即

$$c(H^+)=0.1000\text{mol/L};\ pH=1$$

② 滴定开始至化学计量点前，溶液的酸度取决于剩余 HCl 的浓度。

$$c(H^+)=0.1000\text{mol/L}\times\frac{\text{剩余 HCl 的体积}}{\text{溶液的总体积}}$$

当滴入 NaOH 溶液 19.98mL 时

$$c(H^+)=0.1000\times\frac{0.02}{19.98+20.00}=5\times10^{-5}(\text{mol/L});\ pH=4.3$$

③ 化学计量点时，已滴入 NaOH 溶液 20.00mL 时，溶液呈中性，这时的 pH 值取决于水的电离。

$$c(H^+)=1\times10^{-7}\text{mol/L};\ pH=7$$

④ 化学计量点后，溶液的碱度取决于过量 NaOH 的浓度。

$$c(OH^-)=0.1000\text{mol/L}\times\frac{\text{过量 NaOH 体积}}{\text{溶液的总体积}}$$

当滴入 NaOH 溶液 20.02mL 时

$$c(OH^-)=0.1000\times\frac{0.02}{20.02+20.00}=5\times10^{-5}(\text{mol/L});\ pOH=4.3;\ pH=9.7$$

如此逐一计算，数据列于表 2-3 中。

表 2-3　0.1000mol/L NaOH 滴定 20.00mL 0.1000mol/L HCl

加入 NaOH/mL	剩余 HCl/mL	过量 NaOH/mL	pH 值
0.00	20.00		1.0
18.00	2.00		2.3
19.80	0.20		3.3
19.98	0.02		4.3

续表

加入 NaOH/mL	剩余 HCl/mL	过量 NaOH/mL	pH 值
20.00	0.00		7.0
20.02		0.02	9.7
20.20		0.20	10.7
22.00		2.00	11.7
40.00		20.00	12.5

以上计算可知，在化学计量点前后，从剩余 0.02mL HCl 到过量 0.02mL NaOH，总共不过是 0.04mL（约一滴），但溶液的 pH 值却从 4.3～9.7 变化了 5.4 个 pH 单位，形成了滴定曲线（图 2-1）中的“突跃”部分，指示剂的选择主要以此为根据。显然，最理想的指示剂应该恰好在化学计量点时变色，但凡 pH 值在 4.3～9.7 以内能引起变色的指示剂都可保证测定有足够的准确度。所以，甲基橙、甲基红、酚酞等都可用作这一类型滴定的指示剂。

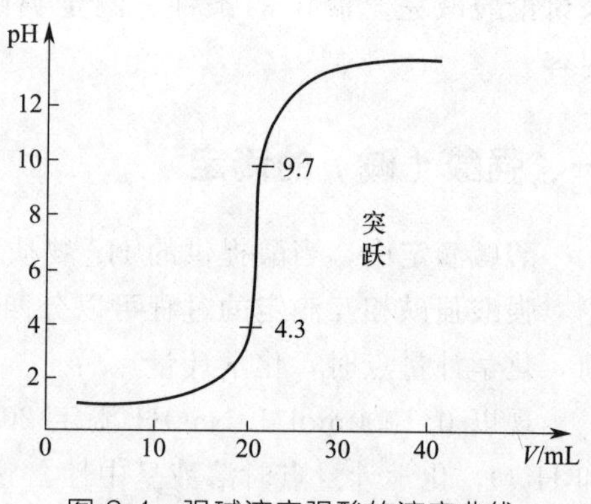

图 2-1 强碱滴定强酸的滴定曲线

突跃范围的大小与酸碱的物质的量浓度有关，如果 0.1mol/L 的 HCl 用 1mol/L 的 NaOH 溶液滴定，滴定突跃范围为 3.3～10.7；用 0.01mol/L NaOH 溶液滴定，突跃范围为 5.3～10.7。这是因为 NaOH 浓度越大，最后一滴溶液所含的碱量越多，所引起 pH 改变也越大，所引起的误差也越大，因此应尽可能做到酸碱的浓度相同。

二、强碱（酸）滴定弱酸（碱）

若某一弱酸在水中的电离平衡为

$$HB \rightleftharpoons H^+ + B^-$$

其平衡常数为

$$K_a = \frac{c(H^+) \cdot c(B^-)}{c(HB)}$$

设弱酸电离的 $c(H^+)$ 很少，那么

$$c(H^+) = \sqrt{K_a c(HB)}$$

以 0.1000mol/L NaOH 滴定 20.00mL 0.1000mol/L CH_3COOH（简写为 HAc）为例：

① 滴定前，溶液是 0.1000mol/L HAc 溶液，溶液中 H^+ 浓度可根据电离常数来计算。

$$c(H^+) = \sqrt{K_a c(HAc)} = \sqrt{1.8\times10^{-5}\times0.1000} = 1.34\times10^{-3}(mol/L);\ pH = 2.9$$

② 滴定开始至化学计量点前，溶液中未反应的 HAc 和反应产物 Ac^- 同时存在，组成一个缓冲体系，溶液的 pH 值取决于这两者浓度的值，可根据下式计算。

$$pH = pK_a - \lg\frac{c_{酸}}{c_{盐}}$$

当滴入 NaOH 溶液为 19.98mL 时

$$c(\mathrm{HAc})=0.1000\times\frac{0.02}{20.00+19.98}=5\times10^{-5}(\mathrm{mol/L})$$

$$c(\mathrm{Ac^-})=0.1000\times\frac{19.98}{20.00+19.98}=5\times10^{-2}(\mathrm{mol/L})$$

$$\mathrm{pH}=4.74-\lg\frac{5\times10^{-5}}{5\times10^{-2}}=7.7$$

③ 化学计量点时，已滴入 NaOH 20.00mL，全部 HAc 已被反应生成 NaAc，但由于 NaAc 的水解，溶液必呈碱性，这时溶液的 pH 值可根据下式计算。

$$\mathrm{pH}=7+1/2\mathrm{p}K_a+1/2\lg c_{盐}$$

$$c(\mathrm{Ac^-})=0.1000\times\frac{20.00}{20.00+20.00}=0.05(\mathrm{mol/L})$$

$$\mathrm{pH}=7+1/2\times4.74+1/2\ \lg(5\times10^{-2})=8.7$$

④ 化学计量点后，由于过量 NaOH 的存在，抑制了 Ac^- 的水解，溶液的 pH 值取决于过量的 NaOH 浓度，其计算方法与强碱滴定强酸相同，即 $c_1V_1=c_2V_2$。

例如，已滴入 NaOH 溶液为 20.02mL，则

$$c(\mathrm{OH^-})=0.1000\times\frac{0.02}{20.00+20.02}=5\times10^{-5}(\mathrm{mol/L});\ \mathrm{pOH}=4.3;\ \mathrm{pH}=9.7$$

如此逐一计算，并将计算结果列于表 2-4 中。

表 2-4　0.1000mol/L NaOH 滴定 20.00mL 0.1000mol/L CH_3COOH

加入 NaOH/mL	剩余 HAc/mL	过量 NaOH/mL	pH
0.00	20.00		2.9
18.00	2.00		5.7
19.80	0.20		6.7
19.98	0.02		7.7
20.00	0.00		8.7
20.02		0.02	9.7
20.20		0.20	10.7
22.00		2.00	11.7
40.00		20.00	12.6

由以上计算可知，在化学计量点前后，从剩余 0.02mL HAc 到过量 0.02mL NaOH，pH 值的变化从 7.7～9.7，这个突跃范围（图 2-2）与相同浓度的强碱滴定强酸要小得多，只变化了两个 pH 值，并且溶液处在碱性范围内。显然，酚酞的颜色变化恰在突跃范围以内，可作这一类型滴定的指示剂。

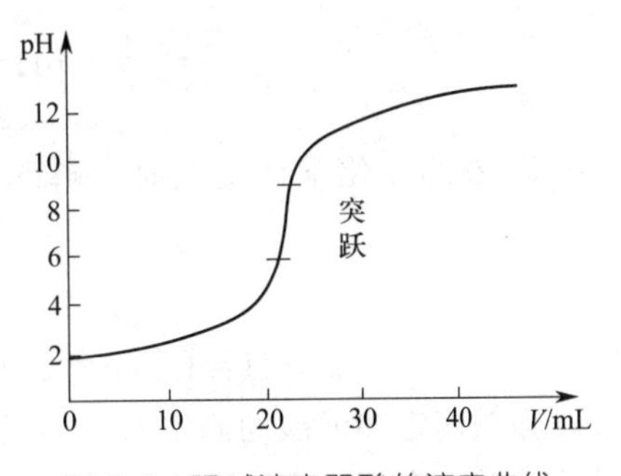

图 2-2　强碱滴定弱酸的滴定曲线

强碱滴定弱酸，当酸的浓度一定时，K_a 值越大，即酸越强，突跃范围也越大；K_a 值越小，突跃范围也越小。当 $K_a\leqslant10^{-9}$ 时，酸的滴定曲线已经没有明显的突跃，因此利用一般的酸碱指示剂已无法确定其滴定终点，必须采用其他途径提高测定

效果。

当K_a值一定时，酸的浓度越大，突跃范围也越大。但是如果弱酸的K_a值很小，就算增大酸的浓度实际上也无法判断终点。一般当弱酸的$cK_a>10^{-8}$时，才能得到较准确的滴定效果。常见弱酸的电离常数见表 2-5。

表 2-5　常见弱酸的电离常数

弱酸	电离常数K_a	弱酸	电离常数K_a
醋酸 CH_3COOH	1.76×10^{-5}	草酸 $H_2C_2O_4$	$K_{a1}=5.90\times10^{-2}$
碳酸 H_2CO_3	$K_{a1}=4.30\times10^{-7}$		$K_{a2}=6.40\times10^{-5}$
	$K_{a2}=5.61\times10^{-11}$	亚硫酸 H_2SO_3	$K_{a1}=1.54\times10^{-2}$
亚硝酸 HNO_2	4.6×10^{-4}		$K_{a2}=1.02\times10^{-7}$
磷酸 H_3PO_4	$K_{a1}=7.6\times10^{-3}$	氢硫酸 H_2S	$K_{a1}=9.1\times10^{-8}$
	$K_{a2}=6.3\times10^{-8}$		$K_{a2}=1.1\times10^{-12}$
	$K_{a3}=4.4\times10^{-13}$	氢氰酸 HCN	4.93×10^{-10}

三、强碱滴定多元酸

以 0.1000mol/L NaOH 溶液滴定 25.00mL 0.1000mol/L H_3PO_4为例：

① 滴定前，溶液中只含有H_3PO_4，溶液的 pH 值可根据它的第一步电离常数来计算：

$$c(H^+)=\sqrt{K_{a1}c(H_3PO_4)}$$

② 滴定开始至第一化学计量点前，溶液是由磷酸和磷酸二氢钠组成的缓冲体系，溶液的 pH 值可根据下式计算：

$$c(H^+)=K_{a1}\frac{c(H_3PO_3)}{c(H_2PO_4^-)}$$

$$pH=pK_{a1}-\lg\frac{c(H_3PO_4)}{c(H_2PO_4^-)}$$

③ 在第一化学计量点时，全部磷酸生成磷酸二氢钠，溶液的 pH 值可根据下式计算：

$$c(H^+)=\sqrt{K_{a1}K_{a2}}$$

$$pH=1/2(pK_{a1}+pK_{a2})=1/2\times(2.12+7.20)=4.66$$

④ 在第一化学计量点后至第二化学计量点前，溶液是由磷酸二氢钠和磷酸氢二钠组成的缓冲体系，溶液的 pH 值取决于两者的比值。

$$pH=pK_{a2}-\lg\frac{c(H_2PO_4^-)}{c(HPO_3^{2-})}$$

⑤ 在第二化学计量点时，磷酸已被全部反应生成磷酸氢二钠，溶液的 pH 可用下式计算：

$$c(H^+)=\sqrt{K_{a2}K_{a3}}$$

$$pH=1/2(pK_{a2}+pK_{a3})=1/2\times(7.20+12.36)=9.8$$

强碱滴定多元酸的滴定曲线如图 2-3 所示。但必须指出，用强碱滴定多元酸时，不一定是几元酸就有几个突跃范围。首先，要看cK_a是否大于10^{-8}；其次，要看K_{a1}和K_{a2}的比值。当cK_{a1}及cK_{a2}均大于10^{-8}，且$K_{a1}:K_{a2}$大于10^4时，在滴定曲线上可以明显看出两个突跃。对于磷酸，由于K_{a3}太小，所以只有二个突跃。

至此，关于酸碱滴定的问题大致归纳如下：

① 酸碱滴定的过程是一个由量变到质变的过程，在化学计量点附近发生滴定突跃，是由于溶液由原来的酸性突变为碱性，或由碱性突变为酸性而引起的。

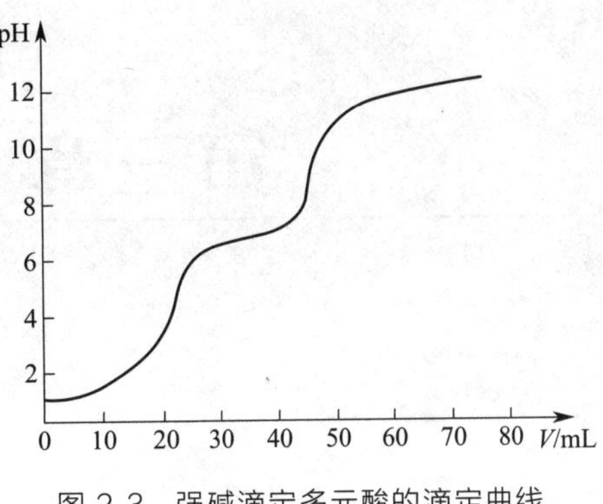

图 2-3　强碱滴定多元酸的滴定曲线

② 突跃范围的大小与溶液的浓度和酸（碱）的强弱有关。浓度越大，酸（碱）越强，突跃范围也越大；反之，则小。

③ 整个滴定过程的关键是确定化学计量点时的 pH 值，以及选择与此相适应的酸碱指示剂。

④ 一元弱酸滴定的下限是 $cK_a \geqslant 10^{-8}$，多元酸除了满足这个条件外，还需满足$K_{a1}:K_{a2} \geqslant 10^4$，滴定才有较准确的结果。

第三章　重量分析法

 第一节　重量分析法概述

一、重量分析法的特点

重量分析法是定量分析的一种方法，是用适当的方法先将试样中的被测组分与其他组分分离后，再将其转化为一定的称量形式，然后进行称重，由称得的物质的质量计算该组分的含量。

重量分析法在各种分析方法中是最直接的方法，用分析天平直接称量反应产物，不必用标准试样或基准物质比较，可以得到很准确的结果。因此，在化学分析工作中，常把重量分析法测定的结果作为标准，来校对其他分析结果的准确度。

重量分析法的缺点是操作繁琐，耗时较长，也不适用于低含量或痕量组分测定。因此，在生产例行分析中，多不采用重量法，只有少数元素如硫、硅、钨（含量较高时）采用重量分析法。

二、重量分析法的分类

根据被测组分与其他组分分离方法的不同，重量分析法分为以下三种方法。

1. 沉淀法

沉淀法是重量分析法中的主要方法。这种方法是将被测组分以微溶化合物的形式沉淀出来，再将沉淀过滤、洗涤、烘干或灼烧，最后称取沉淀的质量，计算其质量分数。

2. 汽化法

通过加热或其他方法使试样中的待测组分挥发逸出，然后根据试样质量的减少计算该组分的含量；或者当该组分逸出时，选择适当吸收剂将它吸收，然后根据吸收剂质量的增加计算该组分的含量。

汽化法适用于挥发性组分的测定，比如煤中水分、挥发分的测定。

3. 电解法

利用电解的方法，使待测金属离子在电极上还原析出，然后称重，根据电极增加的质量求得其含量。

三、重量分析法对沉淀的要求

利用沉淀反应进行重量分析时，通过加入适当的沉淀剂，使被测组分以适当的沉淀形式

析出，然后过滤、洗涤，再将沉淀烘干或灼烧成“称量形式”称重。沉淀形式和称量形式可能相同，也可能不相同。例如，用 $BaSO_4$ 重量法测定 Ba^{2+} 或 SO_4^{2-} 时，沉淀形式和称量形式都是 $BaSO_4$，两者相同；但用草酸钙重量法测定 Ca^{2+} 时，沉淀形式是 $CaC_2O_4 \cdot H_2O$，灼烧后转化为 CaO 形式称重，显然两者不同。因此，为了保证测定有足够的准确度并便于操作，重量法对沉淀形式和称量形式有一定的要求。

（一）重量分析法对沉淀形式的要求

① 沉淀的溶解度必须很小，这样才能保证被测组分沉淀完全。

② 沉淀应易于过滤和洗涤。为此，沉淀的颗粒应该是粗大的晶形沉淀，这样在过滤时不会堵塞滤纸空隙，容易过滤；又因为沉淀的颗粒较粗大，则沉淀的总表面积较小，吸附杂质的机会就少，洗涤也较容易。如果是无定形沉淀，应注意掌握好沉淀条件，改善沉淀的性质。

非晶形沉淀，例如含水的 $Al(OH)_3$ 等，体积庞大、疏松，总表面积大，吸附杂质较多，洗涤困难，过滤费时，所以必须选择适当的沉淀条件，使沉淀结构尽可能紧密。

③ 沉淀力求纯净，尽量避免其他杂质的沾污。

④ 沉淀应易于转化为称量形式。

（二）重量分析法对称量形式的要求

① 称量形式必须有确定的化学组成，这是计算分析结果的依据。

② 称量形式必须十分稳定，不受空气中水分、CO_2、氧等因素的影响，便于应用化学式计算分析结果。

③ 称量形式的摩尔质量（分子量）要大，这样得到的沉淀总质量就相对较大，同时待测组分在称量形式中含量要小，以减小称量误差，提高测定的准确度。

例如，用重量分析法测定 Al^{3+} 时，可以用氨水沉淀为 $Al(OH)_3$ 后灼烧成 Al_2O_3 称量，也可用8-羟基喹啉沉淀为8-羟基喹啉铝（$(C_9H_6NO)_3Al$），烘干后称量。按这两种称量形式计算，0.1000g Al 可获得 0.1888g Al_2O_3 或 1.704g $(C_9H_6NO)_3Al$。当沉淀各损失 0.0002g，则 Al_2O_3 所产生的误差为 0.1%，而8-羟基喹啉作沉淀剂，测定误差要小得多，因此，在铝的测定中，用8-羟基喹啉作沉淀剂比用氨水好。

此外，对于重量分析中所用的沉淀剂，最好是易挥发的，便于灼烧除去，以免影响测定。

上述要求可以概括为两点：沉淀要完全；沉淀要纯净。

要使沉淀完全，主要是选择适合的沉淀反应，利用同离子效应，降低沉淀的溶解度。

要使沉淀纯净，则要控制好沉淀的条件，尽量获得含杂质少的粗大的晶形沉淀。

第二节　沉淀的类型和沉淀的形成

一、沉淀的类型

按物理性质不同，沉淀可以分为两大类：即晶形沉淀和无定形沉淀。无定形沉淀又叫非晶形沉淀或胶状沉淀。$BaSO_4$ 是典型的晶形沉淀，$Fe(OH)_3$ 是典型的无定形沉淀，AgCl

是一种凝乳状的沉淀，按其性质来说，是介于两者之间的沉淀。它们最大的差别是沉淀颗粒的大小不同。颗粒最大的是晶形沉淀，其直径约 0.1～1μm；无定形沉淀的颗粒很小，直径一般小于 0.02μm；凝乳状沉淀的颗粒大小介于两者之间。

沉淀的类型见表 3-1。

表 3-1 沉淀的类型

沉淀	溶解度/(mol/L)	沉淀类型
$PbSO_4$	1.1×10^{-4}	晶形沉淀
$MgNH_4PO_4$	6.7×11^{-5}	晶形沉淀
CaC_2O_4	5.1×10^{-5}	晶形沉淀
$BaSO_4$	1.1×10^{-5}	晶形沉淀
$Al(OH)_3$	4.4×10^{-9}	胶状沉淀
$Fe(OH)_3$	1.9×10^{-10}	胶状沉淀

应该指出，从沉淀的颗粒大小来看，晶形沉淀最大，无定形沉淀最小。从整个沉淀外形来看，由于晶形沉淀由较大的沉淀颗粒组成，内部排列较规则，结构紧密，所以整个沉淀所占的体积是比较小的，极易沉降于容器的底部。无定形沉淀由许多疏松的聚集在一起的微小沉淀颗粒组成，沉淀颗粒的排列杂乱无章，其中又包含大量数目不定的水分子，所以是疏松的絮状沉淀，整个沉淀体积庞大，不像晶形沉淀那样能很好地沉降在容器的底部。

因此，在重量分析中，最好能获得晶形沉淀。

晶形沉淀有粗晶形沉淀和细晶形沉淀之分。粗晶形沉淀有 $MgNH_4PO_4$ 等，细晶形沉淀有 $BaS0_4$ 等。

如果是无定形沉淀，则应注意掌握好沉淀条件，以改善沉淀的物理性质。

生成沉淀的类型，主要由两个因素决定：第一个因素是聚集速率，当溶液中加入了沉淀剂，离子浓度乘积超过溶度积时，溶液中的离子互相聚集起来，生成极小的晶核。这种离子聚集为晶核的速率称为聚集速率。第二个因素是定向速率，即生成沉淀的离子在静电力的作用下，按一定的顺序排列于晶格内的速率。

如果聚集速率小，定向速率大，则离子只能缓慢地聚集成晶核，沉淀生成的速度比较缓慢，因而离子有足够的时间整齐地排列于其晶格内，所以得到晶形沉淀。

如果聚集速率大，定向速率小，则沉淀生成的速度是很快的。这时，离子很快地聚集起来形成晶核，但是离子的定向排列（即结晶化过程）跟不上，所以得到胶状的无定形沉淀。

定向速率主要与物质的本质有关，极性较强的盐类一般具有较大的定向速率，例如 $BaSO_4$、$MgNH_4PO_4$ 等，由于定向速率大，所以生成晶形沉淀。

氢氧化物沉淀常常具有较小的定向速率，所以一般生成胶状沉淀。氢氧化物沉淀生成的过程比较复杂，特别对于像 Fe^{3+} 等这样的高价金属离子，最后得到的氢氧化物沉淀，是经历一系列水解步骤之后的具有环状结构的化合物，如氢氧化钍的沉淀。这种沉淀中包含有大量的不定数目的水分子，且水分子紧紧结合在离子周围，阻碍离子的结晶化，排列又是杂乱无章的，所以得到的是胶状沉淀，沉淀在放置或加热后，会变得比较紧密。

聚集速率不仅与物质的本质有关，也与沉淀时的条件有关，在沉淀条件中，最重要的是沉淀物质的过饱和程度。例如，在一般情况下，从稀溶液中沉淀出来的 $BaSO_4$ 是晶形沉淀，但是在水与乙酸的混合溶液中，将浓的 $Ba(SCN)_2$ 溶液与 $MnSO_4$ 溶液混合，得到的却是凝乳状的 $BaSO_4$ 沉淀。在后一种情况下，因为溶液很浓，过饱和程度很大，聚集速率极快，聚集速率大大超过了定向速率，所以得到无定形沉淀。

关于溶液的过饱和程度对沉淀颗粒大小的影响，有人曾做过许多研究。比如，将各种不同浓度的沉淀剂和试液混合，在不同的时间，测量沉淀颗粒的大小。实验证明，溶液浓度越大沉淀颗粒越小；随着沉淀放置时间的增长，沉淀颗粒越来越大。

另外，沉淀颗粒的大小，与沉淀本身的溶解度也有关系。沉淀本身的溶解度越大，则所得到的沉淀颗粒也越大，为晶形沉淀；相反，沉淀的颗粒很小，为胶状沉淀。

根据有关实验现象，综合了一个经验公式，表明沉淀颗粒的大小（以分散度表示）与溶液的过饱和度有关，即

$$分散度=\frac{K(c_Q-S)}{S}$$

式中　c_Q——加入沉淀剂瞬间被沉淀物质的总浓度；

S——沉淀的溶解度；

c_Q-S——过饱和度；

K——常数，它与沉淀的性质、温度和介质的性质等因素有关；

$(c_Q-S)/S$——沉淀开始瞬间的相对过饱和度。

上式表明，溶液的相对过饱和度越大，分散度也越大，形成的晶核数目就越多，得到的是小晶形沉淀。反之，溶液的相对过饱和度较小，分散度也较小，形成的晶核数目就较少，则晶核形成速度较慢，得到的是大晶形沉淀。

二、沉淀的形成

对沉淀的形成过程，前人从热力学和动力学两方面都做了大量研究工作，但由于沉淀的形成是一个非常复杂的过程，目前仍没有成熟的理论。上述公式仅仅是一个经验公式，它只能定性地解释某些沉淀现象。有关沉淀的深度机理，有待进一步研究。

关于晶形沉淀的形成，目前研究得比较多。一般认为在沉淀过程中，首先是构晶离子在过饱和溶液中形成晶核，然后进一步成长为按一定晶格排列的晶形沉淀。具体如下：

在沉淀生成的过程中，首先是少数构晶离子聚集在一起形成晶核，晶核形成的速度与溶液的相对过饱和度成正比；晶核生成后，进一步有更多构晶离子在晶核上析出，这是晶核的成长过程。晶核成长速度与构晶离子的扩散速度、溶液浓度及小晶体的溶解度等因素有关。如果溶液的 c_Q-S 很小，即被沉淀物质浓度（c_Q）很小，或沉淀的溶解度（S）很大，则晶核生成的速度很慢。在这种情况下，每次加入沉淀剂，构晶离子主要在原有的晶核上析出，使晶核不断成长，而且越长越大（当然，也会产生一些晶核），这样得到的沉淀是晶形沉淀，颗粒较大，但其中仍有一些小晶体。

相反，如果 $(c_Q-S)/S$ 很大，即被沉淀物质的浓度很大，或者沉淀的溶解度很小，则晶核生成速度很快。在这种情况下，每次加入沉淀剂，都会使溶液中新生成一大批晶核而晶核成长速度慢，所以得到颗粒小的沉淀，这些小颗粒沉淀不很紧密地连在一起，形成像棉絮一样的胶状沉淀，在重力的作用下，沉在烧杯底部。

晶核的形成有两种情况：一种是均相成核作用，另一种是异相成核作用。所谓均相成核作用，是指构晶粒子在过饱和溶液中，通过离子的缔合作用，自发地形成晶核。所谓异相成核作用，是指溶液中混有固体微粒，在沉淀过程中，这些微粒起着晶种的作用，诱导沉淀的形成。

$BaSO_4$ 的均相成核是在过饱和溶液中，由于静电作用，Ba^{2+} 和 SO_4^{2-} 缔合为离子对（Ba^{2+} SO_4^{2-}），离子对进一步结合 Ba^{2+} 或 SO_4^{2-}，形成离子群，当离子群成长到一定大小时，就成为晶核。

但是，在一般情况下，溶液中不可避免地混有不同数量的固体微粒，它们的存在，对沉淀的形成起诱导作用，因此，它们起着晶种的作用。例如，沉淀 $BaSO_4$ 时，如果是在用通常方法洗涤过的烧杯中进行，每微升溶液约有 2000 个沉淀微粒；如果烧杯用蒸汽处理，同样的溶液每微升中约有 100 个沉淀微粒。现已证实，烧杯壁上常有能被蒸汽处理而部分除去的针状微粒，它们在沉淀反应进行时起晶种作用。此外，试剂、溶剂、灰尘都会引入杂质，即使是分析纯试剂，也含有约 0.1μg/mL 的微溶性杂质。这些微粒的存在，也起着晶种作用。

由此可见，在进行沉淀反应时，异相成核作用总是存在的。在某些情况下，溶液中可能只有异相成核作用。这时，溶液中的“晶核”数目，取决于溶液中混入固体微粒的数目，而不再形成新的晶核。也就是说，最后得到的晶粒数目，就是原有“晶核”数目。很明显，在这种情况下，由于“晶核”数目基本恒定，所以随着构晶离子浓度的增加，晶体将成长得大一点，而不增加新的晶体。但是，当溶液的相对过饱和度较大时，构晶离子本身也可以形成晶核，这时，既有异相成核作用，又有均相成核作用。如果继续加入沉淀剂，将有新的晶核形成，使获得的沉淀晶粒数目多而颗粒小。

不同的沉淀，形成均相成核作用时所需的相对过饱和程度不一样。溶液的相对过饱和度越大，越易引起均相成核作用。

在沉淀过程中，形成晶核后，溶液中的构晶离子向晶核表面扩散，并沉积在晶核上，使晶核逐渐长大，长到一定程度时，成为沉淀微粒。这种沉淀微粒有聚集为更大的聚集体的倾向。同时，构晶离子又具有一定的晶格排列而形成大晶粒的倾向。前者是聚集过程，后者是定向过程。聚集速率主要与溶液的相对过饱和度有关，相对过饱和度越大，聚集速率也越大。定向速率主要与物质的性质有关，极性较强的盐类，一般具有较大的定向速率，如 $BaSO_4$、$MgNH_4PO_4$ 等。如果聚集速率慢，定向速率快，则得到晶形沉淀；反之，则得到无定形沉淀。

金属水合氧化物沉淀的定向速率与金属离子的价数有关。两价金属离子的水合氧化物沉淀的定向速度通常大于聚集速率，所以一般得到晶形沉淀。高价金属离子的水合氧化物沉淀，由于溶解度很小，沉淀时溶液的相对过饱和度较大，均相成核作用比较显著，生成的沉淀颗粒很小，聚集速率很快，所以一般得到的是无定形沉淀。

金属硫化物和硅、钨、铌、钽的水合氧化物沉淀，通常也是无定形沉淀。

因此，从溶液的相对过饱和度对沉淀性质的影响可以看出，所谓晶形沉淀和无定形沉淀不是绝对的，而是相对可变的，通过改变溶液的相对过饱和度，有可能改变沉淀的性质。

第三节　沉淀的纯度

重量分析中，要求获得的沉淀是纯净的。但是，沉淀从溶液中析出时，总会或多或少地夹杂溶液中的其他组分。因此，必须了解沉淀生成过程中混入杂质的各种原因，找出减少杂质混入的方法，以获得合乎重量分析要求的沉淀。

一、共沉淀现象

当一种沉淀从溶液中析出时，溶液中的某些其他组分，在该条件下本来是可溶的，但它们却被沉淀带出来而混于沉淀之中，这种现象称为共沉淀现象。共沉淀现象使沉淀被沾污，这是重量分析中误差的主要来源之一。例如，SO_4^{2-} 测定时，以 $BaCl_2$ 为沉淀剂，如果试液中有 Fe^{3+} 存在，当析出 $BaSO_4$ 沉淀时，本来是可溶性的 $Fe_2(SO_4)_3$ 也被夹在沉淀中。$BaSO_4$ 沉淀应该是白色的，如果有铁盐共沉淀，则灼烧后的 $BaSO_4$ 中混有黄棕色的 Fe_2O_3。显然，这会给分析结果带来误差。

共沉淀现象主要有以下三类。

1. 表面吸附引起的共沉淀

在沉淀中，构晶离子按一定的规律排列，在晶体内部处于电荷平衡状态。但在晶体表面上，离子的电荷则不完全平衡，因而会导致沉淀表面吸附杂质。比如，在 AgCl 沉淀表面，至少有一面 Ag^+ 或 Cl^- 未被带相反电荷的离子所包围，静电引力不平衡。由于静电引力作用，它们具有吸引带相反电荷离子的能力。AgCl 在过量 NaCl 溶液中，沉淀表面上的 Ag^+ 比较强烈地吸引溶液中的 Cl^-，组成吸附层。然后 Cl^- 再通过静电引力，进一步吸附溶液中的 Na^+ 或 H^+ 等阳离子（称为抗衡离子），组成扩散层。这些抗衡离子中，通常有小部分被 Cl^- 吸引较强烈，也处在吸附层中。吸附层和扩散层共同组成沉淀表面的双电层，从而使电荷达到平衡。双电层能随沉淀一起沉降，从而沾污沉淀。这种由于沉淀的表面吸附所引起的杂质共沉淀现象叫表面吸附共沉淀。

吸附在沉淀表面第一层上的离子是具有选择性的。通常，由于沉淀剂过量，所以沉淀首先吸附溶液中的构晶离子。

抗衡离子的吸附，一般遵循下列规律：

① 凡能与构晶离子生成化合物的溶解度越小的离子，越易被吸附。通常，沉淀表面首先吸附构晶离子。例如，溶液中 SO_4^{2-} 过量时，$BaSO_4$ 沉淀表面吸附的是 SO_4^{2-}，若溶液中存在 Ca^{2+} 及 Hg^{2+}，则扩散层的抗衡离子将主要是 Ca^{2+}，因为 $CaSO_4$ 的溶解度比 $HgSO_4$ 的小。如果 Ba^{2+} 过量，$BaSO_4$ 沉淀表面吸附的是 Ba^{2+}，若溶液中存在 Cl^- 及 NO_3^-，则扩散层中的抗衡离子将主要是 NO_3^-。

② 凡能与构晶离子生成化合物的离解度越小的离子，越易被吸附。

③ 离子的价态越高、浓度越大，则越易被吸附。抗衡离子是不太牢固地被吸附在沉淀的表面上，故常可被溶液中的其他离子所置换，利用这一性质，可采用洗涤的方法，将沉淀表面上的抗衡离子部分除去。

此外，沉淀吸附杂质的量的多少，还与下列因素有关：

① 与沉淀的总表面积有关。相同量的沉淀，颗粒越小，则总表面积越大，沉淀与溶液接触面也越大，吸附的杂质也就越多。晶形沉淀颗粒较大，总表面较小，吸附的杂质也会较少；非晶形沉淀的颗粒较小，总表面积大，吸附的杂质就较多。

② 与溶液中杂质的浓度有关。杂质浓度越大，被吸附的量也越大。

③ 与溶液的温度有关。因为吸附作用是一个放热的过程，因此，溶液温度升高时，吸附杂质的量就减少。

前面介绍了沉淀表面具有吸附能力这一个侧面，事实上，溶液中的离子和已被吸附到沉淀上去的离子之间也互有吸引力，即被吸附上去的离子，还存在着重新进入溶液的可能性。因此，吸附作用是一个可逆过程，经过一段较长时间后，杂质离子在被吸附和重新进入溶液之间，达到动态平衡。

2. 生成混晶或固溶体引起的共沉淀

每种晶形沉淀，都有其一定的晶体结构。如果杂质离子的半径与构晶离子的半径相近，所形成的晶体结构相同，则它们极易生成混晶。混晶是固溶体的一种。在有些混晶中，杂质离子或原子并不位于正常晶格的离子或原子位置上，而是位于晶格的空隙中，这种混晶称为异型混晶。混晶的生成，使沉淀严重不纯。例如，钡或镭的硫酸盐、溴化物和硝酸盐等，都易形成混晶。

有时杂质离子与构晶离子的晶体结构不同，但在一定条件下，能够形成一种混晶，以适应构晶离子的晶体结构，这种混晶称为“强制混晶”。例如 $MnSO_4 \cdot 5H_2O$ 和 $FeSO_4 \cdot 7H_2O$ 属于不同的晶系，但可形成强制混晶。

生成混晶的选择性是比较高的，要避免也困难。因为不论杂质的浓度多么小，只要构晶离子形成了沉淀，杂质就一定会在沉淀过程中取代某一构晶离子而进入到沉淀中。

混晶共沉淀在化学分析中有不少实例，如 $BaSO_4$ 和 $PbSO_4$、$BaSO_4$ 和 $KMnO_4$、AgCl 和 AgBr、$MgNH_4PO_4$ 和 $MgNH_4AsO_4$ 等都可生成混晶体。

3. 吸留和包夹引起的共沉淀

在沉淀过程中，如果沉淀生成太快，则表面吸附的杂质离子来不及离开沉淀表面就被沉积上来的离子所覆盖，这样杂质就被包藏在沉淀内部，引起共沉淀，这种现象称为吸留。吸留引起共沉淀的程度，也符合吸附规律。有时母液也可能被包夹在沉淀之中，引起共沉淀。不过这种现象一般只在可溶性盐的结晶过程中比较严重，故在化学分析中不甚重要。

二、继沉淀现象

继沉淀又称为后沉淀。继沉淀现象是指溶液中某些组分析出沉淀之后，另一种本来难以析出沉淀的组分，在该沉淀表面上继续析出沉淀的现象。例如，在含 Ca^{2+}、Mg^{2+} 的溶液中，用 $C_2O_4^{2-}$ 作沉淀剂，CaC_2O_4 的溶度积比 MgC_2O_4 小，故首先析出沉淀。若 Mg^{2+} 的浓度较小，MgC_2O_4 沉淀并不析出，但当 CaC_2O_4 沉淀析出后，沉淀的表面吸附有 $C_2O_4^{2-}$，沉淀表面的 $C_2O_4^{2-}$ 的浓度比溶液中的 $C_2O_4^{2-}$ 浓度大，在溶液中 $c(Mg^{2+})c(C_2O_4^{2-})<K_{sp}$，而在沉淀表面 $c(Mg^{2+})c(C_2O_4^{2-})>K_{sp}$，可以生成 MgC_2O_4 沉淀，从而使 CaC_2O_4 沉淀不纯净。

继沉淀现象与前述三种共沉淀现象的区别是：

① 继沉淀引入杂质的量，随沉淀在试液中放置时间的增长而增多，而共沉淀量受放置时间影响较小。所以避免或减少继沉淀的主要办法是缩短沉淀与母液共置的时间。

② 不论杂质是在沉淀之前就存在的，还是沉淀形成后加入的，继沉淀引入杂质的量基本上一致。

③ 温度升高，继沉淀现象有时更为严重。

④ 继沉淀引入杂质的程度，有时比共沉淀严重得多。杂质引入的量，可能达到与被测组分的量相差不多。

在重量分析中，由于共沉淀现象，所测组分的沉淀严重不纯，引起分析误差，所以它是一个消极因素，但是，事物是可以转化的，消极的因素可以转化为积极的因素。在分析化学中，利用共沉淀的原理，可以将溶液中的痕量组分富集于某一沉淀之中，这就是共沉淀分离法。人们利用共沉淀现象，可以将溶液中极微量而又不易测定的离子收集在沉淀中，然后分出沉淀，以适当方法进行测定。例如，铜合金中的微量铅，试样溶解后，利用 $Mn(OH)_2$ 沉淀，可以将 Pb^{2+} 从试剂中分出，然后进行测定。

三、减少沉淀沾污的方法

由于共沉淀及继沉淀现象，沉淀被沾污而不纯净。为了减小沾污，提高沉淀的纯度，可采用以下措施：

① 选择适当的分析步骤。例如，测定试样中某少量组分的含量时，不要首先沉淀主要组分，否则由于大量沉淀的析出，使部分少量组分混入沉淀中，引起测定误差。

② 选择合适的沉淀剂。例如，选用有机沉淀剂，常可以减少共沉淀现象。

③ 改变杂质的存在形式。例如，沉淀 $BaSO_4$ 时，若将 Fe^{3+} 还原为 Fe^{2+}，或用 EDTA 将 Fe^{3+} 络合成 FeY^-，Fe^{3+} 的共沉淀量就大为减少。

④ 改善沉淀条件。沉淀条件包括溶液浓度、温度、试剂的加入次序和速度、陈化与否等。它们对沉淀纯度的影响情况，列于表 3-2 中。

表 3-2 沉淀条件对沉淀纯度的影响

沉淀条件	混晶	表面吸附	机械包夹	继沉淀
稀释溶液	0	+	+	0
慢沉淀	不定	+	+	−
搅 拌	0	+	+	0
陈 化	不定	+	+	−
加 热	不定	+	+	0
洗涤沉淀	0	+	0	0
再沉淀	+	+	+	+

注：+——提高纯度；−——降低纯度；0——影响不大。

⑤ 再沉淀。将已得到的沉淀过滤后溶解，再进行第二次沉淀。第二次沉淀时，溶液中杂质的量大为降低，共沉淀或继沉淀现象自然减少。这种方法对于除去吸留和包夹的杂质效果很好。

有时，采用上述措施后，沉淀的纯度提高仍然不大，则可对沉淀中的杂质进行测定，再对分析结果加以校正。

在重量分析中，共沉淀或继沉淀现象对分析结果的影响程度，随具体情况不同而异。例如，用 $BaSO_4$ 重量分析法测定 Ba^{2+} 时，如果沉淀吸附了 $Fe_2(SO_4)_3$ 等外来杂质，灼烧后不能除去，则引起正误差。如果沉淀中夹有 $BaCl_2$，最后按 $BaSO_4$ 计算，必然引起负误差。如果沉淀吸附的是挥发性的盐类，灼烧后能完全除去，则将不引起误差。

第四节　沉淀条件的选择

在重量分析中，为了获得准确的分析结果，要求沉淀完全、纯净，易于过滤和洗涤，并减少沉淀的溶解损失。不同类型的沉淀，处理的方法不一样。因此，应该根据不同的沉淀类型，选择不同的沉淀条件，以获得符合重量分析要求的沉淀。

一、晶形沉淀的沉淀条件

晶形沉淀的沉淀条件，可以归纳为五个字，即稀、热、慢、搅、陈。具体如下：

1. 沉淀作用应在稀溶液中进行

沉淀反应在稀溶液中进行，且沉淀剂溶液也相对较稀时，溶液的相对过饱和度不大，均相成核作用不显著，可以降低溶液中生成晶核的速度，因而容易得到大颗粒的晶形沉淀，易于过滤和洗涤。同时，由于溶液稀，杂质的浓度减小，共沉淀现象也相应减少，有利于得到纯净的沉淀。

沉淀过程中，稀是相对的，不能认为越稀越好。如果溶液太稀，由于沉淀溶解而引起的损失增大，可能会增大分析误差。显然，对溶解度较小的沉淀，沉淀时溶液可以多稀释一些。但是，对于溶解度较大的沉淀，溶液不宜过分稀释。

2. 沉淀作用应在热溶液中进行

沉淀在热溶液中的溶解度一般较大。因此，在热溶液中进行沉淀时，一方面可增大沉淀的溶解度，降低溶液的相对过饱和度，以便获得大颗粒晶粒，有利于生成晶形沉淀；另一方面又能减小杂质的吸附量。此外，升高溶液的温度，可以增加构晶离子的扩散速度，从而加快晶体的成长。但是，对于溶解度较大的沉淀，在热溶液中析出沉淀，宜冷却至室温后再过滤，以减小沉淀溶解的损失。对溶解度很小的沉淀，温度的影响不大，可以在热溶液中沉淀，并趁热过滤。

3. 加入沉淀剂的速度要慢

缓慢加入沉淀剂，可使溶液中过饱和程度不至于太大，这样晶核生成速度就慢，有利于晶核的成长，以便获得颗粒较大的晶形沉淀。但慢也要适当，否则影响分析速度。

4. 加入沉淀剂时，要不断地搅拌

当沉淀剂加入溶液中的瞬间，沉淀剂来不及向溶液中扩散，所以在两种溶液混合的地方，沉淀剂的浓度比溶液中其他地方的浓度高，这种现象称为“局部过浓”。局部过浓使部分溶液的相对过饱和度变大，导致均相成核，易获得颗粒小、纯度差的沉淀。在不断搅拌的同时，缓慢加入沉淀剂，可以减弱局部过浓现象，提高沉淀质量。

5. 陈化

沉淀完全后，让初生成的沉淀与母液一起放置一段时间，这个过程称为“陈化”。因为在同样条件下，小晶粒的溶解度比大晶粒大。在同一溶液中，对大晶粒为饱和溶液时，对小晶粒则为未饱和，因此，小晶粒就要溶解。这样，溶液中的构晶离子就在大晶粒上沉积，沉积到一定程度后，溶液对大晶粒为饱和溶液时，对小晶粒为未饱和，又要溶解。如此反复进行，小晶粒逐渐消失，大晶粒不断长大。图 3-1 显示 $BaSO_4$ 沉淀的陈化效果。

陈化过程中，不仅小晶体转化为大晶体，还可以使不完整的晶粒转化为较完整的晶粒，亚稳态的沉淀转化为稳定态的沉淀，这一过程又叫熟化。

加热和搅拌可以增加沉淀的溶解速度，也增加了离子在溶液中的扩散速度，因此可缩短陈化时间，有时在室温需要几小时或几十小时的陈化过程，在加热和不断搅拌情况下，可缩短为 1～2h。

陈化作用不仅可使沉淀的颗粒长大，易于过滤和洗涤，而且能使沉淀变得更纯净，这是因为粗大晶粒的总表面积小，吸附量减小。另外，在晶体的陈化过程中，包夹的杂质也被去

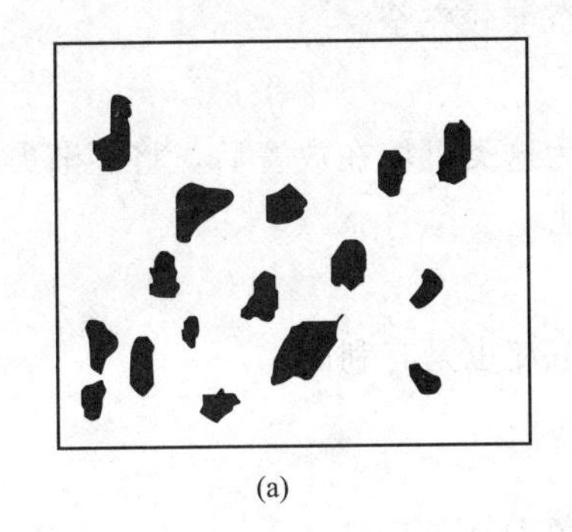
(a)

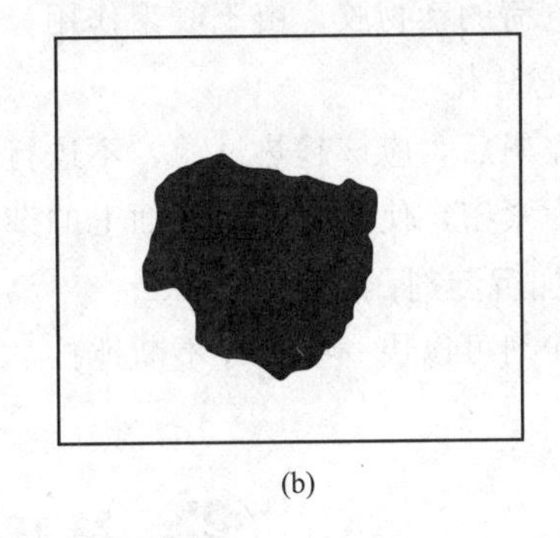
(b)

图 3-1　$BaSO_4$ 沉淀的陈化效果

(a) 未陈化；(b) 室温下陈化 4 天

除。所以，在一般情况下，陈化可以改善沉淀的性质，提高沉淀的纯度。但是，陈化作用对伴随有混晶共沉淀的沉淀，不一定能提高纯度；对伴随有继沉淀的沉淀，不仅不能提高纯度，有时反而会降低纯度。

二、无定形沉淀的沉淀条件

无定形沉淀如 $Fe_2O_3 \cdot nH_2O$ 及 $Al_2O_3 \cdot nH_2O$ 等，溶解度一般都很小，所以很难通过减小溶液的相对过饱和度来改变沉淀的物理性质。无定形沉淀由许多胶体粒子聚集而成，沉淀的颗粒小，结构疏松，比表面大，吸附杂质多，又容易胶溶，而且含水量大，不易过滤和洗涤。所以，对于无定形沉淀，主要考虑的不是去减小溶液的相对过饱和度，而是设法破坏胶体，加速沉淀微粒的凝聚，防止胶溶及提高沉淀纯度等，便于过滤和减少杂质吸附。因此，无定形沉淀的沉淀条件是：

1. 沉淀应当在较浓的溶液中进行

为了使生成的沉淀比较紧密一些，以便于过滤和洗涤，沉淀反应最好在较浓的溶液中进行，因为溶液的浓度高时，离子的水化程度较小，所以从浓溶液中析出的沉淀，其含水量较少，体积较小，结构也较紧密。同时，沉淀微粒也容易凝聚。但是，在浓溶液中进行沉淀时，杂质的浓度也相应地增加，因而增加了杂质被吸附的可能性。为了克服这一缺点，可以在沉淀作用完毕后，加热水适当稀释，充分搅拌，使溶液中杂质的浓度降低，破坏沉淀表面和溶液中被吸附离子的动态平衡，大部分吸附在沉淀表面上的杂质离开沉淀表面转移到溶液中。

2. 沉淀应当在热溶液中进行

这样可以减小离子的水化程度，有利于得到含水量少、结构紧密的沉淀。还可以促进沉淀微粒的凝聚，防止形成胶体溶液，而且能减少沉淀表面对杂质的吸附。

3. 沉淀时加入大量电解质或某些能引起沉淀微粒凝聚的胶体

电解质能中和胶体微粒的电荷，降低其水化程度，有利于胶体微粒的凝聚。为了防止洗涤沉淀时发生胶溶现象，洗涤液中也应加入适量的电解质。通常采用易挥发的铵盐或稀的强酸作洗涤液。

有时在溶液中加入某些胶体，可使被测组分沉淀完全。例如，测定时，通常是在强酸性介质中析出硅胶沉淀。但由于硅胶能形成带负电荷的胶体，所以沉淀不完全。如果向溶液中加入带正电荷的动物胶，由于凝聚作用，可使硅胶沉淀较完全。

4. 不必陈化

沉淀完毕后，应该趁热过滤，不进行陈化。因为这类沉淀在放置后，将逐渐失去水分而聚集得更为紧密，使原来沉淀表面上的杂质难以洗去。

5. 快加沉淀剂，不断搅拌

加沉淀剂可以快一些，并不断搅拌，对无定形沉淀也是有利的。

第五节　均匀沉淀法

在一般的沉淀方法中，沉淀剂是在不断搅拌下缓慢加入的，但沉淀剂的局部过浓现象仍很难避免。为此，可采用均匀沉淀法。在这种方法中，加入到溶液中的试剂是通过化学反应过程，逐步地、均匀地在溶液内部产生出来（构晶阳离子或阴离子），使沉淀在整个溶液中缓慢地、均匀地析出，从而避免局部过浓现象。

这里比较三种沉淀草酸钙的方法。

方法一：在热的 pH=6 的含有钙离子的稀溶液中，在不断搅拌下，慢慢地加入稀的草酸溶液，析出草酸钙沉淀。

方法二：在热的含有钙离子的微酸性溶液中，加入草酸溶液，此时由于酸效应，溶液中没有足够的草酸根离子，不会析出草酸钙沉淀，然后在不断搅拌下，慢慢加入稀氨水，溶液的酸度渐渐降低，溶液中草酸根离子的浓度也渐渐加大，最后析出草酸钙沉淀。

方法三：在含有钙离子的微酸性溶液中加入草酸和尿素，和第二种方法一样，此时不析出草酸钙沉淀，将此溶液加热，则尿素水解，释放出 NH_3。

$$CO(NH_2)_2 + H_2O \xrightarrow{\triangle} 2NH_3\uparrow + CO_2\uparrow$$

NH_3 的释出使草酸根离子逐渐增多，以至于析出草酸钙沉淀。

第一种方法是一般常用的方法，显然有局部过浓现象。

第二种方法是改进了的沉淀方法，是用间接的方法提高沉淀剂的浓度，但是在加入氨水的那一局部区域，氨水浓度较大，即这一局部区域的草酸根离子较多，因此，仍然有局部过浓现象，但第二种沉淀方法要比第一种好。

第三种方法，尿素均匀地分布于溶液中，它发生的水解反应，是在整个溶液中进行的，溶液中的氢离子浓度均匀地减少，即草酸根离子在溶液中均匀地增多，使沉淀均匀而缓慢地析出。这种方法是通过化学反应，使溶液内部缓慢而均匀地析出沉淀剂（或被沉淀物质），从而发生沉淀反应的方法，称为均匀沉淀法。

均匀沉淀法基本上克服了局部过浓现象，因此，容易获得大颗粒的晶形沉淀，沉淀的纯度也比较高，利用尿素水解的均匀沉淀方法，甚至可得到具有明显晶形的氢氧化铁沉淀。由此可见，晶形沉淀和非晶形沉淀无绝对的界限，处理得当，非晶形沉淀可转化为晶形沉淀，处理不当，晶形沉淀也可以转化为非晶形沉淀。

根据沉淀过程中释放出沉淀剂或被沉淀离子所采用的试剂和化学反应不同，均匀沉淀法可分为四类。

一、尿素水解法

尿素是均匀沉淀法中最常用、最有效的试剂，具有以下特点：

① 易溶于水。

② 对绝大部分元素是惰性的，没有副反应，沉淀中带进的尿素可通过灼烧除去，不影响测定。

③ 将溶液加热，水解反应就会发生，加热到90℃时，尿素的水解最激烈。将溶液冷却，水解反应基本停止，因此，控制加热的温度和时间，就能控制溶液中沉淀剂或欲沉淀离子的浓度。

④ 水解时产生 CO_2 气体，可起搅拌作用。

尿素水解法可用于沉淀钙、稀土元素、钍的草酸盐，铁、铝的氢氧化物等。某些元素在氢氧化铝沉淀中的共沉淀情况见表3-3。

表3-3　某些元素在氢氧化铝沉淀中的共沉淀情况

加入离子	加入离子量/g	共沉淀量/mg	
		氨水法	尿素加琥珀酸盐法
Mn^{2+}	1.0	1.7	0.2
Cu^{2+}用羟胺还原	0.05	21.1	
Cu^{2+}用羟胺还原	1.0		0.05
Zn^{2+}	0.05	21.6	
Zn^{2+}	0.1		0.8
Zn^{2+}	1.0		1.4

二、利用酯类或其他有机化合物的水解

例如，利用草酸二乙酯的水解生成草酸根离子：

$$(C_2H_5)_2C_2O_4+2H_2O \longrightarrow 2H^+ +C_2O_4^{2-}+2C_2H_5OH$$

这个方法可使草酸钙、稀土元素的草酸盐均匀沉淀。

三、利用络合物的分解

例如，测定硫时，先用EDTA与钡离子络合，加入含 SO_4^{2-} 的试液中，逐渐提高溶液的酸度，使络合物逐渐分解，钡离子在溶液中均匀地释出，使 $BaSO_4$ 均匀沉淀：

$$BaY^{2-}+SO_4^{2-}+4H^+ \longrightarrow BaSO_4\downarrow +H_4Y$$

四、利用氧化还原反应

例如，给亚砷酸盐的硫酸溶液中加入硝酸盐，将亚砷酸氧化，使锆以砷酸盐的形式均匀沉淀：

$$2AsO_3^{3-}+3ZrO^{2+}+2NO_3^- \rightleftharpoons (ZrO)_3(AsO_4)_2\downarrow +2NO_2^-$$

几种元素常用的均匀沉淀方法见表3-4。

表 3-4　几种元素常用的均匀沉淀方法

沉淀剂	试剂	被沉淀元素
OH^-	尿素	Al^{3+}、Ga^{3+}、Th^{4+}、Fe^{2+}、Sh^{4+}、Zr^{4+}
OH^-	六亚甲基四胺	Th^{4+}
OH^-	乙酰胺	Ti^{4+}
PO_4^{3-}	磷酸三乙酯	Zr^{4+}、Hf^{4+}
PO_4^{3-}	尿素＋磷酸盐	Be^{2+}、Mg^{2+}
$C_2O_4^{2-}$	草酸二甲酯	Th^{4+}、Ca^{2+}、稀土元素
$C_2O_4^{2-}$	尿素＋草酸盐	Ca^{2+}
SO_4^{2-}	磷酸二乙酯	Ba^{2+}、Ca^{2+}、Pb^{2+}
SO_4^{2-}	EDTA＋过硫酸盐	Ba^{2+}
SO_4^{2-}	硫酸二乙酯	Ba^{2+}
S^{2-}	硫代乙酰胺	硫化物
IO_4^-	碘＋氯酸盐	Th^{4+}、Zn^{2+}
IO_4^-	乙二醇二乙酯	Th^{4+}、Fe^{3+}
CO_3^{2-}	三氯醋酸盐	稀土元素、Ba^{2+}
CrO_4^{2-}	尿素＋重铬酸钾	Ba^{2+}
IO_4^-	乙酰胺＋过碘酸盐	Fe^{3+}
AsO_4^{3-}	硝酸盐＋亚砷酸盐	Zr^{4+}

第六节　有机沉淀法

前面探讨了用无机沉淀剂进行沉淀时的各种反应条件。通常，无机沉淀剂的选择性较差，生成的沉淀溶解度较大，吸附杂质较多，而有机沉淀剂则具有明显的特点。

一、有机沉淀剂的优点

1. 沉淀的溶解度小

有机沉淀剂与金属离子作用生成的沉淀疏水性较强，在水溶液中的溶解度一般都比较小，因而有利于使被测组分定量沉淀。

2. 沉淀吸附的杂质少

金属离子与有机沉淀剂作用得到的沉淀，大都是一些不带电荷的络合物，不易吸附其他无机离子，还可以用灼烧的方法简单地将有机试剂除掉，从而可以获得纯净的沉淀。

3. 沉淀的摩尔质量（分子量）大

有机沉淀剂的分子量大，金属离子与有机沉淀剂作用生成分子量较大的沉淀，被测组分在称量形式中占的百分比小，因而利用沉淀形式作为重量分析的称量形式时，可以提高分析的灵敏度和准确度。同时，由于沉淀的分子量大，体积大，易于过滤洗涤，有利于在微量或半微量分析中使用。

4. 分析操作简单

有些沉淀组成恒定，经烘干后即可称重，简化了重量分析操作过程。

5. 选择性好

有机沉淀剂品种多，性质各异，有些试剂的选择性很高，便于选用。

有机沉淀剂也存在一些缺点。比如试剂价格比较高，不易提纯，在水中的溶解度很小，容易被夹杂在沉淀中；有些沉淀剂的组成不恒定，仍需灼烧成一定的称量形式；有些沉淀容易粘附于器壁或漂浮于溶液表面上，带来操作上的麻烦。但它克服了无机沉淀剂的严重缺点（选择性和共沉淀现象），因此在化学分析中得到广泛的应用。目前越来越多地应用有机沉淀剂做元素的分离及测定，特别是在稀有元素的分析中，应用更为普遍。

二、有机沉淀剂的分类

有机沉淀剂可以分为生成螯合物的沉淀剂和生成离子缔合物的沉淀剂两类。

1. 生成螯合物的沉淀剂

作为沉淀剂的螯合剂，至少有两个基团。一个是酸性基团，如—OH、—COOH、—SH、$—SO_3H$等；另一个是碱性基团，如$—NH_2$、—NH—、N≡、—CO—、—CS—等。金属离子与有机螯合沉淀剂反应，通过酸性基团和碱性基团的共同作用，生成微溶性的螯合物。

2. 生成离子缔合物的沉淀剂

有些分子量较大的有机试剂，在水溶液中以阳离子或阴离子形式存在，它们与带相反电荷的离子反应后，可生成微溶性的离子缔合物沉淀（或称为正盐沉淀）。

有机沉淀剂与金属离子生成沉淀的溶解度，与试剂中所含的疏水基团和亲水基团有关。亲水基团多，在水中的溶解度大；疏水基团多，在水中的溶解度小。常见的亲水基团有：$—SO_3H$、—OH、—COOH、$—NH_2$、—NH—等；常见的疏水基团有：烷基、苯基、萘基、卤代烃基等。在有机沉淀剂上引入一些疏水基团，可使溶解度减小，测定的灵敏度增高，这种作用称为“加重效应”。但是，有机试剂中引入疏水基团后，它本身在水中的溶解度也会减小，有时在应用上受到限制。

三、常用的有机沉淀剂

1. 丁二酮肟

$$\begin{array}{c} CH_3—C——C—CH_3 \\ \quad\ \ \| \qquad\ \ \| \\ \quad NOH\ NOH \end{array}$$

丁二酮肟是选择性较高的沉淀剂，在金属离子中，只有Ni^{2+}、Pd^{2+}、Pt^{2+}、Fe^{2+}能与它生成沉淀，Co^{2+}、Cu^{2+}、Zn^{2+}等与它生成水溶性的络合物。

在氨性溶液中，丁二酮肟与Ni^{2+}生成鲜红色的螯合物沉淀，沉淀组成恒定，可烘干后直接称重，常用于重量法测定镍。Fe^{3+}、Al^{3+}、Cr^{3+}等在氨性溶液中能与之生成水合氧化物沉淀。因此，在有掩蔽剂（酒石酸、柠檬酸）存在下，用这一沉淀反应可使Fe^{3+}、Cr^{3+}等与Ni^{2+}分离；在稀酸溶液中，丁二酮肟能与钯发生沉淀反应。

2. 8-羟基喹啉

8-羟基喹啉的结构式如下：

OH
N

在弱酸性或弱碱性溶液中（pH＝3～9），8-羟基喹啉与许多金属离子发生沉淀反应，反应产物组成恒定，可以直接烘干称重，也可以灼烧成氧化物后称重。采用适当的掩蔽剂，可以提高反应的选择性，8-羟基喹啉常用于铝的分离及测定。例如测定铜合金中的铝时，可用

KCN、EDTA 掩蔽 Cu^{2+}、Fe^{3+} 等离子，在氨性溶液中用 8-羟基喹啉沉淀 Al^{3+}，并以重量法测定。

8-羟基喹啉的最大缺点是选择性较差，目前已经合成出一些选择性较好的 8-羟基喹啉衍生物，如 2-甲基-8-羟基喹啉（8-羟基喹啉哪啶）可以在 pH＝5.5 时沉淀 Zn^{2+}，在 pH＝9 时沉淀 Mg^{2+}，而不与铝发生沉淀反应。

3. 铜铁试剂

铜铁试剂是羟胺的衍生物。

铜铁试剂是应用较多的一种有机沉淀剂。在酸性溶液中，铜铁试剂能与 Nb^{5+}、Ta^{5+}、Fe^{3+} 等生成沉淀，但是由于试剂在空气、水溶液、无机酸中，以及在光的作用下很不稳定，生成的沉淀组成不恒定，使它在化学分析方面的应用受到了限制。

4. 铜试剂（二乙胺基二硫代甲酸钠）

铜试剂的结构如下：

$$(C_2H_5)_2N-C(=S)-SNa$$

铜试剂为白色结晶，易溶于水，其水溶液呈碱性，试剂具有氧化还原性质。在酸性溶液中，试剂不稳定，发生下列反应：

$$(C_2H_5)_2N-C(=S)-SNa + H^+ \longrightarrow (C_2H_5)_2NH + CS_2 + Na^+$$

铜试剂除与 Cu^{2+} 反应生成沉淀外，也能与其他许多金属离子发生沉淀反应，如在酒石酸存在下的 NaOH 溶液中，铜试剂可与 Co^{2+}、Ni^{2+}、Cd^{2+}、Hg^{2+}、Pb^{2+}、Ag^{+} 发生沉淀反应；在醋酸和酒石酸溶液中，试剂可与 V^{5+}、Nb^{5+}、Cr^{3+} 等发生沉淀反应。在分析实践中，铜试剂常用于元素的定量分离。

5. 四苯硼酸钠

四苯硼酸钠能与 K^+、NH_4^+、Rb^+、Tl^+、Ag^+ 等生成离子缔合物沉淀。

$$K^+ + B(C_6H_5)_4^- \longrightarrow KB(C_6H_5)_4 \downarrow$$

四苯硼酸钠易溶于水，是测定 K^+ 的良好沉淀剂。由于一般试样中 Rb^+、Tl^+、Ag^+ 的含量极微，故此试剂常用于 K^+ 的测定，且沉淀组成恒定，可烘干后直接称重。

第七节　重量分析结果计算

在重量分析中，分析结果是根据灼烧（或烘干）后的物质质量计算而得出的。例如，以重量法测定 SiO_2 的含量，是将沉淀灼烧后计算的，SiO_2 的含量按下式计算结果。

$$w(SiO_2) = \frac{称得\ SiO_2\ 沉淀质量(g)}{称取试样质量(g)} \times 100\%$$

但如果待测组分与灼烧后的称量形式不同，那么结果的计算就要进行适当的换算。例如，测定某矿石中硫的含量时，最后称量的物质是 $BaSO_4$，因此，要根据称得的 $BaSO_4$ 沉淀质量换算成 S 的质量后，再按上式计算矿石中 S 的含量。

［**例 3-1**］用 $BaSO_4$ 重量法测定黄铁矿中硫的含量时，称得试样 0.3853g，最后得到 $BaSO_4$ 沉淀重为 1.0210g，计算试样中硫的质量。（$BaSO_4$ 的分子量为 233.4，S 的原子量为 32.06）

解：

$$Ba^{2+} + SO_4^{2-} \longrightarrow BaSO_4 \downarrow$$

首先计算 1.0210g $BaSO_4$ 中 S 的质量，233.4g $BaSO_4$ 中含 S 的质量为 32.06g，1.0210g $BaSO_4$ 中含 S 的质量可根据下列比例式求得：

$$233.4 : 32.06 = 1.0210 : X$$

$$X = 1.0210 \times \frac{32.06}{233.4} = 0.1402(\text{g})$$

从上面的计算可看出，被测物质硫的质量等于两个数值的乘积，其中一个是分析中称得的 $BaSO_4$ 沉淀的质量，是随所取试样量而定的一个可变的数，另一个是被测物质的原子量（或分子量）与称量形式的分子量的比值，是一个常数，与试样的质量无关，这一比值通常称为“化学因数”或“换算因数”。

$$\text{被测物质的质量} = \text{称量形式质量} \times \text{化学因数}$$

被测物质的质量算出后，再进一步计算此物质在试样中的含量：

$$w(\text{S}) = \frac{\text{S 的质量}}{\text{试样质量}} \times 100\% = \frac{BaSO_4\ \text{质量} \times \dfrac{M(\text{S})}{M(BaSO_4)}}{\text{试样质量}} \times 100\% = \frac{0.1402}{0.3853} \times 100\% = 36.40\%$$

上面的计算表明，当称量形式与待测组分不一致时，可按下式计算试样中待测组分的含量：

$$\text{试样中待测组分的含量} = \frac{\text{称得沉淀质量(g)} \times \dfrac{\text{待测组分的摩尔质量}}{\text{沉淀的摩尔质量}}}{\text{称取试样质量(g)}} \times 100\%$$

此外，根据实际需要，当待测组分含量的表示为不同形式时，譬如测定某物质中铁的含量，可以表示为 Fe 或 Fe_2O_3 的含量，这时，计算中也应以相应的“化学因数”进行计算。

［**例 3-2**］测定磁铁矿（不纯 Fe_3O_4）中铁含量时，称取样品 0.1666g，经过溶解和氧化，使 Fe^{3+} 沉淀为 $Fe(OH)_3$，然后灼烧为 Fe_2O_3，称得其质量为 0.1370g。计算样品的含铁量，分别用 Fe（%）和 Fe_3O_4（%）表示。

解：由于每个 Fe_2O_3 分子相当于 2 个 Fe 原子，故化学因数为

$$\frac{\text{2Fe 的摩尔质量}}{Fe_2O_3\ \text{的摩尔质量}} = \frac{2 \times 55.85}{159.7} = 0.6994$$

$$\text{Fe 的含量} = \frac{Fe_2O_3\ \text{质量} \times \dfrac{\text{2Fe 的摩尔质量}}{Fe_2O_3\ \text{的摩尔质量}}}{\text{试样质量}} \times 100\% = \frac{0.1370 \times 0.6994}{0.1666} \times 100\% = 57.51\%$$

由于 2 个 Fe_3O_4 分子相当于 3 个 Fe_2O_3 分子中所含的 Fe 原子数，故化学因数为：

$$\frac{2Fe_3O_4\ \text{的摩尔质量}}{3Fe_2O_3\ \text{的摩尔质量}} = \frac{2 \times 231.5}{3 \times 159.7} = 0.9664$$

$$Fe_3O_4\ \text{的含量} = \frac{Fe_2O_3\ \text{质量(g)} \times \dfrac{2Fe_3O_4\ \text{的摩尔质量}}{3Fe_2O_3\ \text{的质量(g)}}}{\text{试样质量(g)}} \times 100\% = \frac{0.1370 \times 0.9664}{0.1666} \times 100\% = 79.47\%$$

第四章　滴定分析和重量分析操作方法

第一节　滴定管

一、滴定管的准备

1. 涂油脂

洗净的酸式滴定管，活塞与活套应密合不透水，并且转动灵活，为此，应在活塞上涂上一薄层凡士林（或真空油脂）。

具体方法是：将活塞取下，用干净的纸或布把活塞和活塞内壁擦干（如活塞孔内有旧油脂垢堵塞，可用细金属丝剔去），用手指蘸少许凡士林在活塞的两头涂上薄薄一层，在紧靠活塞的一边不要涂凡士林，防止堵塞活塞孔。涂后把活塞塞到套内，将活塞旋转几次，使凡士林呈透明状态、分布均匀，然后用橡皮圈套住，防止滑出。

碱式滴定管不涂油，只需用洗净的胶管把尖嘴和滴定管主体部分连接好即可。

2. 试漏

（1）酸式滴定管试漏　关闭活塞，装入纯水至一定刻度，直立滴定管数分钟，仔细观察液面是否下降，滴定管下端不应有水滴滴下，活塞缝隙中不应有水渗出，然后将活塞转180°，过2min后再观察，如有漏水现象应重新擦干涂脂。

（2）碱式滴定管试漏　把蒸馏水装入至一定刻度，直立滴定管数分钟，仔细观察刻度线上的液面是否下降，管下端尖嘴上有无水滴滴下。如有漏水现象，则应调换胶管或胶管中的玻璃珠。

换珠时，应选择一个大小合适且比较圆滑的玻璃珠配上再试。玻璃珠太小或不圆滑都有可能漏水，但太大操作不方便。

二、滴定管的使用

① 装溶液前，将瓶中标准溶液充分摇匀，用此标准溶液洗涤滴定管2～3次。

每次洗液的体积相当于滴定管容量的1/5左右，从下口放出少量溶液以洗涤尖嘴部分，然后关闭活塞，并慢慢转动，使溶液与管内壁充分接触，最后将溶液从管口倒出弃掉。应尽量倒尽后再洗第2次，这样洗净3次后，即可装上标准溶液至“0”刻度线以上，然后转动活塞使溶液迅速冲下，排出下端存留的气泡，再调节液面至0.01mL处或稍低处，否则应补充溶液。

如为碱式滴定管，则将胶管出水头向上弯曲，用力捏挤玻璃珠，使溶液从尖嘴喷出，以排出气泡。

② 滴定最好在锥形瓶中进行，必要时可在烧杯中进行。

左手操作滴定管，右手摇瓶（或持玻璃棒搅拌）。酸式滴定管操作时，左手的拇指在管前，食指和中指在管后，手指略微弯曲，轻轻向内扣住活塞。手心空握，无名指微抵下管，以免活塞松动或可能顶出活塞使溶液从活塞缝隙中渗出。滴定时转动活塞，控制溶液流出速度。要求做到：逐滴放出；只放出一滴；使溶液悬挂而不滴下的状态，即练习加半滴的技术。

碱式滴定管操作时，左手的拇指在前，食指在后，捏住胶管中玻璃珠所在位置稍上处，捏挤胶管使其与玻璃珠之间形成一条缝隙，溶液即可流出。注意不能捏挤玻璃珠下方的胶管，否则空气进入形成气泡。

滴定前，先记下滴定管液面的初读数，用小烧杯内壁轻触管尖以去掉其悬浮液滴，然后将滴定管尖嘴部分插入锥形瓶口下（或烧杯）1～2cm 处。以每秒 3～4 滴的速度进行正式滴定。滴定时不可成液柱流下，边滴边摇（或用玻璃棒搅拌烧杯中溶液），向同一方向做圆周旋转，防止溶液飞溅溢出。临近终点时，应一滴或半滴加入，摇匀后观察终点。用洗瓶吹入少量水冲洗锥形瓶内壁，使附着的溶液全部流下后，摇动锥形瓶，观察终点，如未到终点，则继续加半滴，直至准确到达终点位置。为便于观察，可在锥形瓶下放一块白瓷板或白纸等。

③ 准确读数。

由于水溶液的附着力和内聚力作用，滴定管液面呈弯月形。读数时应读弯月形液面下缘实线的最低点。对有蓝色衬背的滴定管，读两个弯月面相交于蓝线的交叉点。对于色深的溶液，则可读弯月面两侧的最高点。

为了便于读数，可在滴定管后衬黑色纸片等。

读数时必须做到：

a. 眼的位置应使视线与读数面在同一水平面上；

b. 初读数和终读数应用同一标准；

c. 滴定管应垂直夹持在滴定管架上读数，前后读数应保持一致；

d. 注入或放出溶液后，须待 2～3min 后再读数；

e. 读数必须精确到最小读数的 1/10。

④ 用完滴定管后，倒去管中的剩余溶液，装蒸馏水至刻度以上，用试管套在管口上。

⑤ 酸式滴定管长期不用时，活塞部分应垫上纸条。酸式滴定管要拔下胶管，沾些石粉保存。

三、浓度的标定

① 浓度的标定有两种方法：一是用基准物质标定，另一种是用已知准确浓度的标准溶液标定。

② 标定的用量：一般用被标定溶液的 20～40mL 的量来确定基准物质的称取量。

③ 按测定项目的有关要求确定基准物质及指示剂。

④ 标定操作。

用基准物质标定时，通常在洗净烘干后的称量瓶中放入适量的基准物质，先称出总质量，然后迅速取出需要量的基准物质放入洁净的250mL锥形瓶中，再称出称量瓶及基准物质的总质量，前后两次总质量之差为取出基准物质的质量。如果一次取出量过大，则作废另取；如果量过小，则可再称取一次，以求达到期望的质量。凡已取出的基准物质，不许再放回称量瓶中。加30～40mL蒸馏水溶解基准物质，加入指示剂，用被标定的溶液滴定至终点。用下式计算被标定溶液的浓度

$$c=\frac{m}{VM}\times 1000$$

式中 c——溶液浓度，mol/L；

m——基准物质的质量，g；

V——所耗溶液体积，mL；

M——基准物质的摩尔质量，g/mol。

采用已知准确浓度的标准溶液进行标定时，用移液管或滴定管量取需要量的准确浓度的标准溶液放入锥形瓶中（必要时加入少量蒸馏水），加入指示剂，用被标定的溶液滴定至终点。

被标定溶液的浓度用下式计算

$$c_A V_A = c_B V_B$$

式中 c_A——已知溶液的浓度，mol/L；

c_B——被标定溶液的浓度，mol/L；

V_A——已知溶液的体积，mL；

V_B——被标定溶液的体积，mL。

以上两式仅适用于基准物质与被标定物质的反应化学计量比为1∶1的情况。

⑤ 标定时应做3次平行测定，滴定结果的相对偏差不得超过0.3%。如果超过此值，应加做，取其相对偏差不超过的3次的平均值作为被标定溶液的浓度。

⑥ 标定时的实验条件同使用溶液时的实验条件应尽量相同，其温度相差不宜超过5℃（气温变化时也不应超过10℃），否则应重新标定。

第二节　移液管、容量瓶的使用及容量器皿的校正

一、移液管的使用

① 选择准备好的洁净移液管或吸量管，用右手的拇指和中指捏住管的上端，将管的下口插入待取的溶液中，插入深度不要太浅，也不要太深。左手拿洗耳球插接在管的上口，把溶液慢慢吸入管容量的1/3左右，取出洗耳球横持转动管子，使溶液接触到刻度以上管中各处，勿使管口沾污溶液，然后将溶液从管的下口放出弃掉。如此用待取溶液洗涤2～3次后，即可吸取溶液至刻度以上，立即用右手的食指按住管口。将管向上提出液面，管的下口末端靠在盛液器皿的内壁上，垂直管身，略为放松食指，控制管内溶液缓缓流出，直到溶液的弯月面与标线相切后，立即用食指压紧管口，管口液滴应靠壁去掉，移出管后，插入承接溶液的容器中。

② 承接溶液的容器如为锥形瓶，应使锥形瓶倾斜，管直立，下端靠壁，放开食指，让溶液沿壁流下。流完后管尖端接触瓶内壁约15s后再将管移去。

③ 残留在管末端的少量溶液的处理，应同校准时一致。管口上刻有“吹”字的，使用时管口溶液全部流出来后，末端的溶液应吹出。

④ 吸量管每次都应以最上面为起始点往下放出所需的体积，而不是需要多少体积就吸取多少体积。

二、容量瓶的使用

容量瓶在使用前应检查是否漏水。方法是加水至标线附近，塞紧瓶塞，一只手按住瓶塞，另一只手手指抵住瓶底边缘，将瓶倒立 2min，观察瓶口四周是否有渗漏现象。如不漏，将瓶放正后，旋转瓶塞到另一位置后，再倒立 2min，检查是否渗漏。经过检查的容量瓶用细绳将瓶塞系在瓶颈上，以免日久搞错。目前，市售的容量瓶有用塑料瓶塞的，一般不漏水。

固体物质应先在烧杯中用少量水溶解，必要时可加热使其溶解，液体物质也可放在烧杯中加少量水混合均匀，然后移入容量瓶。只有溶解时没有明显放热现象的物质才可在容量瓶中溶解。将溶液移入容量瓶中时，应用一根洁净的玻璃棒插入容量瓶内，玻璃棒的下端靠近瓶颈内壁，离瓶口不宜太近，以免有溶液溢出。烧杯嘴靠近玻璃棒，使溶液沿着玻璃棒缓缓流入容量瓶。

当烧杯中溶液流完后，可将烧杯沿着玻璃棒稍往上提，同时将烧杯直立，使附着在烧杯嘴上的一滴溶液流回烧杯中，然后用少量蒸馏水冲洗烧杯 3～5 次，洗涤液用相同的方法移入容量瓶中。溶液和洗涤液的总量不要超过容量瓶体积的 2/3。然后加蒸馏水至接近标线处，盖好瓶塞。一只手按住瓶塞，另一只手指尖顶住瓶底边缘，将容量瓶轻轻振摇，过 1～2min，等附着在瓶壁上的水流下，液面上的小气泡消失后，再用滴管逐滴加水，直至液面恰好与标线相切。最后按上述方法反复倒置。并用力摇荡数次，使溶液充分混匀。热的溶液应放至室温后再移入容量瓶中，以免造成体积误差。

三、容量器皿的校正

容量器皿上通常标有两种符号，一种是“In”，表示该容器是“量入”容器，即当溶液弯月面下缘与标线相切时，倒入量器内的溶液的体积等于量器上标明的体积；还有一种是“Ex”，表示该器皿是“量出”容器，即将满刻度的溶液全部倒出的体积正好是量器上标明的体积。不注明符号的一般是指“量入”容器。

容量器皿所标示的体积和实际的体积，由于种种原因会有一定的误差。国产容量器皿按准确度可分为一级和二级品，其允许误差见表 4-1。

表 4-1　国产容量器皿的允许误差　　单位：mL

准确度等级	滴定管		移液管		容量瓶	
	25mL	50mL	10mL	100mL	100mL	250mL
一级品	±0.03	±0.05	±0.04	±0.04	±0.10	±0.10
二级品	±0.06	±0.10	±0.02	±0.10	±0.20	±0.20

从国产容量瓶的允许误差可以看出，在选用一级品时，其相对误差小于 0.2%，所以在容量分析中一般不必进行校正。

当容量器皿的允许误差较大，或者进行比较精密的测定时，分析结果的准确度要求较高，就有必要对容量器皿进行校正。

容量器皿的校正通常用称量法和相对校正法。

称量法就是称量容量器皿某一刻度内放出或容纳的蒸馏水的质量，然后根据在该温度时水的密度，将水的质量换算成体积，校正滴定管常用这种方法。

容量瓶和移液管是经常合用的，一般都是用移液管从容量瓶中取出几分之几的溶液。所以并不一定要知道它们的绝对容积，而只要求它们的相对容积成比例就可以了。利用这种关系来校正容量器皿的方法，称为相对校正法。例如要校正 20mL 的移液管和 100mL 的容量瓶的相对关系时，可以用 20mL 的移液管，准确地移取蒸馏水 5 次，放入 100mL 干燥容量瓶中，然后仔细观察液面与标线是否相符。如果恰好相符，那么该容量瓶的体积就是该移液管的 5 倍；如果不相符，可以在瓶颈上重新做一条标线，表示该处的容积为该移液管的 5 倍。经过校正后的移液管和容量瓶应该配套使用。

第三节　重量分析操作方法

一、沉淀的生成

沉淀的生成是重量分析中的关键操作内容，沉淀不好，后面的操作就失去意义，分析结果也就没有保证。

为使沉淀反应进行完全，沉淀剂的用量通常比理论用量要多 20%～50%，但是用量不能太多。因为用量太多时，会产生盐效应，使沉淀的溶解度增大。

沉淀剂应沿着洁净的玻璃棒缓缓加入试样溶液中，并且根据不同的要求进行搅拌、加热。对于晶形沉淀，沉淀剂加得要慢，沉淀生成后要放置一段时间（称为陈化），这样能生成颗粒粗大的晶体，沉淀既纯净，又易于过滤和洗涤；对于非晶形沉淀，沉淀剂加得要快一些，沉淀生成后立即进行过滤。

沉淀反应是否进行完全，可用以下方法检查：

将溶液放置片刻，待沉淀下沉后，用洁净的滴管滴加 1～2 滴沉淀剂于上层清液中，如果在沉淀剂落下处不再出现浑浊，就表示沉淀已经完全，这时就可进行下面的操作。

二、沉淀的过滤和洗涤

在过滤操作中，滤纸和漏斗是经常用到的物品。滤纸分为定性滤纸和定量滤纸。在质量分析中使用的是定量滤纸，由于经过盐酸和氢氟酸的处理，定量滤纸灼烧后灰分极少，其质量可以忽略不计，所以也叫无灰滤纸，在滤纸盒的封面上都注有每张滤纸灰分的平均质量。

因紧密程度不同，滤纸分为快速滤纸、中速滤纸和慢速滤纸 3 种。使用时，要根据沉淀性质的不同来选用不同的滤纸。一般非晶形沉淀，如 SiO_2、$Fe(OH)_3$ 等，可选用较为疏松的快速滤纸，以免过滤太慢；一般的晶形沉淀，如 $MgNH_4PO_4 \cdot 6H_2O$ 等，可选用较紧密的中速滤纸；而对于较细的晶形沉淀，如 $BaSO_4$ 等，则选用紧密的慢速滤纸，以防沉淀穿透。滤纸的大小根据沉淀量的多少来决定，一般以沉淀的体积不超过滤纸容积的一半为宜。滤纸过大，洗涤时耗费时间多；滤纸太小，沉淀不易洗净。

沉淀过滤常用60°角的长颈漏斗，滤纸直径应与漏斗相配，一般将滤纸放入漏斗后，滤纸的边缘要比漏斗的边缘低5～10mm。市售的滤纸一般是圆形的，遇到大张的滤纸可以裁成合适的形状来使用。

折叠滤纸时，先将滤纸沿直径对折，注意不要过分按压滤纸的中心，以防几次折叠后形成小孔穿漏。在第二次对折时，应选用干漏斗试一下，使滤纸锥形和漏斗恰好贴合。如不能贴合，则应适当改变角度，使滤纸较大或较小的一半展开后，刚好与漏斗贴合。滤纸折好后，应在三层厚的滤纸折角处撕去一只小角（此小块滤纸可留作擦拭烧杯中残留的沉淀用），以使滤纸和漏斗贴合紧密。

折好的滤纸放入漏斗后，可用手指向漏斗颈部轻轻地压紧，然后放入少量的蒸馏水润湿滤纸，并用洁净的玻璃棒赶去滤纸和漏斗壁之间的气泡，使滤纸紧贴在漏斗上，这时如加水在漏斗中，漏斗颈内应全部充满水而形成水柱。只有这样，在进行过滤时才能利用漏斗颈内液柱下附着力来加速过滤。若不能形成水柱，可以用手指堵住漏斗下口，稍稍掀起滤纸一边，用洗瓶向滤纸和漏斗之间的空隙处加水，至漏斗颈及锥体的一部分被水充满，然后边按紧滤纸边慢慢松开下面堵出口的手指以形成水柱。如仍不能形成水柱，则可能是漏斗颈太大，应考虑更换漏斗。

漏斗下面用一个洁净的烧杯承接滤液，将漏斗颈出口斜长的一侧贴紧烧杯内壁，调整漏斗位置高低，以漏斗颈的出口在过滤全过程中不接触滤液为宜。过滤洗涤应连续完成，不能间断，特别是胶状沉淀更应如此，因此，必须事先计划好时间。

过滤操作时，将烧杯移到漏斗上方，轻轻提起玻璃棒，当玻璃棒提出液面后将其下端紧靠一下烧杯壁，而后将玻璃棒与烧杯嘴紧贴，玻璃棒直立，下端接近三层滤纸的一边，慢慢倾斜烧杯，使上层清液沿玻璃棒流入漏斗中，漏斗中的液面不要超过滤纸高度的2/3或使液面离滤纸边缘约5mm，避免少量沉淀因毛细管作用超过滤纸上缘。

停止倾注时，应将烧杯嘴紧靠玻璃棒，逐渐提直烧杯，等烧杯和玻璃棒几乎平行时，将玻璃棒离开杯嘴迅速提起移入杯中。玻璃棒放回原烧杯时，注意勿将澄清液搅混，既不要靠在烧杯嘴处，也不要放在操作者的一边。重复上述操作至清液倾注完以后，用洗瓶沿烧杯内壁四周注入少量洗涤液，每次约10～20mL，充分搅拌、静置。等沉淀沉降后，按上述方法倾注过滤。这样洗涤沉淀4～5次，每次应尽可能将洗涤液倾倒尽。

沉淀用倾斜法过滤后，将少量洗涤液加入杯中，搅拌沉淀倾倒至漏斗中。如此重复2～3次，直至沉淀基本全部倾倒至漏斗中。

沉淀全部转入滤纸后，用洗瓶由滤纸边缘稍下一些地方沿螺旋形方向移动冲洗沉淀，起始点应由滤纸三层处开始。洗涤沉淀必须掌握“少量多次的原则”，即用同量的洗液，多分几次进行洗涤，这样效果较好。每次加的洗液应少些，洗后尽量沥干，再进行下一次洗涤，直至达到方法所要求的标准为止。一般有十几次即可。

利用玻璃棒将滤纸和沉淀折卷成小包，由漏斗中转移至准备好的坩埚内（或其他容器内）。

沉淀及滤液按化验项目的要求进行处理。

三、沉淀物的烘干和灼烧

烘干和灼烧的目的是除去沉淀物的水分和挥发分，使沉淀物成为组成固定的称量物。

利用玻璃砂芯滤器过滤得到的沉淀物，通常只需要烘干。烘干的方法是将玻璃砂芯滤器的外面用滤纸擦干，放在洁净的表面皿上，然后放入电热鼓风干燥箱内烘干。

干燥的温度通常控制在200℃以下，具体的温度应该根据沉淀物的性质来确定。第一次烘干的时间约为2h，移入干燥器冷至室温后称重；第二次可烘45min～1h，再冷却称重。沉淀必须反复烘干至恒重，即连续两次称重，质量相差不超过0.0010g，就可认为沉淀物中水分和挥发分确已除去。

需要灼烧的沉淀一般在超过800℃的温度下灼烧，常用瓷坩埚来盛入沉淀。因为样品的测定往往是平行的，所以坩埚可用蓝墨水编上记号，并在灼烧沉淀的温度下灼烧至恒重。洗涤干净的沉淀物，可以用原滤纸四边向中心卷下包成三角锥形，也可以从漏斗中取出后折叠成纸包或其他形式放入坩埚。

非晶形沉淀由于沉淀体积较大，可以用扁头玻璃棒将滤纸边挑起，向中间折叠，将沉淀全部盖住后，用玻璃棒转移到已知恒重的坩埚中去。

包裹沉淀时，不要弄破滤纸，以免沉淀损失。对于含水量过大的沉淀物，在烘干时要防止骤热爆溅，也勿使滤纸着火燃烧，以免沉淀微粒散失。如果滤纸着火，应立即关掉电炉，盖好盖，让火焰自行熄灭，切勿用嘴去吹熄。焦化开始时，温度要低，加热至不冒烟时，焦化即为完全。焦化可以在有温度控制的电炉上进行。焦化完全后，可以在马弗炉中灼烧沉淀，沉淀应该灼烧两次，第一次灼烧30～50min，移入干燥器冷却至室温后称重；第二次灼烧15～20min，再冷却称重直至恒重。如连续两次称重，质量相差不超过0.0010g，就可认定是恒重了。取放坩埚应使用坩埚钳。

第五章　实验室安全知识

第一节　用电安全与安全操作规程

一、用电安全

人体是一种导体，当人体与带电体或火线接触时，就有电流通过人体。人体通过电流的大小与电压、人体的情况有关。人的皮肤电阻很大，约在 100～500000Ω 之间。若同时用两只干的手指去接触电极的两端，这时人体的电阻约为 100000Ω；倘若手指潮湿，人体电阻就下降到约 40000Ω；若用 NaCl 溶液浸湿的手指接触电极，人体电阻下降到约 16000Ω；如果将电极的两端用手握紧，则电阻下降到约 1200Ω；如果两手都浸湿了 NaCl 溶液，则电阻仅为 700Ω。人体像一个灵敏的安培计，即使流过很微小的电流，人也能感觉到。人体对交流电更灵敏，220V、0.001A 的电流人体就能感觉到；电流达到 0.006A 时人体就会感觉发麻，很容易把仪器摔坏或碰坏周围的仪器；电流达到 0.01A 以上时，会使肌肉剧烈收缩，手无法脱开电器；电流达到 0.025A 以上时，则呼吸困难，甚至停止呼吸；电流达到 0.1A 以上时，则使心脏产生纤维性颤动，甚至无法救治。

为防止工作过程中触电，一般在人体与地面之间增加高电阻的绝缘物，如干的木板、厚的绝缘橡胶板，尽量阻止电流通过人体到达地面而形成通电回路。如在实验室放干燥箱、马弗炉的地面上垫上绝缘橡胶就是起这个作用。

了解了触电原因之后，就可进一步采取措施，防止触电事故的发生。要严格按照安全用电的规定进行用电操作，对各种用电仪器进行接地，这样即便仪器漏电，电流也会通过电阻较小的导线流到地面，防止人体接触到该仪器时发生触电。地线也可以接到水龙头或水管上，但一定要接牢，接头的地方不能生锈，才能保证地线的作用。另外，在更换插头时，切勿将火线一头接在接地线的插头上，这样很危险。一般仪器的导线都是由红、黑、白三股橡皮绝缘的电缆构成的，通常是红线接火线，黑线接地线。换好插头后，最好用万用电表测量仪器的电阻通路，电表的两支校验笔分别与插头的火线、中线插足接触，当仪器开关开启时，电表指针应摆动很大，一般将电阻挡调到较大，则指针会指在 0Ω 处，表示仪器电流部分完好。把开关关闭时，电流指针应不摆动，接着把校验笔分别与火线地线、中线地线接触，此时无论开关开或关，电表指针都不应转动，否则仪器就有漏电的可能，应该进行检查。

在某些特殊的条件下，需要在带电情况下对仪器或电路进行检修，必须由专业电气维护人员进行。发生触电事故时，应首先设法把电路切断，立即拉开闸刀，在电流未能切断时，他人切勿接触触电者。如果触电者已经昏迷不醒，应立即进行人工呼吸抢救，并立即送医院。首次进入实验室工作时，应先熟悉实验室的电路分布情况及开关闸刀的位置，有事故发生时，可及时处理，以免事故扩大。

二、安全操作规程

在化学实验室中工作时，由于人员疏忽或不按照正确的操作规程进行操作，都有可能引起不同程度的中毒、灼伤、燃烧和爆炸等意外事故。因此，应当重视安全操作规程。

① 实验室中，大多数药品或多或少都具有毒性，因此不可尝其味，不要直接俯向容器去嗅其味。若需了解药品气味，应慢慢摇动手掌，将气体引向自己鼻孔。

② 稀释浓强酸（特别是浓硫酸）时，必须一边搅拌冷却，一边把浓强酸以细流状注入水中，切勿将水倒入酸中，以免溅出伤人，甚至爆炸。

③ 任何化学药品一经放置于容器后，应立即贴上标签，标明名称、规格、浓度和日期，对标签有怀疑时，应查问或检验清楚。

④ 不能在有易燃物品的附近加热。遇到此类情况，应移去易燃、易爆物品后再加热。

⑤ 不同加热物质有不同的加热方式，加热沸点在 30～60℃的乙醚、二硫化碳、丙酮等物质，必须注意只可以用温水浴加热，而且只能从冷水加热开始；加热沸点在 60～80℃间的苯、乙醇、氯仿等，则可用 80～100℃的水浴加热；加热沸点在 80℃以上的液体，则可以使用液体油浴或在隔石棉网的火焰上加热。

⑥ 使用玻璃管或玻璃棒时，一定要用火把管或棒的断面烧圆，以免割手。

⑦ 用试管加热时，勿使管口朝向自己或别人，以免加热不均时，溶液从试管溅出伤人。

⑧ 切不可对试剂瓶或量筒直接加热，也不可在试剂瓶、量筒中配制溶液，以免容器发热使容器破裂。

⑨ 用移液管吸取溶液时必须小心谨慎，要注意管的尖端是否插在液面之下。吸取挥发性、强碱性、腐蚀性、刺激性或有毒的液体时，必须用吸耳球或水泵抽气吸取，绝不能用嘴吸取，以确保安全，任何疏忽都可能把液体吸入口中。

⑩ 使用乙醇灯注意要点。当灯内乙醇不多时，往往会使玻璃爆炸，使剩余乙醇淌出引起着火。给乙醇灯添加乙醇时，一定要熄灭灯火后，用漏斗小心加入；点燃乙醇灯时，不能用已燃乙醇灯来引燃，因为乙醇灯倾斜，使乙醇溢出，会造成失火。

⑪ 使用乙醇喷灯注意要点。坐式或挂式乙醇喷灯灯座应放在石棉板或瓷砖上进行工作，挂式乙醇喷灯在引燃的乙醇快烧完时，才可打开悬挂的乙醇筒下端的活门，使乙醇流入喷灯内。如由于引燃的乙醇不足、喷灯温度不够高或其他原因需添加引燃乙醇时，必须等喷灯上的火焰完全熄灭后才能添加。坐式乙醇喷灯熄灭、灯座温度下降后才能打开其乙醇壶上的盖子。

第二节　危险化学品的保管和使用

危险化学物品应分别按照不同的化学特性进行保管和使用，并采取相应的安全措施。危险化学物品保管的仓库一般要求干燥、阴凉通风。危险化学物品的使用应严格执行领用制度，特别是剧毒品的数量需要有明确交代，使用期间要放在带锁的柜子里，使用剩下的剧毒药品不能随意倒入水槽或废液缸内，要将它转化为无毒的物质后再弃掉。

一、各类危险化学物品的保管要点

① 易爆炸或分解及易形成爆炸混合物的物质，如苦味酸、各种炸药类化合物、硝酸盐、亚硝酸盐、氯酸盐、过氯酸盐、30%的过氧化氢等，要在耐火仓库中保存，且不能和其他易燃物共同存放。

② 压缩气体，如氨、乙炔、甲烷、硫化氢等易燃易爆气体的钢瓶不能同其他物质共同存放，应单独存放在耐火仓库中或置于室外太阳不能照射的凉棚下。装有氢气、氧气等助燃气体的钢瓶，不能和易氧化的物质放在一起（氧气遇到油脂时会发生剧烈氧化而爆炸）。此外，贮藏气体的钢瓶要进行定期检查。

③ 容易自燃的物质，如金属钾、钠、钙、粉状的铝、锌粉、碳化钙、过氧化物、白磷、黄磷、磷的钠及钙化合物，不能和易燃物质放在一起，应保存在耐火材料仓库中。

④ 剧毒物质，如氰化物、氰酸盐、砒霜（As_2O_3）、汞、氟化物、有机碱等，必须与其他物质分开，保管在专用的锁闭房间内，并严格统计收发的数量。

⑤ 引起其他可燃性物质起火的物质，如浓硫酸、浓硝酸、溴、高锰酸钾、铬酸酐等，必须与其他化学品分开，也不能与棉花、麻类、炭黑、木炭等物质并存。

⑥ 易于起火的液体物质，如丙酮、汽油、醇类、苯类、煤油、醚类等，必须与其他易燃物质分别保管在耐火材料仓库内。

⑦ 易于起火的固体物质，如萘、樟脑、红磷等，必须与各类易燃物分开，保管在耐火仓库内或地下室内，或将容器另藏在大铁桶内并加盖。

二、化学废液的处理方法

为了控制水污染，我国《污水综合排放标准》对污水排放的污染物浓度作了严格规定。实验室的废液应分别收集进行处理，处理后才能弃去。下面介绍几种处理废液的方法：

① 无机酸类废液。将废液慢慢倒入过量的含碳酸钠或氢氧化钙的水溶液中，或用废碱溶液互相中和，中和后用大量水冲洗。

② 含氢氧化钠、氨水的废液。用6mol/L的盐酸水溶液中和后再用大量水冲洗。

③ 含氰化物废液（NaCN、KCN）。在每100mL废液中加入25mL 5% NaOH或10% Na_2CO_3溶液及25mL 20% $FeSO_4$溶液，充分搅拌，并稍微加热，使其转化成无毒铁氰化物溶液，然后倒掉。

④ 含氟化物废液。加入过量的$CaCl_2$或CaO，使其生成CaF_2沉淀并倒掉。

⑤ 含砷化物、高汞化物废液。通入H_2S使其生成As_2S_3和HgS沉淀，然后倒掉。

对于较高蒸气压的液体，如装乙醚、丙酮、乙醇、汽油、苯、溴、氨水、四氯化碳、硝酸、盐酸或过氧化氢液体的瓶子，绝不能装满，或暴露在日光下，以及靠近热源，否则会发生爆炸。开启这些瓶子时要小心，慢慢松开瓶塞，使它先漏出一些蒸气，降低瓶内的压力；不要将瓶子对准自己，避免迅速拔出塞子，瓶内液体喷出损伤眼睛和皮肤。

第三节　实验室的一般医疗救护常识

在实验室工作，常因不慎或疏忽而产生一些伤害事故，对一些较轻的情况，自己可以先行处理；较重的情况，除自己及时处理外，还须到医疗单位进行医治。这里简单介绍几种处理方式。

（1）人身着火　切勿惊慌失措，应用布或上衣包住自己，使身体与空气隔绝；为了避免火舌延烧到头部，应立即躺在地板上，并且用上述方法熄灭身上的火焰。

（2）玻璃割伤　首先检查伤口处是否有玻璃片，若同时被酸或碱溶液腐蚀时，则迅速用适当的溶液洗涤，然后抹上紫药水，再用消毒棉和纱布包扎伤口。

（3）酸和碱灼伤　应立即用大量水冲洗，并用中和溶液处理。被酸灼伤时，用2%的$NaHCO_3$溶液或NH_3的稀溶液处理；在被碱灼伤时，用1%柠檬酸或HAc溶液处理，并用干的纱布包扎。

酸或碱溅入眼中时，先用大量的水洗涤眼睛后，溅入酸的再用2%的$NaHCO_3$稀溶液洗涤；而溅入碱的则要用硼酸的饱和溶液洗涤。

（4）烫伤　一般烫伤可在伤口处擦烫伤油膏或用浓高锰酸钾溶液擦至皮肤变为棕色，再涂上凡士林或烫伤油膏，必要时可以包扎。

（5）溴灼伤　用苯或甘油洗涤，然后包扎。

（6）磷灼伤　立即用1% $AgNO_3$溶液或5% $CuSO_4$溶液，或浓$KMnO_4$溶液洗涤，然后包扎。

（7）误吞毒物　常用的解决方法是引起呕吐，给中毒者服催吐剂，如肥皂水、芥末水，或把5～10mL稀硫酸铜溶液加入一杯温水中服用，并用干净手指伸入喉部，引起呕吐，然后送医院治疗。

第四节　实验室的防火常识

“失火”是在化学实验过程中经常发生的事故，不但会直接造成财产损失，影响工作的正常进行，而且极易危及人身安全。若失火引发严重爆炸时，则后果更为严重。因此，实验室工作人员应具备化学物品防火和灭火的常识。

一、失火原因

失火除了由主观上粗心大意或违反操作规程引起外，有时是由于不了解某种化学物品或某种化学反应的性能和缺乏某些基本知识引起的。一般在实验过程中，要事先了解实验内容，严格遵守操作规程，提高警惕，细心操作。

火灾发生的条件有三个：

（1）有可燃性物质　如可燃性固体（木料、纸张等）、可燃性液体（乙醚、乙醇等）、自燃性物质（白磷、烷基金属等）和可燃气体（煤气等）。

（2）有氧的供给　这个条件最易满足，对于氧化剂这类药品，它们在隔绝空气下，也能自行供氧而燃烧。

（3）达到燃烧的起始温度　达到燃烧的起始温度，是可燃性物质燃烧的最关键条件，也是实验室操作者最易忽略的方面，因此应列为预防和消灭火灾发生的关键点。

二、灭火常识

了解了火灾发生的三个条件后，在日常实验工作中，一旦失火，应保持镇静，同时采取以下措施，不然就会错过最佳灭火时机而酿成火灾。

① 首先要弄清楚发生火灾的原因，对不同原因和不同对象的燃烧，采取不同的扑灭方法。一般来讲，若是因用电起火，则先拉开电闸刀；若由灼烧起火，则先灭掉火源等；若是能溶于水的物质或与水没有反应的物质起火，则可用水来灭火；若非水溶性有机溶剂在燃烧，则只能用 CO_2 等来灭火。所以对失火的原因和现场情况做出判断至关重要。否则，不但不能及时灭火，反而有加剧火势的可能。

② 防止火势扩散，马上关熄所有的加热设备，把附近一切可燃（尤其是有机溶剂）或爆炸性物质移至远处。需要注意的是：在扑灭火焰时，切勿打翻附近装有有机溶剂的仪器或打破在燃烧的盛有可燃性物质的容器，否则会加剧火势。

③ 迅速采取有效灭火措施。扑灭火焰有三种途径：

a. 移除燃烧的物质。

b. 冷却燃烧物质，使之降到燃烧点以下。一般可用水，但不是所有场合都适用。

c. 使燃烧物隔绝空气而灭熄，这是最常用的灭火方法。

三、常用消防器材的性能

1. 黄砂

黄砂装于砂箱或砂袋内，着火时，只要将其掷洒于着火物上就可将火熄灭。适用于一切不能用水扑灭的燃烧，特别是有机物质的燃烧。但在火势猛、燃烧面积大的情况下，效果不佳。需要注意的是，湿的砂有时不但不能灭火，还会增加火势，所以黄砂一定要经常保持干燥，放置在最易取到的地方。

2. 水

水是常用的灭火剂，但在化学实验室中一般不宜用水灭火，除非确定燃烧物系水溶性或用水没有其他危险时，方可允许用水灭火。

3. 压缩二氧化碳灭火器

灭火器钢瓶内装有压缩二氧化碳，钢瓶口有手把式开关，开关接高压橡皮管和喇叭形喷射筒。使用时应将手把式开关下面的一支销钉拔下来，按紧手把，将喇叭筒对准火场喷射出二氧化碳，使火场与空气隔绝。灭火速度快，且能用于电器、有机溶剂和贵重仪器着火等情况。

4. 泡沫灭火器

与二氧化碳灭火器相似，泡沫灭火器的灭火剂是 $NaHCO_3$ 溶液（加有发泡剂）和硫酸铝溶液。使用时，翻转灭火器，即可产生 CO_2 和氢氧化铝泡沫直喷火场，这些泡沫就像毡子一样将燃烧物包住而使火熄灭。泡沫灭火效果比二氧化碳更好，除用电起火外，大部分场合都适宜。

注意：喷口处需定期检查，以防阻塞；瓶内的药液，需要定期更换，否则会失效；平时勿摇动。

5. 四氯化碳灭火器

四氯化碳沸点低，喷到燃烧物表面后能迅速气化，而成为阻燃气体，包裹住燃烧物而使之熄灭。常用的四氯化碳灭火器有压缩喷射式和玻璃瓶装式两种。这种灭火器的优点是可以熄灭因电流引起的火势，不损坏用电仪器和精密仪器；缺点是 CCl_4 蒸气有毒，尤其是可能产生更毒的光气，所以通风不好的地方，最好不用。

6. 干粉灭火器

干粉灭火器也是一种通用灭火器。灭火器桶内粉末的主要成分是 $NaHCO_3$ 等盐类物质，并加入适量的润滑剂和防潮剂。在灭火器桶旁或桶内装有灌装高压 CO_2 的小钢瓶，作为喷射的动力。

干粉灭火器喷出的灭火粉末盖在燃烧物上，能够构成阻碍继续燃烧的隔离层，而且通过受热还能分解出不燃性气体，降低燃烧区域中的含氧浓度。同时，干粉还有中断燃烧连锁反应的作用，因此灭火速度快。

干粉灭火器综合了泡沫、二氧化碳和四氯化碳灭火器的优点，适用于扑救油类、可燃气体、仪器设备和遇水燃烧等物品的初始起火。

干粉灭火器的粉末是无毒的，一般情况下不会熔化或分解，没有腐蚀性，可长期保存。发生火灾时，先把干粉灭火器取下提到现场，在离火源 7～8m 左右时，把灭火器竖立在地上，然后一手握紧喷嘴胶管，另一手将拉环用力向上提起。这时，干粉灭火器内二氧化碳的瓶盖立即打开，二氧化碳冲进干粉瓶中，产生较大的压力，此时立即靠近火源，瓶内的干粉就会伴随二氧化碳一起从喷嘴射出，一股带有粉末的强大气流扑向燃烧区，将火熄灭。

第六章　煤质分析概述

 第一节　煤质分析试验方法

一、煤质分析试验方法的分类

煤质分析是指为了掌握煤的组成、质量、特性等内容，用物理或化学的方法对煤样进行的化验和测试工作。煤质分析一般按国家技术标准或专项试验工艺进行，是为有关设备和工艺过程的设计和运行提供依据的基础性工作。根据测定项目的不同，煤质分析试验方法一般分为两大类：

1. 煤的固有成分和固有特性的分析试验方法

此类方法用以测定煤的固有成分和固有特性，如煤中元素的测定、煤中全硫和形态硫的测定等。无论用什么分析方法（化学分析法或仪器分析法），不管在什么条件下，煤的固有成分和特性的分析试验，测出的化验结果都必须是实际的结果。例如煤中全硫测定，无论用艾氏卡重量法，还是库仑法，得出的结果都应是一致的。

2. 煤的非固有成分和特性的分析试验方法

煤的非固有成分和特性的分析试验方法也称煤的规范性试验方法，是指在规定条件下，使煤发生转化，然后测定生成物的量和特性的试验方法，如煤中灰分、挥发分的测定等。煤的规范性试验方法，其试验结果是随着实验方法、条件、仪器设备而变的。例如煤的挥发分的测定，在850℃和900℃下测定的结果是不一样的，而且因坩埚的质量、坩埚盖的严密程度不同所得到的结果也不一样。因此，在这类分析试验中，必须严格执行分析方法规定的操作条件和程序，才能得到准确的结果。

二、煤质分析试验项目符号、测定值和报告值

煤质分析试验项目采用英文名称第一个字母或字母组合，以及元素符号或分子式作为代表符号。煤质分析项目符号、测定值和报告值（部分）见表6-1。

表6-1　煤质分析项目符号、测定值和报告值（部分）

项目名称		符号	单位	测定值	报告值
工业分析	水分	M	%	小数点后2位	小数点后2位
	灰分	A	%	小数点后2位	小数点后2位
	挥发分	V	%	小数点后2位	小数点后2位

续表

项目名称		符号	单位	测定值	报告值
工业分析	固定碳	FC	%	小数点后2位	小数点后2位
元素分析	硫	S	%	小数点后2位	小数点后2位
	氧	O	%	小数点后2位	小数点后2位
	氢	H	%	小数点后2位	小数点后2位
	碳	C	%	小数点后2位	小数点后2位
	氮	N	%	小数点后2位	小数点后2位
灰成分分析	二氧化硅	SiO_2	%	小数点后2位	小数点后2位
	三氧化二铝	Al_2O_3	%	小数点后2位	小数点后2位
	三氧化二铁	Fe_2O_3	%	小数点后2位	小数点后2位
	氧化钙	CaO	%	小数点后2位	小数点后2位
	氧化镁	MgO	%	小数点后2位	小数点后2位
	氧化钾	K_2O	%	小数点后2位	小数点后2位
	氧化钠	Na_2O	%	小数点后2位	小数点后2位
	二氧化钛	TiO_2	%	小数点后2位	小数点后2位
	三氧化硫	SO_3	%	小数点后2位	小数点后2位
其他	真相对密度	TRD		小数点后2位	小数点后2位
	视相对密度	ARD		小数点后2位	小数点后2位
	发热量	Q	MJ/kg,J/g	小数点后3位个位	小数点后2位十位
	胶质层指数	X、Y	mm	0.5	0.5
	黏结指数	G		小数点后1位	个位

注:1. 对各分析试验项目进一步划分,采用英文名称第一个字母或字母组合,标在有关符号的右下角。

2. 煤质分析试验项目中采用的下标含义:

O——有机;P——硫化铁;S——硫酸盐;gr,v——恒容高位;net,v——恒容低位;B——弹筒;t——全。

第二节　煤样与测定

一、煤样

为测定煤的某些特性,按规定方法采取的、具有代表性的一部分煤称为煤样。

制备煤样应注意以下几点:

① 分析煤样一律按《煤样的制备方法》制备。在制备煤样时,煤样在室温下连续干燥1h后,若其质量变化不超过0.1%,则视其达到空气干燥状态。

② 煤样应装入严密的容器中,通常可用带有严密的玻璃塞或塑料塞的广口玻璃瓶。煤样量占玻璃瓶总容量的1/2~3/4。

③ 称取煤样时,应先将其充分混匀,再进行称取。

④ 接收煤样时,应核对样品标签、通知单等,确认无误后,再检查样品的粒度、数量是否符合规定,符合规定方可收样。

二、煤样测定

除特别要求外,煤样测定时,每项分析试验都应对同一煤样进行两次测定。

为什么要进行两次测定?这是因为根据两次测定结果,可以发现在测试过程中是否有意外差错,以保证结果的可靠性。两次测定值的差,如不超过规定限度(重复性限 T),则取两次测定值的算术平均值作为测定结果;否则,需进行第三次测定。如三次测定值的极差小于或等于 $1.2T$,则取三次测定值的算术平均值作为测定结果;否则,需要进行第四次测定。如四次测定值的极差小于或等于 1.3T，则取四次测定值的算术平均值作为测定结果；如极差大于 1.3T，而其中三个测定值的极差小于或等于 1.2T 时，则取该三个测定值的算术平均值作为测定结果；如上述条件均未达到，则应舍弃全部测定结果，并检查仪器和操作，然后重新进行测定。

[**例 6-1**] 测定煤中灰分，先进行二次测定，测定值之差超过允许限度，故进行第三次测定。三次测定的数据分别是 10.00%、10.21%、10.18%。T 值为 0.20，问如何报出结果？

解：因为 10.21－10.00＝0.21，1.2T＝1.2×0.20＝0.24，即 0.21＜1.2T。

所以报出结果是

$$A_{ad}=\frac{10.00\%+10.21\%+10.18\%}{3}=10.13\%$$

[**例 6-2**] 测定一煤样灰分，二次测定值超过允许差，得到的数据是 10.03%、10.25%，第三次测定值为 10.46%，三次极差大于 1.2T，进行第四次测定，测定值为 10.23%。T 为 0.20，问如何报出结果？

解：

因为

$$10.46-10.03=0.43, 1.3T=1.3\times0.20=0.26, 即\ 0.43>1.3T$$

所以四个数据不能平均报出，需要看其中三个测定值的极差是否小于或等于 1.2T。

因为

$$10.25-10.03=0.22, 1.2T=1.2\times0.20=0.24, 即\ 0.22<1.2T$$

所以

$$A_{ad}=\frac{10.03\%+10.25\%+10.23\%}{3}=10.17\%$$

但

$$10.46-10.23=0.23<1.2T$$

所以

$$A_{ad}=\frac{10.25\%+10.23\%+10.46\%}{3}=10.31\%$$

那么，分析结果应该是 10.17%还是 10.31%呢？国标没作规定，以这两个结果的算术平均值报出较为合理，即

$$A_{ad}=\frac{10.17\%+10.31\%}{2}=10.24\%$$

故 A_{ad} 值以 10.24%报出。

凡需根据水分测定结果进行校正和换算的分析试验，应同时测定煤样的水分。如不能同时进行，两者测定也应在煤样水分不发生显著变化的期限（最多不超过 7d）内进行。

三、煤质分析试验方法的精密度

煤质分析试验方法的精密度，以重复性限（同一化验室的允许误差）和再现性临界差（不同化验室的允许误差）来表示。

1. 重复性限

在同一化验室中，由同一操作者，用同一台仪器，对同一分析试验煤样，在短期内所做

的重复测定所得结果差值（在95%概率下）的临界值叫作重复性限。

重复测定与平行测定是不相同的，例如测定挥发分时，重复测定是将同一煤样分两次进炉测定；而平行测定是在一炉中同时测定。所以重复测定比平行测定的精度要高得多。

2. 再现性临界差

在不同化验室中，对同一煤样中分取出来、具有代表性的部分所做的重复测定，所得结果平均值的差值（在95%概率下）的临界值叫作再现性临界差。

第三节　煤质分析的“基”

一、“基”的概念及符号

煤所处的状态称为基准，简称“基”。煤质分析常用的基有：

1. 空气干燥基

空气干燥基是以与空气湿度达到平衡状态时的煤为基准，其表示符号为ad。

煤质分析一般都是测定各种指标的空气干燥基数值，这是因为采用空气干燥煤样来测定而造成的。将煤样在空气中连续干燥1h，若其质量变化不大于0.1%，则认为煤样达到空气干燥状态。煤样过干或过湿，都将对分析结果产生直接影响。

2. 干燥基

干燥基是以假想无水状态的煤为基准，其表示符号是d。

实际上不含水分的煤是不能稳定存在的。当煤样在干燥箱中干燥，失去空气干燥基水分，移出干燥箱后遇到空气，会立即吸收空气中的水分，直到平衡为止，所以无水状态的煤是不存在的。

由于煤的干燥基分析结果不受煤样水分的影响，就使得不同单位在不同环境下所测得的煤样各项指标值就有了可比性。所以国标中对不同化验室的允许误差都是以干燥基来表示的。标准煤样的不确定度也是以干燥基来表示的。

3. 干燥无灰基

干燥无灰基是以假想无水、无灰状态的煤为基准，其表示符号是daf。无水、无灰的煤实际上就是指常说的纯煤。但任何煤都带有灰分，因此，无水、无灰状态的煤是不可能存在的。

干燥无灰基常用于挥发分。干燥无灰基挥发分的高低反映了煤的变质程度，在我国煤炭分类中作为主要分类指标之一。

4. 收到基

收到基是以用户收到状态的煤为基准，其表示符号是ar。

二、“基”的表示方法

“基”有多种表示方法，为了区别以不同基表示的煤质分析结果，采用英文字母，标在有关煤质指标符号的右下角，项目细分符号之间用逗号分开。

例如：空气干燥基全硫表示为$S_{t,ad}$，收到基恒容低位发热量表示为$Q_{net,v,ar}$。

三、“基”的换算

化验室中所测定的各项煤质指标，一律采用空气干燥煤样进行测定，其测定结果也是用空气干燥基来表示，如 M_{ad}、$Q_{b,ad}$ 等。但是，煤的全水分 M_t，测定结果常用收到基水分 M_{ar} 来表示。进行基准之间的换算，首先要清楚各种基准的含义和不同之处，才能熟练地进行换算。经计算可知，同一项目，干燥基的数值比空气干燥基数值要大，因此当空气干燥基换算为干燥基时，一定要在空气干燥基数据上乘以大于 1 的数。相同项目、不同基准的数值从小到大依次排列为：

收到基→空气干燥基→干燥基→干燥无灰基

由上可知，已知前面的基，求后面的基，则必须乘上大于 1 的数；反之，则乘上小于 1 的数。当然，也可用移项的方式熟知公式。不同基的换算公式见表 6-2。

例如，已知干燥基灰分，要求空气干燥基灰分。

已知
$$A_d = A_{ad} \times \frac{100}{100-M_{ad}}$$

两边除以
$$\frac{100}{100-M_{ad}}$$

可得到
$$A_{ad} = A_d \times \frac{100-M_{ad}}{100}$$

同理，可得到计算空气干燥基挥发分的公式
$$V_{ad} = V_{daf} \times \frac{100-M_{ad}-A_{ad}}{100}$$

表 6-2 不同基的换算公式

已知基	要求基			
	空气干燥基 ad	干燥基 d	干燥无灰基 daf	收到基 ar
空气干燥基 X_{ad}		$X_{ad} \times \frac{100}{100-M_{ad}}$	$X_{ad} \times \frac{100}{100-M_{ad}-A_{ad}}$	$X_{ad} \times \frac{100-M_{ar}}{100-M_{ad}}$
干燥基 X_d	$X_d \times \frac{100-M_{ad}}{100}$		$X_d \times \frac{100}{100-A_d}$	$X_d \times \frac{100-M_{ar}}{100}$
干燥无灰基 X_{daf}	$X_{daf} \times \frac{100-M_{ad}-A_{ad}}{100}$	$X_{daf} \times \frac{100-A_d}{100}$		$X_{daf} \times \frac{100-M_{ar}-A_{ar}}{100}$
收到基 X_{ar}	$X_{ar} \times \frac{100-M_{ad}}{100-M_{ar}}$	$X_{ar} \times \frac{100}{100-M_{ar}}$	$X_{ar} \times \frac{100}{100-M_{ar}-A_{ar}}$	

[例 6-3] 已知 A_{ad}= 10.00%，M_{ad} 为 1.00%，求 A_d?

解：
$$A_d = A_{ad} \times \frac{100}{100-M_{ad}} = 10.00 \times \frac{100}{100-1.00} = 10.10\%$$

[例 6-4] 已知 M_{ad} 为 1.00%，A_d 为 10.00%，V_{ad} 为 15.00%，求 V_{daf}?

解：
$$A_{ad} = A_d \times \frac{100-M_{ad}}{100} = 10.00 \times \frac{100-1.00}{100} = 9.90\%$$

$$V_{daf} = V_{ad} \times \frac{100}{100-M_{ad}-A_{ad}} = 15.00 \times \frac{100}{100-1.00-9.90} = 16.84\%$$

第四节　煤质分析结果的表述

煤炭是固体物质，被测组分在固体试样中的含量，通常以质量分数来表示。质量分数的定义为“物质B的质量与混合物的质量之比”，若用符号 w_B 表示，则有

$$w_B=\frac{m_B}{m}$$

式中　m_B——所求组分的质量，g；

m——混合物的质量，g。

由定义可知，质量分数的数值应小于1。在煤质分析中，通常用质量的百分数形式来表示被测组分的含量，这是质量分数的另一种表示形式，其公式为

$$X=\frac{m_X}{m}\times 100\%$$

式中　m_X——被测组分的质量，g；

m——煤样的质量，g；

X——被测组分的含量，%。

例如，某煤样含 $S_{t,ad}$ 为1.56%，表示在100g煤样中含 $S_{t,ad}$ 为1.56g。

第七章　煤化学基础知识和煤炭分类

煤的物理、化学性质与煤的加工利用、研究煤质和煤的结构都有极为密切的关系。本章简单介绍煤化学性质中的氧化和热分解，以及中国煤炭分类方法。

第一节　煤的氧化、风化和自燃

煤的氧化是指煤和氧的反应。煤的燃烧是深度氧化的过程，煤和空气中的氧气发生的放热发光的急速反应叫作煤的燃烧。当煤长期堆放在煤场地上或贮存在煤仓里，煤与空气中的氧接触，缓慢地进行氧化，以至于煤的物理、化学性质都会慢慢发生变化，这种变化称为风化。无论是煤的缓慢氧化，还是煤的急速燃烧，它们的本质是一样的，都是煤和氧在进行化学反应，只不过是反应速率不同而已。

根据煤的氧化速度和程度不同，煤的氧化可以分为三个阶段：

第一阶段是煤的表面氧化，是煤的最轻度氧化。煤的表面氧化和煤的变质程度的深浅有关，年轻煤比年老煤容易氧化，例如长焰煤比无烟煤容易氧化；其次还与煤的粒度、黄铁矿的含量及空气中的氧含量等有关。

表面的轻度氧化虽然只发生在煤的表面，但是煤的物理、化学性质发生了明显的变化，例如外观发生了改变，发热量明显降低，燃烧性能也发生了改变等。

第二阶段是指煤氧化时，温度高于150℃以上，煤进一步进行氧化。这时，煤的组成、单元结构都发生很大变化。比如原来没有腐殖酸的产生了腐殖酸；多芳香环系统产生裂解，生成低分子量的羧酸。

第三阶段是指煤深度氧化，也就是在空气中，煤发生燃烧。

大量煤在贮存堆积时发生氧化和放出热量，如果放出的热量不能及时排出，特别是贮存在煤仓里的煤，热量更不易排出，那么煤的温度就会越来越高，促使煤的氧化加速，放出更多的热量，以致达到煤的燃点，造成煤的自燃。

煤氧化后，会降低煤的质量，主要体现在以下方面：

① 煤的发热量降低。烟煤存放一年后，发热量降低5%左右，甚至达到10%。

② 煤的黏结性降低。煤氧化后，煤的Y值和G值都会降低，但黏结指数（G值）受煤氧化的影响远比Y值大。有些煤极易氧化，例如山西潞安瘦煤、江西丰城焦煤等。现以潞安瘦煤来说明。潞安瘦煤在井下煤层上采样后密封，立即制样测定黏结指数，G值大于65，

可作为主焦煤。但开采后到地面经过风吹，G 值就变成 50 左右。堆放一个多月后，G 值就下降到 20 以下。堆放时间越长，煤就渐渐失去黏结性。

总之，煤的氧化对煤的利用是很不利的。特别是易氧化的煤，要随用随进，避免积压，防止质量下降。

第二节　煤的热分解

有机物在隔绝空气加热时所发生的变化，通常称为热分解。煤在热分解时，其有机质在不同温度下会形成不同数量和组成的产物，一般形成气态、液态和固态产物。煤的热分解可根据加热温度大致分为以下几个阶段：

① 120℃前，放出外在水分和内在水分，称为干燥阶段。

② 120～200℃，放出吸附在小孔中的气体，如 CO_2、CH_4 等，称为脱吸阶段。

③ 200～300℃，放出热解水，并且开始形成气态产物，如 CO_2、H_2O、H_2S 等，还有微量焦油析出，称为开始热分解阶段。

④ 300～550℃，大量析出焦油和气体，几乎全部的焦油均在此温度范围内析出。在这一阶段放出的气体主要是 CH_4 及其同系物。此外，还有不饱和烃、H_2 及 CO_2、CO 等，为热解的一次气体。黏结性烟煤在这一阶段则由胶质状态转变为半焦，称为胶质体固化阶段。

⑤ 500～750℃，半焦热解，析出大量含氢很多的气体，为热解的二次气体，基本上不生成焦油。半焦收缩产生裂纹，称为半焦收缩阶段。

⑥ 750～1000℃左右，半焦进一步热分解，继续形成少量气体（主要是 H_2），半焦形成焦炭，称为半焦转变为焦炭阶段。

煤的热分解是一个连续、复杂的过程。煤的热加工主要是利用煤的热分解性质进行低温干馏和高温干馏。低温干馏最终温度在 500～550℃，主要产物是低温煤气和初生焦油。高温干馏最终温度在 950～1050℃，主要产物是冶金焦炭。工业上应用最广的高温干馏，除了制取冶金焦炭外，还有煤气、焦油等产品。

第三节　中国煤炭分类

因分类角度不同，煤有不同的分类方法。根据煤的成因和成煤的原始物质不同而对煤进行的分类叫作煤的成因分类；按照煤的不同性质进行的分类叫作煤的科学分类；根据煤的工艺性能和用途不同而进行的分类叫作煤的工业分类或实用分类。本节主要介绍我国煤炭的工业分类。

中国煤炭分类国家标准中的煤炭工业分类方案包括 5 个表：煤炭分类总表、无烟煤的分类表、烟煤的分类表、褐煤的分类表和中国煤炭分类简表，分别如表 7-1～表 7-5 所示。

表 7-1　煤炭分类总表

类别	符号	数码	分类指标	
			$V_{daf}/\%$	$P_M/\%$
无烟煤	WY	01,02,03	≤10%	—

续表

类别	符号	数码	分类指标	
			V_{daf}/%	P_M/%
烟煤	YM	11,12,13,14,15,16 21,22,23,24,25,26 31,32,33,34,35,36 41,42,43,44,45,46	>10.0	—
褐煤	HM	51,52	>37.0①	≤50②

① 凡 V_{daf}>37.0%、G≤5，再用透光率 P_M 来区分烟煤和褐煤。

② 凡 V_{daf}>37.0%、P_M>50%者，为烟煤；P_M 为 30%～50%的煤，如恒湿无灰基高位发热量 $Q_{gr,maf}$ 大于 24MJ/kg，则划为长焰煤。

表 7-2　无烟煤的分类表

类别	符号	数码	分类指标	
			V_{daf}/%	H_{daf}①/%
无烟煤一号	WY1	01	0～3.5	0～2.0
无烟煤二号	WY2	02	3.5～6.5	2.0～3.0
无烟煤三号	WY3	03	6.5～10.0	>3.0

① 在已确定无烟煤小类的生产厂、矿的日常工作中，可以只按 V_{daf} 分类；在地质勘探工作中，为新区确定小类或生产厂、矿和其他单位需要重新核定小类时，应同时测定 V_{daf} 和 H_{daf}，按上表分小类。如两种结果有矛盾，以按 H_{daf} 划小类的结果为准。

表 7-3　烟煤的分类表

类别	符号	数码	分类指标			
			V_{daf}①/%	G	Y/mm	b②/%
贫煤	PM	11	10.0～20.0	≤5		
贫瘦煤	PS	12	10.0～20.0	5～20		
瘦煤	SM	13	10.0～20.0	20～50		
		14	10.0～20.0	50～60		
焦煤	JM	15	10.0～20.0	>65①	≤25.0	≤150
		25	20.0～28.0	50～65		
		25	20.0～28.0	>65①	≤25.0	≤150
肥煤	FM	16	10.0～20.0	>85①	>25.0	>150
		26	20.0～28.0	>85①	>25.0	>150
		36	28.0～37.0	>85①	>25.0	>220
1/3 焦煤	1/3JM	35	28.0～37.0	>65①	≤25.0	≤220
气肥煤	QF	46	>37.0	>85①	>25.0	>220
气煤	QM	34	28.0～37.0	50～65	≤25.0	≤220
		43	>37.0	35～50		
		44	>37.0	50～65		
		45	>37.0	>65①		
1/2 中黏煤	1/2ZN	23	20.0～28.0	30～50		
		33	28.0～37.0	30～50		
弱黏煤	RN	22	20.0～28.0	5～30		
		32	28.0～37.0	5～30		
不黏煤	BN	21	20.0～28.0	≤5		
		31	28.0～37.0	≤5		
长焰煤	CY	41	>37.0	≤5		
		42	>37.0	5～35		

① 当烟煤的黏结指数测定值 G 小于或等于 85 时，用干燥无灰基挥发分 V_{daf} 和黏结指数 G 来划分煤类；当黏结指数测定值 G 大于 85 时，则用干燥无灰基挥发分 V_{daf} 和胶质层最大厚度 Y，或用干燥无灰基挥发分 V_{daf} 和奥亚膨胀度 b 来划分煤类。

② 当 G>85 时，用 Y 和 b 并列作为分类指标。当 V_{daf}≤28.0%时，b 暂定为 150%；当 V_{daf}>28.0%时，b 暂定为 220%。当 b 值和 Y 值有矛盾时，以 Y 值为准来划分煤类。

分类用的煤样，如原煤的灰分≤10%者，不需减灰；灰分>10%的煤样，需按煤样制备方法，用氯化锌重液减灰后再分类。

表 7-4 褐煤的分类表

类别	符号	数码	分类指标	
			P_M/%	$Q_{gr,maf}$/(MJ/kg)
褐煤一号	HM1	51	0～30	—
褐煤二号	HM2	52	30～50	≤24

注：凡 V_{daf}>37.0%，P_M 为 30%～50%的煤，如恒湿无灰基高位发热$Q_{gr,maf}$>24MJ/kg，则划为长焰煤。

表 7-5 中国煤炭分类简表

类别	符号	包括数码	分类指标					
			V_{daf}①/%	G	Y/mm	b/%	P_M②/%	$Q_{gr,maf}$③/(MJ/kg)
无烟煤	WY	01,02,03	≤10%					
贫煤	PM	11	10.0～20.0	≤5				
贫瘦煤	PS	12	10.0～20.0	5～20				
瘦煤	SM	13,14	10.0～20.0	20～65				
焦煤	JM	24,15,25	20.0～28.0 10.0～28.0	50～65 >65①	≤25.0	≤150		
肥煤	FM	16,26,36	10.0～37.0	>85①	>25.0①			
1/3 焦煤	1/3JM	35	28.0～37.0	>65①	≤25.0	≤220		
气肥煤	QF	46	>37.0	>85①	>25.0	>220		
气煤	QM	34,43, 44,45	28.0～37.0 >37.0	50～65 >35	≤25.0	≤220		
1/2 中黏煤	1/2ZN	22,33	20.0～37.0	35～50				
弱黏煤	RN	22,32	20.0～37.0	5～30				
不黏煤	BN	21,31	20.0～37.0	≤5				
长焰煤	CY	41,42	>37.0	≤35			>50	
褐煤	HM	51,52	>37.0				≤30 30～50	≤24

① V_{daf}≤28.0%，暂定 b>150%的为肥煤；V_{daf}>28.0%，暂定 b>220%的为肥煤或气肥煤。如按 b 值和 Y 值划分的类别有矛盾时，以 Y 值划分的类别为准。

② 对 V_{daf}>37.0%、G≤5 的煤，再以透光率 P_M 来区分其为长焰煤或褐煤。

③ 对 P_M 为 30%～50%的煤，再测 $Q_{gr,maf}$，如其值>24MJ/kg，应划分为长焰煤。

分类所用的煤样，除 A_d≤10.0%的采用原煤样外，对于 A_d>10.0%的煤样，应采用氯化锌重液洗选后的浮煤（如为易泥化的褐煤，可采用灰分尽量低的煤样）。

由以上各分类表可以看出，中国煤炭分类方案中，首先根据煤化程度将煤分成无烟煤、烟煤、褐煤 3 大类（见表 7-1）。然后以 V_{daf} 和 H_{daf} 作为分类指标，将无烟煤分为 3 个小类：无烟煤一号、无烟煤二号、无烟煤三号（见表 7-2）；以 V_{daf}、G、Y、b 作为分类指标，将烟煤分成 12 个小类：贫煤、贫瘦煤、瘦煤、焦煤、肥煤、1/3 焦煤、气肥煤、气煤、1/2 中黏煤、弱黏煤、不黏煤和长焰煤（见表 7-3）；根据 P_m 将褐煤分为 2 个小类：褐煤一号、褐煤二号（见表 7-4）。共划分成 17 个小类。

关于煤炭分类的说明：

1. 煤类的代表符号

煤类的代表符号由煤炭名称前两个汉字的汉语拼音首字母（大写）组成。如气肥煤的代表符号为 QF，其中 Q 代表气（Qi），F 代表肥（Fei）；瘦煤的代表符号为 SM，其中 S 代表瘦（Shou），M 代表煤（Mei）。采用汉语拼音代号的优点是既有利于数据库中贮存，又可用简单的符号来表示不同的煤种。

2. 煤类的数码

在煤炭分类方案中，煤类的数字编码由两位阿拉伯数字组成，表示不同的煤类，且数码越多的煤类，表示其分类指标的变化范围越宽。如气煤的数字编码有 34、43、44 和 45，共 4 个，瘦煤的编码有 13、14，共 2 个，而贫煤的编码只有 11。煤类数码的两位数字中，十位上的数字代表挥发分的大小，如无烟煤的挥发分最小，十位数字为 0，褐煤的挥发分最大，十位数字为 5，烟煤类的十位数字介于 1～4 之间。个位数字对烟煤类来说，表征其黏结性或结焦性好坏，如个位数字越大，表示其黏结性越强；个位数字为 1 的烟煤类，都是一些没有黏结性的煤，如贫煤、不黏煤和长焰煤；个位数字为 2～6 的烟煤，它们的黏结性随着数码的增大而增强。对褐煤和无烟煤来说，每个数码代表一个小类别煤，如 01～03 分别代表 1～3 号无烟煤，51 号、52 号各代表 1 号、2 号褐煤。但在烟煤阶段，每一数码编号并不代表 1 个小类煤，如瘦煤中的 13 号和 14 号，并不代表 1 号瘦煤和 2 号瘦煤，但可以看出，14 号瘦煤的黏结性比 13 号的强。采用数码编号对指导生产和选择合适的煤源具有一定的实用意义。

第八章　煤质化验室基础知识

第一节　煤质化验室常用试剂等级、滤纸及玻璃仪器

一、常用试剂的等级

（1）一级品　优级纯和基准试剂，符号为GR，纯度最高，适用于精密的化学分析和科学研究工作，常用于配标准试剂。

（2）二级品　分析纯试剂，符号AR，纯度较一级品略低，适用于重要的分析工作。一般化验室常用的极大部分试剂都是二级品。

（3）三级品　化学纯试剂，符号为CP，纯度较一级品更低，适用于工厂、学校做一般分析。

（4）四级品　实验试剂，符号为SP，杂质较多，纯度很低，常作辅助试剂用。

二、滤纸的规格和用途

滤纸一般分为定性滤纸和定量滤纸两种。定性滤纸经灼烧后，灰分质量较大，适用于一般过滤，不适用于重量分析中最后要灼烧的沉淀过滤；定量滤纸灼烧后，灰分很少，其质量都小于0.1mg，可以忽略不计，又称为无灰滤纸，适用于重量分析中沉淀的过滤。

另外，根据过滤速度滤纸可分为极慢速、慢速、中速、快速等几种；根据滤纸的直径又可分为ϕ9cm、ϕ11cm等几种。

三、常用玻璃仪器

化验室中大量使用玻璃仪器，因为玻璃具有诸多可贵性质。比如，有很高的化学稳定性和热稳定性，有很好的透明度，有一定的机械强度和良好的绝缘性能，原料来源方便，并可制成各种不同形状的产品。

用于制作玻璃仪器的玻璃称作仪器玻璃。化验室常用的仪器玻璃分为两种，即钾玻璃和硬质玻璃。钾玻璃是以SiO_2、CaO、K_2O、Al_2O_3和B_2O_3为主要材料，常用于制作玻璃管、漏斗、干燥器、滴定管等非耐热玻璃仪器。硬质玻璃（九五料）含SiO_2和B_2O_3较高，耐热比钾玻璃好，尤其是耐骤冷骤热的性能更比钾玻璃好，常用于制烧杯、烧瓶等耐温仪器。

玻璃仪器怕氢氟酸强烈腐蚀，碱液会使磨口黏合在一起而无法打开。

第二节　玻璃仪器的洗涤

洗净玻璃仪器不仅是实验必须做的准备工作，而且是一项技术性工作。仪器洗涤对化验工作的准确度和精确度均有影响，不同的分析工作有不同的仪器洗净要求。

仪器洗涤步骤如下。

1. 用自来水刷洗

首先要用较大量的水冲洗掉玻璃仪器里面和外表的杂质，然后用合适的刷子刷洗一遍，以看不见仪器上其他物质和颜色为宜。

2. 用洗液洗

用于洗玻璃仪器的洗液有许多种，主要有有机洗液和无机洗液，无机洗液又分为酸性和碱性洗液。这里介绍一些常用的洗液。

① 铬酸洗液。用 20g 化学纯 $K_2Cr_2O_7$ 溶于 40mL 水中，再慢慢加入 360mL 浓 H_2SO_4，边加边搅拌，主要洗涤油污和碱性物质及无机物。

② 10%氢氧化钠水溶液。主要用于去除油污和酸性物质。

③ 苯、丙酮、三氯甲烷等有机液体。主要作用是去油污，溶解其他有机物和金属离子。

另外还有一些洗液，如 HCl（1+1）、浓 HCl、去污粉、合成洗涤剂和 5%洗衣粉水溶液等。

洗涤较大玻璃仪器时，如烧杯、大口试剂瓶等，可用去污粉、固体合成洗涤剂洗刷。具体方法是：用毛刷取少许洗涤剂，将已用水洗刷过的玻璃仪器内外刷洗干净。对于口小、管细的玻璃仪器，如容量瓶、移液管等，常用铬酸洗液进行洗涤。洗涤时，要先将玻璃仪器中的水倒净，然后倒入少量的铬酸溶液，斜着转动，使仪器内壁全部被洗液湿润，来回转动数次后，将洗液倒入另一个要洗涤的玻璃仪器中。

3. 用自来水冲洗

用大量自来水冲洗玻璃仪器，洗去玻璃仪器里外的洗液。

4. 用蒸馏水洗

用蒸馏水洗涤玻璃仪器的原则是少量多次。由于蒸馏水来之不易，又要达到洗净玻璃仪器的要求，因此，用少量的水洗涤多次，至少洗涤 3 次。洗涤时，玻璃仪器的内表面全部要洗到，洗净的玻璃仪器必须明亮、光洁。仪器洗净的主要标志是：玻璃仪器倒置时，水流出后，玻璃仪器内壁应不挂水珠。

第三节　实验室用水的制取

一、制取实验室用水的水源

制取实验室用水的水源主要有两种：一是井水（地下水），地下水清洁而无悬浮物，但通常硬度较大，矿物质较多，因此应当选用硬度较小的地下水作为制水水源；二是自来水，自来水经过水厂的处理，硬度适中，清洁而无有机物，是最理想的水源。

二、水中的杂质

化验工作中，水是必不可少的。洗涤玻璃仪器、冷却、配制溶液及分析操作等环节都要用到水。天然水、自来水中存在很多杂质，不能直接用于化验工作，必须将水纯化，有些化验中还要用到特别要求的水或超纯水。

水中含有以离子状态存在的电解质，如阳离子 Na^{+}、K^{+}、Ca^{2+}、Mg^{2+}、Fe^{2+}、Fe^{3+}、Al^{3+} 等，阴离子 HCO_3^{-}、SO_4^{2-}、Cl^{-}、NO_3^{-}、PO_4^{3-} 等。另外，水中还含有泥沙、细菌、微生物、胶体颗粒等。这些都是水中的杂质。

三、实验室用水规格

实验室用水应符合国标《分析实验室用水规格和试验方法》的规定。实验室用水分为 3 个级别（见表 8-1）：一级水、二级水和三级水。一级水用于严格要求的分析试验，二级水用于无机微量分析等试验，三级水用于一般化学试验。

表 8-1　分析实验室用水的规格

项目	一级水	二级水	三级水
外观(目视观察)	无色透明液体		
pH 值(25℃)	—	—	5.0～7.5
电导率(25℃)/(μS/cm)	≤0.01	≤0.10	≤0.50
可氧化物质(以 O 计)/(mg/L)		<0.08	<0.4
吸光度(254nm，1cm 光程)	≤0.001	≤0.01	—
蒸发残渣[(105±2)℃]/(mg/L)	—	≤1.0	≤2.0
可溶性硅(以 SiO_2)/(mg/L)	≤0.01	≤0.02	—

煤质试验中一般用三级水，采用蒸馏法和离子交换法来制取。各级用水使用密闭的、专用的聚乙烯容器贮存。三级水也可用密闭的、专用的玻璃容器贮存。

四、实验室用水的检验

对实验室用水进行检验，一般用以下方法：

① 阳离子的检验。取水样 10mL 于试管中，加入 2～3 滴氨缓冲液（pH=10）、2～3 滴铬黑 T 指示剂，若水呈蓝色，则表明无金属离子。

② 氯离子的检验。取水样 10mL 于试管中，加入数滴硝酸银溶液（1.7g 硝酸银溶于水中，加浓硝酸 4mL，加水稀至 100mL）摇匀，在黑色背景下看溶液是否变白色浑浊，若溶液为无色，则无氯离子。

③ pH 值的检验。取水样 10mL 于试管中，加入甲基红指示剂 2 滴不显红色；另取水样 l0mL 于试管中，加入溴麝香草酚蓝指示剂 5 滴不显蓝色，即符合要求。也可用精密 pH 试纸测试。

用离子交换法制取的水，可用电导率仪测定水的电导率。

五、蒸馏法制取蒸馏水

将原水用蒸馏器蒸馏就得到蒸馏水，由于绝大部分无机盐类不挥发，因此蒸馏水较纯净，适用于一般化验工作。

蒸馏器一般是用铜或其他合金制成的，也有用玻璃、石英玻璃、银、白金等制成的。用玻璃、石英玻璃、银、白金制成的蒸馏器可制得高纯度水。要得到高纯度的水，还可采取增加蒸馏次数的方法，例如用铜蒸馏器制得的蒸馏水，再放在玻璃蒸馏器中重新蒸馏，这样制得的蒸馏水叫二次蒸馏水，也叫全玻璃蒸馏水，纯度较高。

六、离子交换法制取“去离子水”

用离子交换法制的水叫“去离子水”。如图 8-1 所示，将含有阴阳离子杂质的水经过离子交换树脂，离子交换树脂上的 OH^- 和 H^+ 分别与水中的阴离子和阳离子交换，阴阳离子交换到树脂上，OH^- 和 H^+ 进入水中，又结合生成水，从而达到制取纯水的目的。

离子交换法制取“去离子水”的反应式是：

$$ROH + Cl^- \longrightarrow RCl + OH^-$$

$$2RH + Ca^{2+} \longrightarrow R_2Ca + 2H^+$$

$$OH^- + H^+ \longrightarrow H_2O$$

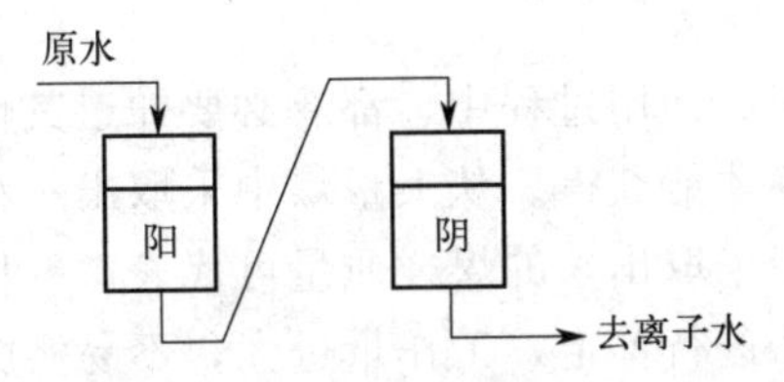

图 8-1 离子交换法制取去离子水

第九章　煤样的采制

第一节　煤样的采取

一、采样的重要性

煤炭在开采、加工、销售和使用过程中，都有必要知道其性质。煤炭的性质需要通过煤样的采取、制备和化验等步骤才能获得。从大量煤中采取出一小部分具有代表性煤样的过程称为采样。所谓代表性，是指采取出来的煤样质量可代表这一批煤的平均质量。采样有两个原因：一是如果要对全部产品进行鉴定，工作量过大，不易实施；二是有些分析试验具有破坏性，产品一经鉴定后就面目全非，原有性能不复存在，因而失去使用价值。

煤是一种性质极不均匀的混合物，而且一批煤的数量又比较大，要从中采取几十至几百千克煤样，质量上要尽可能接近全部煤量的平均质量是比较困难的。在采、制、化三个环节中，采样误差占总误差的 80%，制样和化验仅占 20%，可见在检验煤炭质量中，采样环节是非常关键的一环。不难设想，从一批煤中采得的煤样，若不能代表这一批煤的平均质量，则不论随后的制样和化验如何准确，都将毫无意义，甚至得出错误的结论。采样工作有一个突出的特点，那就是：不正确的采样，事后很难觉察和检查，而且往往无法补救。

二、系统采样和随机采样

1. 系统采样

按相同的时间、空间或质量间隔采取子样，但第一个子样在第一间隔内随机采取，其余子样按选定的间隔采样。例如：在火车顶部采取洗精煤样，按 5 点循环取一点的原则，在第一节车皮上从 1～5 点可随机取一点，5 块板上分别写上 1、2、3、4、5，然后摸板，如摸到 3，那么第一点就采在第一节车皮的第 3 点上，第二节车皮采在第 4 点上，如此按顺序采完全部子样。

2. 随机采样

采取子样时，对采样部位和时间均不施加任何人为意志，能使任何部位的物料都有机会采出。例如：上面的例子，每一个车皮都要摸板，如第一节车皮摸 3，那么就采在第一节车皮的第三点上；第二节车皮摸 1，那么就采在第二节车皮的第一点上……直至最后一节车皮采完全部子样。

通常，我们在收到外来煤样时，在报出的分析结果报表上，常常写上“本室仅对来样负

责”。这样写，说明煤样从制备到化验，可以保证有足够的精密度，可以对来样负责，但是不能对采样负责。在销售中，由于煤质发生的纠纷、问题大多出在采样上面，由此可见采样工作的重要性。为了避免和减小人工采样的误差，保证采样的精密度，应尽量考虑采用机械采样。

三、采样要素

商品煤样、生产检查煤样等，其基本采样方法是一样的。只要掌握了一种煤样的采样方法，其他煤样的采样方法也就能很快掌握了。这里只介绍商品煤样的采样方法。

1. 采样单元

一批煤中，采取一个总样所代表的煤量为一个采样单元，一批煤可以是一个采样单元，也可以是几个采样单元。所有煤种，按品种，分用户，以（1000±100）t 为一个采样单元，也可以当天或一列车实际发运量为一个采样单元。如需进行煤炭质量核对，应对同一采样单元进行采样、制样和化验。在实际工作中，一批煤往往作为几个采样单元。例如，某一洗煤厂送 1000t 洗精煤到一钢厂，钢厂为了配煤炼焦，不可能把 1000t 煤作为一个采样单元。若只需要此种煤 200t（根据炼焦炉的容量和各种煤的配比情况），那么，钢厂就只能以这 200t 左右为一个采样单元。也就是说 1000t 煤在钢厂要分成 4～5 个采样单元，然后以平均结果报出，并与供方进行核对。

前述 1000t、一列火车或一天的发运量均可作为一个采样单元，但在汽车运输中，往往不是这样的。供销双方可商定以多少吨或多少天的总量为一个采样单元。例如以 200t 作为一个采样单元，或以 5 天的发运量作为一个采样单元等，只要双方同意就行。

采样前，采样人员必须确认采样地点和采样单元，满足三个要素的要求，严格按国标要求正确布点，并保证足够的子样数和足够的子样质量。

2. 子样数

子样是采样器具操作一次所采取的或截取一次煤流全断面所采取的一分样。子样数一般以 1000t 为参考煤量，当煤量为 1000t 时，子样数由表 9-1 给出。

表 9-1　1000t 煤量最少子样数

煤种		采样地点				
		煤流	火车	汽车	船舶	煤堆
原煤、筛选煤	干基灰分>20%	60	60	60	60	60
	干基灰分≤20%	30	60	60	60	60
精煤		15	20	20	20	20
其他选煤(含中煤)和颗粒大于 100mm 块煤		20	20	20	20	20

煤量超过 1000t 时的子样数，按下式计算

$$N=n\sqrt{\frac{m}{1000}}$$

式中　N——实际应采子样数，个；

n——表 9-1 规定的子样数，个；

m——实际被采煤样质量，t。

煤量少于 1000t 时，子样数根据表 9-1 的规定数目按比例递减，但不能少于表 9-2 规定

的数目。

表 9-2 少于 1000t 煤量最少子样数

<table>
<tr><td colspan="2" rowspan="2">煤种</td><td colspan="5">采样地点</td></tr>
<tr><td>煤流</td><td>火车</td><td>汽车</td><td>船舶</td><td>煤堆</td></tr>
<tr><td rowspan="2">原煤、筛选煤</td><td>干基灰分＞20%</td><td rowspan="4">按表 9-1 规定数目的 1/3</td><td>18</td><td>186</td><td rowspan="4">按表 9-1 规定数目的 1/3</td><td rowspan="4">按表 9-1 规定数目的 1/3</td></tr>
<tr><td>干基灰分≤20%</td><td>18</td><td>6</td></tr>
<tr><td colspan="2">精　煤</td><td rowspan="2">6</td><td rowspan="2"></td></tr>
<tr><td colspan="2">其他选煤（含中煤）和颗粒大于 100mm 块煤</td></tr>
</table>

3. 子样质量

每个子样的最小质量要根据商品煤标称最大粒度，按表 9-3 确定。

表 9-3 子样质量

最大粒度/mm	25	50	100	＞100
子样质量/kg	1	2	4	5

商品煤的标称最大粒度就是与筛上物累计质量分数最接近，但不大于 5%的筛子的筛孔尺寸。例如，按国标《煤炭筛分试验方法》筛分某原煤煤样后，得到下列结果（表 9-4）。

表 9-4 筛分某原煤煤样结果

筛分组成（筛孔尺寸）/mm	100	50	25	13
产率/%	1.50	3.20	30.20	65.10

从上述数据可以看出，100mm 和 50mm 两个粒级筛上物产率最接近 5%并小于 5%。因此，上述原煤的标称最大粒度为 50mm。从表中可查得子样质量为 2kg。

4. 采样的布点

采样的布点必须依据“均匀布点，使每一部分煤样都有机会被采出”的原则分布子样点。不同的采样地点有不同的布点方法。一般采样地点有煤流、火车、汽车、船舶和煤堆等，这里仅介绍在煤流中和火车顶部采样。

（1）煤流中采样　移动煤流中采样时，按相同的时间或相同的质量间隔进行布点。如对一个采样单元按相同的时间间隔采取子样时，每个子样的时间间隔按下式计算

$$T \leqslant \frac{60Q}{Gn}$$

式中　T——子样时间间隔，min；

Q——采样单元，t；

G——煤流量，t/h；

n——子样数目，个。

如果对一个采样单元按相同的质量间隔采取子样时，每个子样的质量间隔按下式计算：

$$m \leqslant \frac{60Q}{n}$$

式中　m——子样质量间隔，t；

Q——采样单元，t；

n——子样数目，个。

第一个子样的采取是随机的。

（2）火车顶部采样

① 原煤和筛选煤。不论车皮容量大小，每车沿对角线3点采取3个子样。第1、3个子样距车角1m，第2个子样位于对角线中央。当以不足6节车皮为一采样单元时，多出的子样可分布在交叉的对角线上，也可分布在棋盘格上。

② 精煤、其他洗煤和粒度大于100mm的块煤。每节车皮沿对角线按5点循环方式取1个子样，第1点和第5点距车角1m，其余3个子样均匀分布在第1、5两个子样之间，当以不足6节车皮为一采样单元时，多出的子样可均匀分布在各车皮的对角线上。

第二节　煤样的制备

煤样的制备是指把较大量、较大粒度的煤样，按照规定的方法和步骤，经过破碎、筛分、混合、缩分和干燥等环节，处理成供分析化验用的煤样或较少量中间粒度级煤样的全过程。

采集的煤样，一般至少有几十千克，必须将采取的煤样经过一定的程序，既要缩减和破碎到符合各种化验项目的要求，又必须保持煤样的代表性。否则，即使采集的煤样具有代表性，化验做得很准确，最后得到的分析结果也不一定可靠，甚至毫无意义。可见煤样的制备是煤质分析的重要环节。

煤质化验用煤样的制备应符合煤样制备的有关规定。

一、破碎

采集来的煤样若大于25mm，则要先破碎后才能缩分。一般把煤样破碎到小于13mm、小于6mm、小于3mm、小于1mm，最后破碎到小于0.2mm。小于13mm和小于6mm的为测定全水分所需粒度的煤样，小于0.2mm的为分析煤样。破碎前，必须把破碎机打扫干净，再用少量待破碎的煤样把破碎机清洗一遍，然后进行全部煤样的破碎。破碎过程中要防止煤样污染和水分损失。

二、筛分

筛分的目的在于把未破碎到规定粒度的煤样分离出来再破碎，以减少再破碎的工作量，并使煤样全部达到所要求的粒度，提高精密度和减小缩分误差。

筛分的筛孔直径根据破碎的粒度，取这个粒级的筛子，使煤样全部通过筛子。如果煤样太湿，必须干燥后再进行筛分。

三、混合和缩分

混合的目的是把不均匀的煤样均匀化，为缩分做好准备，以减小缩分误差。混合工序只在人工堆锥四分法和全水分煤样缩分时用，但用人工混合的方法往往不易混匀而产生缩分误差。用二分器缩分无需混合。

缩分是煤样粒度不变而质量减少的工序。缩分方法有堆锥四分法、二分器法、机械缩分法和九点法等。缩分最好采用二分器法和机械缩分法，只有不得已才用堆锥四分法来缩分煤样。

缩分时所缩取的煤样质量取决于煤样的粒度，不宜多也不宜少。取多了会增加工作量，取少了会增大误差。取样量规定见表 9-5。

表 9-5 煤样制备粒度和质量规定

粒度/mm	<25	<13	<6	<3	<1
质量/kg	≥60	≥15	≥7.5	≥3.75	0.1

四、干燥

制取煤样时，若水分太大，则会影响破碎操作，故应在取全水分煤样后进行干燥。可进行自然干燥，也可用低于 50℃的干燥箱进行干燥。煤样粒度达到分析要求的粒度时，一定要达到空气干燥状态。

第十章 煤质化验室用称量仪器

煤质化验室常用称量仪器是天平。煤质分析中，无论是对煤的组成分析还是性质分析，大多数分析项目的测定过程都要用到天平。天平依据杠杆原理制成，在杠杆的两端各有一个小盘，一端放砝码，另一端放要称的物体（或物质），杠杆中央装有指针，两端平衡时，两端的质量（重量）相等。目前使用的天平，越来越精密，越来越灵敏。天平种类很多，有普通天平、分析天平；有常量分析天平、微量分析天平、半微量分析天平等等。

本章主要介绍机械天平的工作原理、结构和性能，简述电子天平的工作原理、结构和使用方法。

第一节 机械天平

机械天平是分析天平的一种。分析天平是化验室不可缺少的称量工具，天平计量准确与否直接关系到分析结果的准确性。目前，国内化验室常用的机械天平都是等臂双盘天平，现以 TG328A 型天平为例，介绍天平的基本结构。TG328A 型天平为全自动机械加码光电分析天平，其结构如图 10-1 所示。

一、机械天平的结构

机械天平由立柱、横梁、制动系统、悬挂系统、光学读数系统等部分组成。

（1）横梁　横梁也称天平的大梁，是天平的主要部分，它起着杠杆的作用。横梁一般用铝合金或铜合金制成，其设计、用料、加工都直接影响天平的精度和计量性能。横梁越重，天平越不灵敏；横梁的臂越长、质量越轻，天平的灵敏度越高。横梁上主要部件有中刀座、两个边刀座、平衡螺丝、重心螺丝、指针和微分标牌、玛瑙点、玛瑙面、玛瑙刀等。

重心螺丝设置在横梁中部的中刀盒上面，移动重心螺丝时，通过改变横梁的重心位置，就能起到调整天平灵敏度的作用。

平衡螺丝安装在横梁的两边，调节平衡螺丝，就可以调节横梁的水平。

（2）立柱　立柱是一个空心的圆柱体，垂直固定在天平底板上。作为横梁的基架，下面有小孔，能够使灯光通过，另外基架上还有中刀垫座、阻尼筒架、水准器等部件。

（3）制动系统　制动系统是控制天平工作和制止横梁及秤盘摆动的，其部件有开关旋钮、升降杆、上端控制托梁架、下面控制盘托等。

（4）悬挂系统　悬挂系统由秤盘、吊耳、空气阻尼器等部件组成。空气阻尼器是由挂在

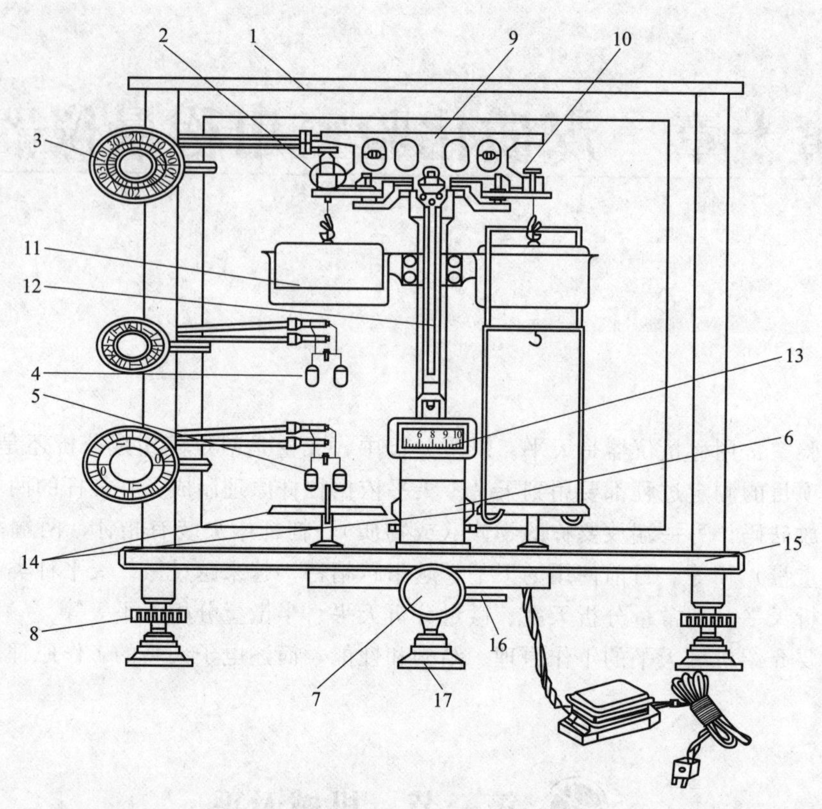

图 10-1　天平的整体结构

1—框罩；2—毫克砝码；3—读数指标盘；4、5—克砝码；6—铭牌；7—开关旋钮；8—调水平脚；9—横梁；10—吊耳；11—阻尼筒；12—立柱；13—投影屏；14—秤盘；15—底板；16—微调杆；17—避震垫脚

吊耳钩上和固定在阻尼器架上的内外阻尼筒组成。当两个阻尼筒相对运动时，筒内空气产生压力（空气阻力），使摆动横梁受到一个与运动方向相反的力而停止摆动。

（5）光学读数系统　光电天平采用光学读数装置，把微分标尺放大，反射到投影屏上，使天平读数清晰、简单。它的主要组成部分是光源、聚光镜、微分标尺、放大镜、反射投影屏等，如图 10-2 所示。

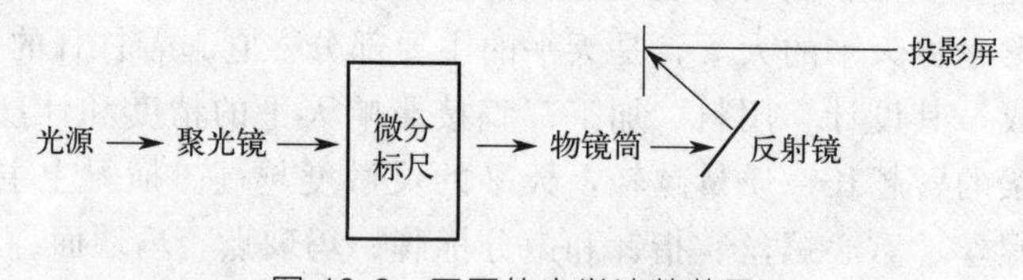

图 10-2　天平的光学读数装置

二、机械天平的工作原理

机械天平是利用杠杆原理来制造的，其工作原理如图 10-3 所示。在杠杆 AOC 中，O 是中心支点，力臂 $AO=CO$，F_1 和 F_2 是被称重物和砝码的向下作用力。当杠杆处于平衡状态时，根据杠杆原理：$F_1 \times AO=F_2 \times OC$。当天平两臂相等即 $AO=OC$ 时，则 $F_1=F_2$，即砝码的质量与被称物的质量相等。

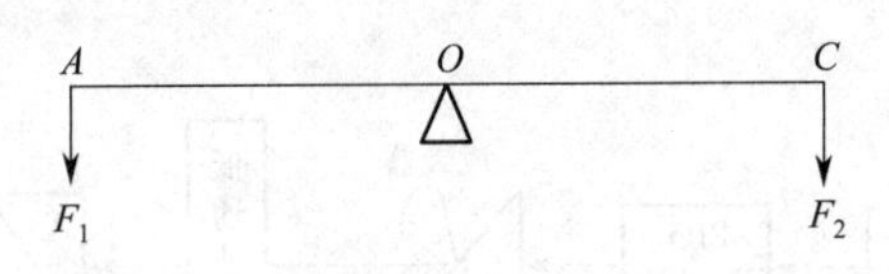

图 10-3 杠杆原理图

三、机械天平的性能

机械天平的性能用稳定性、正确性（不等臂性）、灵敏度和示值不变性来表示。

（1）稳定性　稳定性是指平衡中的横梁受到外力干扰失去平衡后，能够自动回到其初始平衡位置的能力。横梁平衡恢复得快，其稳定性就好；恢复得慢，其稳定性就差。天平的稳定性能主要取决于重心的位置，重心越低，天平就越稳定。

（2）正确性（不等臂性）　等臂天平的正确性就是指天平两臂相等的状况。天平左右两臂应严格相等，若两臂不相等，就认为天平不正确。使用两臂不相等的天平，在称量过程中就会引入误差，这个误差称为不等臂误差。

（3）灵敏度　天平的分度值又称为感量，是指天平处于平衡状态时，使指针在标牌上偏移一个分度（一个小格）时所需要的质量，通常用 S 表示，单位为 mg/分度。

天平的灵敏度是指在天平的任一盘上增加 1mg 的载重时，指针在标牌上偏移的分度数。因此，天平能察觉出来的质量越小，天平就越灵敏。

天平分度值的测定，应先调整天平的零点，然后加上 10mg 的砝码，开启天平，观察光屏上尺影的位置。如果指针位移（100±1）小格（分度），则分度值 S＝10mg/100 分度＝0.1mg/分度。

因此，在光屏上每移动 1 分度，就表示秤盘上有 0.1mg 的质量变化，否则就要加以调整。分度值的调整是通过旋转天平横梁上的重心螺丝来实现的。

（4）示值不变性　示值不变性是指天平在相同条件下多次测定同一物体所得结果的一致性。实际使用的天平，对同一物体进行多次测定时，所得结果往往不同，因此可通过天平示值是否变动来判断天平的好坏。

第二节　电子天平

电子天平是现代质量计量仪器。自 19 世纪 60 年代以来，随着科学技术的发展，电子天平的发展极为迅速。由于电子天平采用了现代传感器技术、电子技术和微型计算机技术，其结构简单，功能增强。与机械天平相比，它可以克服不等臂性误差，还增加了自动校准、自动去皮、自动故障寻迹、数字显示、数据输出等功能。从使用上来看，电子天平具有操作简单、称量迅速、读数精度高、维护方便等优点；从发展的观点来看，电子天平将在大多数领域取代机械天平。

一、电子天平的工作原理

电子天平的结构与工作原理如图 10-4 所示。

电子天平是根据电磁力补偿原理设计并由微电脑控制的。它把被测物质的质量转换成电

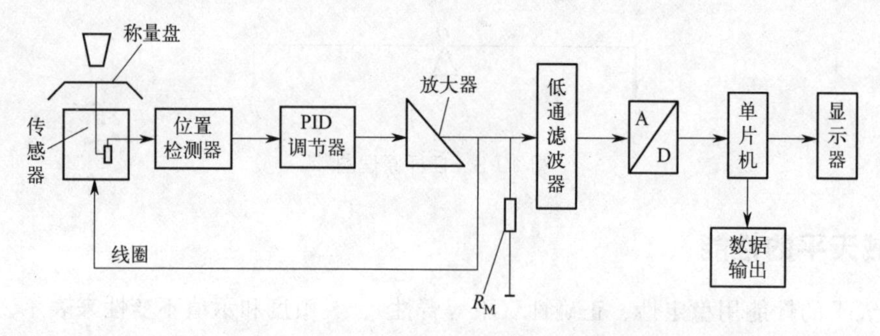

图 10-4　电子天平的结构与工作原理

信号，经模数转换后，以数字和符号显示出称量的结果。

当在称量盘上加上或除去被称物质时，称盘机构产生垂直位移，位置检测器将位移信号转换为电信号，该信号经过 PID（比例、积分、微分）调节器、放大器放大后转换为与被称物质有关的电流信号。此信号一路进入反馈线圈产生电磁反馈力，以平衡被称物体造成的秤盘机构产生的垂直位移；另一路则在精密电阻 R_M（采样电阻）上转换为相应的电压信号。此电压信号再经低通滤波器、模数转换器（A/D）转换成数字信号。该信号经单片机处理，最后以数字形式将被称物的质量显示出来。

传感器中的电流信号可由下式得出：

$$I=\frac{mg}{\pi dNB}$$

式中　m——被称物的质量；

B——磁场强度；

g——重力加速度；

d——线圈中导线直径；

N——线圈圈数。

从上式可以看出，电子天平的称量结果为物质质量，但与重力加速度 g 有关。为了消除因纬度不同而重力加速度不同所造成的影响，在电子天平内部装有名义密度为 8.000g/cm^3 的标准砝码，利用其内部微型计算机的程序实现校准。当纬度不同时，天平能自动进行校准，以消除由于纬度不同造成重力加速度有差异而带来的称量误差。

由于电子天平内带有标准砝码，保证了称量的正确性。但是由于经常性校准，难免使标准砝码磨损，影响校准的准确度。要克服这一影响，可以通过计算机中的程序来进行修正，以保证电子天平的精度。

二、电子天平的校准

电子天平在称量前必须进行校准，各种型号的电子天平的校准是不相同的。现以德国生产的沙多利斯 A120s 电子天平为例来说明校准的方法。其他型号的电子天平根据其说明书来进行校准。

1. 校准前的准备工作

校准前，必须做好以下准备工作：

① 将电子天平的水准器调到最佳状态。

② 接通电源，预热 30min。

③ 备一套二等标准砝码或天平自带的 100g 砝码。

2. 内校

按“ON”键开启天平，待显示 0.0000g 后，按去皮键“T”，再按校准键“CAL”，显示“C”，并能听到轻微的蜂鸣声，接着出现“CC”，数秒后“CC”消失，内校完毕。

若第一个“C”出现后，第二个“C”没有出现，而是出现“E”，说明操作不当或机内有误。此时按“T”键，接着按“CAL”，几秒后将出现“CC”，则校准恢复正常。

3. 外校

内校结束后进行外校。按“T”键不松手，数秒后显示校准质量 100.0000g。放开“T”键，然后将 100g 的标准砝码放在秤盘中间位置，待数秒后显示质量单位符号“g”。若不出现“g”，则按“T”键从头开始，直到显示“g”。取下标准砝码，天平外校完毕。

4. 四角校准

内、外校完成后，将 100g 标准砝码放于称盘中心位置，按去皮键“T”，待天平显示 0.0000g 后，再将砝码移至称盘的 1、2、3、4 点（如图 10-5 所示），然后观察显示读数，误差不应超过±0.4mg，否则应进行调整。

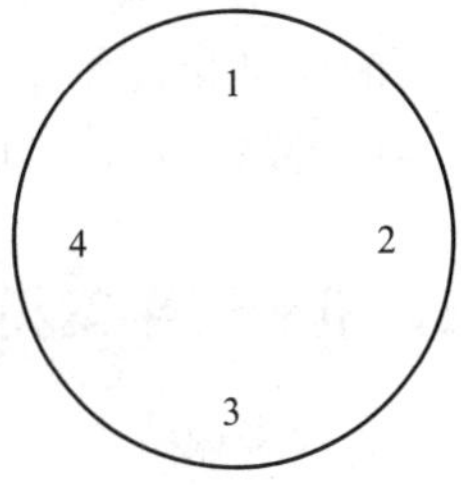

图 10-5 天平四角校准点

第三节 天平的保养、正确使用与常见故障分析

一、天平的保养

天平应放在平稳、牢固、离墙的水泥台上，周围环境无振动。天平放置处附近不应有停车场，也不宜靠近公路，因为车辆运动，对天平有振动而影响天平的读数等性能。如天平放在靠墙的水泥台上，那么水泥台必须和墙是一体的。

天平是化验室重要的精密仪器，必须妥善保养。天平室应干燥明亮，温度波动不大且窗向北开；地面要用拧干的拖把擦拭，以免增加室内空气湿度，同时在天平内放置干燥剂。为避免天平两臂冷热不均，天平应与窗、门、暖气等热源保持一定的距离，并经常保持天平和天平台的清洁。电子天平还要求无强电磁场、高频信号的干扰。

二、天平的正确使用

① 使用天平前，必须检查天平是否在有效期内；然后检查天平是否处于水平状态，各部分零件是否处在正确位置，砝码是否处于零位。

② 开启和关闭机械天平时，应缓慢均匀转动手柄，加减挂码时也应缓慢转动。

③ 机械天平每次称量中，增减挂码或被称物时，都应将天平关闭，严禁在天平开启时增减挂码或被称物；从秤盘中取放试样不宜用力过猛，特别是操作高精度、小称量的电子天平时更应小心。

④ 被称物应放在秤盘的中央，粉状、液体样品必须放在器皿内称量。

⑤ 被称物温度必须与室温相同后才能进行称量，不能称过冷或过热的物体。

⑥ 机械天平横梁上的各种零部件，除了调节螺帽外，不可任意调动，以免改变天平的计量性能。

⑦ 电子天平安装应依照说明书上的操作步骤进行。特别要注意仪器本身的电压与电源电压相一致，条件许可时应采用交流自动稳压器保持电源电压稳定。

⑧ 电子天平应预热一段时间后才能称量，新装的电子天平必须用标准砝码对天平进行校正后，才能准确称量。

⑨ 称样结束后，必须关闭天平，使砝码处在零位。

⑩ 定期检查天平的计量性能，按检定周期送检。机械天平长期不用或搬动时，应取下天平的横梁和其他零部件，以免损坏天平；电子天平在一段时间不用时，也必须经常对它通电一段时间，这样可防止天平受潮、生锈，延长天平寿命。

三、机械天平常见故障分析和排除

一般来说，天平故障应由计量鉴定维修人员进行处理，但简单的机械天平故障分析与故障排除，化验员是应当掌握的。

（1）吊耳脱落　吊耳脱落有时是因为操作天平时用力过大引起的，此种情况下，只要将吊耳轻轻地放回原位置，即可重新使用。

（2）盘托高低不适当　若盘托过高，开启天平时，吊耳下降易振动或脱落，关闭天平时秤盘向上拱起；若盘托过低，则关闭天平后秤盘不断摆动。盘托高低不适当时，可将秤盘取下，取出托盘，拧动螺丝进行调整，改变托盘的高度，调节后再进行安装和检验。

（3）天平上的小电珠不亮　先检查小电珠是否损坏，换一个好电珠试用，如试用电珠亮，则说明原电珠已损坏；如果试用电珠仍然不亮，则应从电源查找原因，检查天平座下部的电路控制器，在天平开启时是否接通。小电珠不亮的主要原因是电路接触点氧化、电源插座松动等。

第十一章　煤质化验室通用电热仪器

电热仪器是煤质化验室不可缺少的基本设备，主要包括干燥箱、马弗炉、电沙浴等。这些仪器主要由加热主体和控温装置两部分组成。加热主体有加热和保温两个功能，控温装置主要是控制仪器的温度和升温的速度。

电热仪器是利用电流通过电热仪器内部的电阻材料产生的热量来加热和灼烧物质，电阻材料的发热量与它的电阻值和通过电流大小有关。常用的电阻材料有电炉丝和硅碳棒。其中电炉丝主要由镍铬合金和镍铁合金制成，镍铬合金含镍75%～85%，含铬15%～25%，发热温度可达900～1000℃。

第一节　干燥箱

干燥箱又称为烘箱，加热电阻丝位于箱底，属于底部单侧加热。干燥箱主要用于测定煤中水分、干燥、烘焙和保持恒温等工作。

一、干燥箱内热气流传导方式

① 自然对流式。利用冷热空气的自然循环对流，使箱内温度均匀。电炉丝通电后放热，箱底的空气变热，热空气上升，冷空气下降，箱内空气产生对流而使得箱内温度均匀。若干燥箱顶部透气孔调节适当，则温度的均匀性就好。

② 鼓风对流式。利用小型电动鼓风机向内鼓风而增加空气的循环对流，使得干燥箱内温度更加均匀，一般温差不超过0.5℃。

煤质化验室常用鼓风对流式干燥箱。

二、电热鼓风干燥箱的结构

电热鼓风干燥箱主要由电炉丝、温度控制器和箱体组成，如图11-1所示。

干燥箱箱体由薄板及型钢组成，隔热层充填石棉或玻璃棉，工作室内壁喷涂耐高温银粉漆，正门打开后，有一玻璃门可供观察用，侧门内为控制室，仪表、线路均安装在控制室内。工作室左壁有风道，装有鼓风机及气流导板，箱顶装有排气阀，阀顶装有温度计插孔，室内底部装有两组电炉丝。

干燥箱的温度控制系统主要由感温器、放大器、接触器等组成。感温器主要由金属管感

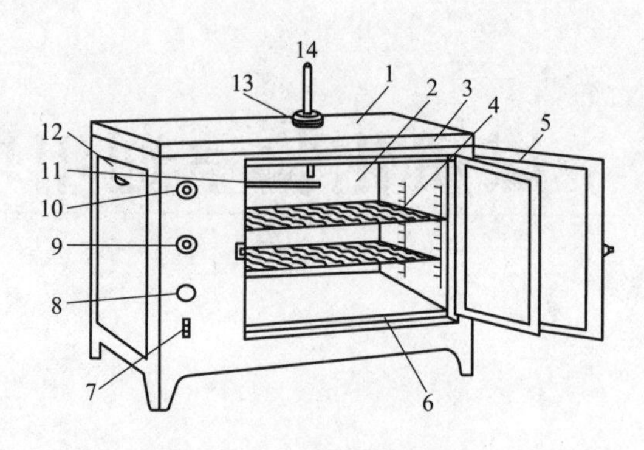

图 11-1 电热鼓风干燥箱

1—箱外壳；2—工作室；3—保温层；4—搁板；5—箱室；6—散热板；7—鼓风开关；8—电源开关；9—指示灯；10—温控器旋钮；11—温控器感温管；12—箱侧门；13—排气孔；14—温度计

温器、电接点水银温度计和铂电阻等组成。放大器由电子管组成的电路和数字式温度指示调节仪等组成。接触器用交流或直流继电器来控制加热电源，或用可控硅、固态继电器来控制加热电源。

现在新型的干燥箱，外壳用不锈钢制成，感温器用铂电阻，放大器采用数字显示温度仪，接触器用可控硅等元器件组成。

三、干燥箱的使用与维护

1. 使用前的准备

① 干燥箱必须置于室内干燥处，水平放置。

② 供电线路应配备专用刀闸开关，并检查接地线是否按规定接通，接地处是否有锈蚀松动。

③ 在箱顶排气阀孔中插入温度计，同时旋开排气阀约 10mm 的高度。

④ 检查干燥箱的电气性能。

接通电源后，注意是否有短路、漏电现象；确认电源正常后，将调温器旋钮按顺时针方向任旋一位置，稍过一会儿，加热指示灯亮，干燥箱开始升温；过一会儿，箱内温度升高，把调温器旋钮按逆时针方向旋转至加热指示灯熄灭，再顺时针方向略微旋转，加热指示灯又亮，说明干燥箱电气性能正常，则可以投入使用。电气性能检查过程中，加热指示灯亮、熄时调温器旋钮刻度处即为恒温点。

2. 干燥箱的维护

① 必须经常监测箱内温度，一旦温控失灵，应及时断电检查。

② 试样搁板平均负荷为 15kg，放置试样时切勿过密、超重，工作室底板上不能放置试样，以免影响工作室内空气对流而导致室内温度不均匀。

③ 禁止烘焙易燃、易爆、污染性强的易挥发物品，以免发生爆炸或污染试样。

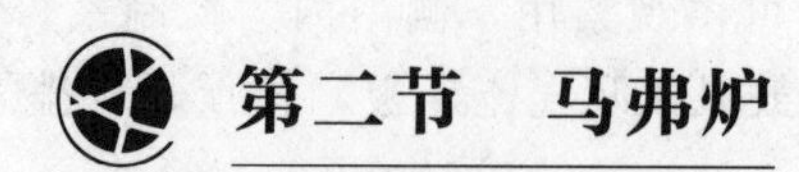

第二节　马弗炉

马弗炉又名箱形高温炉，主要用于灼烧、熔融、碳化、灰化试样以及分析沉淀物等试验。在煤质分析中，主要用于煤的灰分、挥发分、黏结指数、全硫测定以及煤灰成分分析中熔样和二氧化硅的测定。

一、马弗炉的结构

马弗炉主要由炉体、控温箱和热电偶组成，如图 11-2 所示。

1. 炉体

炉体由外壳、保温层、炉膛和电炉丝或硅碳棒组成。外壳用铁皮、铸铁支脚制成，炉后装有可控烟囱。为了维修方便，炉后的铁板制作成可拆卸部件。

保温层采用轻质保温砖或硅酸铝棉，能起保温和绝缘作用。炉膛用传热性能好、耐高温和膨胀系数很小的材料制成，如高钢玉、碳化硅等。炉膛为长方形，膛壁及顶、底部内有圆孔，孔内穿插着绕成环状的 $\phi 1.2$mm 的 A 级镍铬电炉丝，两根并联接入。炉膛后壁上开有两个孔洞，上方孔洞为排烟道，下方孔洞装热电偶用。

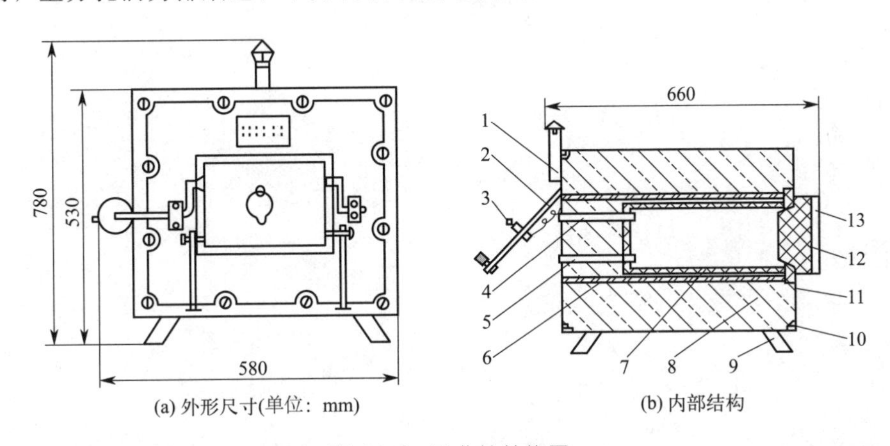

图 11-2 马弗炉结构图

1—烟囱；2—炉后小门；3—接线柱；4—烟道瓷管；5—热电偶瓷管；6—隔层套；7—炉膛；8—保温层；9—支脚；10—角钢支架；11—外壳；12—炉门；13—炉口

2. 控温箱和热电偶

控温箱由 XCT-101 动圈式仪表或 XMT-101 数字式温度指示调节仪和可控硅或固态继电器等组成。现多采用电脑控温仪。常用的测温元件一般采用镍铬-镍铝热电偶，其中镍铬为正极，镍铝为负极。测温范围在 900℃以内时，镍铬-镍铝热电偶可长期置于炉膛进行监测；但测温范围在 900～1100℃时，则只能短期置于炉膛进行监测。

热电偶由两根不同材质的热偶丝组成，一端焊接在一起，称之为热端；另一端不焊接在一起，称之为冷端。在测温过程中，只有当冷端温度保持不变时，热电偶的输出信号才反映被测温度。由于热端和冷端相距很近，冷端容易受到环境温度的影响，因此，必须采取冷端温度补偿措施。在实际工作中冷端温度补偿措施很多，常用的是补偿导线法，就是用与热电偶相同热电性能的导线，将热电偶的冷端延长，延伸到温度恒定的地方即可。

二、马弗炉的使用与维护

① 马弗炉应当平稳地安装在室内水泥台面上，外壳要求接地良好，置放的房间要求通风且干燥。为了便于操作，水泥台一般要求离地面 50cm。

② 马弗炉初次使用或长期停用后恢复使用时，应先进行烘炉，烘炉温度为200～600℃，时间为4h。

③ 马弗炉升温时不得超过设备额定最高温度，如加热元件采用的是一般电炉丝，则最高升温不得超过900℃。

④ 禁止在炉膛内灼烧液体和易燃、易爆物品。

⑤ 放试样时，应先切断电源，或在马弗炉下填放绝缘橡胶。

⑥ 更换加热元件时，应先将炉后钢板拆下，取出保温砖，即可将炉膛取出，换好加热元件后，再照原样装好。

⑦ 马弗炉的控温箱要注意防止潮湿，以延长其使用寿命和防止短路。

第十二章　煤质化验室的实际操作

从事煤质化验工作，应执行《煤炭分析试验方法一般规定》（GB 483—2007）及化验项目的国家标准和行业标准的有关规定。

一、仪器、工具、器皿的准备

① 化验前应熟练掌握化验项目的国标、规程，按标准和规程的要求准备好仪器、工具、器皿。

② 检查天平、马弗炉控温仪、热电偶、烘箱温度计的计量合格证。无鉴定合格证或超过有效期者不得使用。

③ 对控温的加热灼烧设备进行测温点的位置检查，并进行升温测试。掌握升温、控温、温度分布及等温区（恒温区）等情况，均符合标准和规程方能使用。测定恒温区的方法如下：

取一支已校准过的S型热电偶（或用二等标准热电偶）和一台电位差计（或XMT-101数字式温度指示仪）。把马弗炉温度升到所需温度，如挥发分测定温度900℃。从炉门上的小孔插入S型热电偶，一直插到炉子底部，然后在热电偶上做好记号，在电位差计上读取示数，查出相应的温度（或在XMT-101数字式温度指示仪上直接读出温度值），做好记录，然后，把热电偶向外抽出5mm，过3～5min读取温度，做好记录。如此测定，一直到热电偶的热端退到炉门口，或者温度显示小于所需温度（如挥发分测定小于890℃）为止。然后从炉门口进入炉膛里，在退出时原来的点上测定温度，做好记录，以两次的平均值作为最后的测定结果。一台马弗炉需要几个温度下的恒温区，就要在不同温度下，测定其恒温区。例如，测灰在（815+10)℃，就要在815℃测一次恒温区；测挥发分在（900±10)℃，那么还需在900℃再测一次恒温区。测完后再画图并挂在醒目的位置上。

④ 玻璃器皿可用铅笔或玻璃、瓷器专用铅笔在器皿上编上永久性编号，也可用铜红法编号。

铜红法的配方是：将硫酸铜2g、锌粉0.15g、硝酸银1g、糊精粉0.45g、甘油0.18g、水0.76g、胶水0.33g、纯碱0.24g混合均匀，在玻璃上写字。普通料玻璃在450～480℃，硬料玻璃在500～550℃中烘2min，冷却后洗去渣子。或用二氧化锰和水玻璃研磨后写字，然 后在煤气火上烘至暗红色，慢慢退火后，字将永不褪掉。

⑤ 瓷器上编号。须称重的器皿（灰皿等）可预先称出大致的质量后，按其质量编号。永久性编号用三氯化铁或硫酸亚铁制成1%的溶液，加入色素或蓝墨水与1%的三氯化铁溶

液混合。在瓷器上写字后，在800℃下灼烧20min。一次处理不明显时，可再重复一次使字迹清晰。

加热称量的瓷器皿，应事先进行灼烧，达到恒重后再使用。灼烧温度同使用温度一致。

二、几种基本操作及注意事项

1. 记录

① 测试项目的原始记录本，各栏目应填写清楚，应写清测试项目、日期、编号、试验数据等，字迹要工整。

② 记录本必须有编号，使用人应妥善保管，用完后应上交存档备查。

③ 记录数据时必须进行一次查对，以免有误。

④ 原始数据不得任意涂改，查对发现有错时，应在错上打一斜线，将正确的数字写在错误处的右上角，严禁在原数据上涂改，以免他人分辨不出原来的数字。

⑤ 记录本上禁止写同试验无关的内容，更不得撤页，记录者自查后，再由他人检查一遍，并在记录本上签上自己的名字（或盖章），检查者也应在记录本上签字（或盖章）。

2. 称量

① 根据被测项目的国标、部标、操作规程要求选定相适应的天平。天平的安装地点、条件应符合技术要求。

② 检查天平的周检证书，在周检有效期限内，计量性能要达到要求。

③ 除罩打扫卫生，检查天平正常完好后方可使用。

④ 调整水平。

⑤ 人坐在天平的正前方位置上，调整天平平衡点（零点）。

⑥ 将需称量的物料置于天平的中心位置上进行称量。开启升降旋钮时，在达到平衡前，其开启程度以能观察出需要加减的程度为宜，不可一下就全部开启。操作各旋钮及开关天平门均应平稳，不得造成过大的晃动。

⑦ 试样、药品应置于容器中称量，不可直接放于秤盘上；具有挥发腐蚀性的物品，应装入带严密盖塞的容器中称量。

⑧ 被称物体温度同天平温度一致时方可放入天平内，不得将过冷过热的物品置于天平内称量。

⑨ 称量干燥状态物品的试样时，天平内不应放有干燥剂，天平内空气湿度应同工作室内湿度保持一致。无水基物料应置于带有严密盖塞的容器中称量。

⑩ 天平在启动状态时，严禁加减砝码及物料或开关天平门。

⑪ 称量完以后，卸去天平上一切负荷，砝码回原位，清扫尘污，检查天平平衡点（零点）。

⑫ 休止天平时，应检查天平是否全部休止。全休后，切断电源，加罩。

3. 样品准备

① 分析煤样应符合《煤质分析试验方法的一般规定》中第一项的规定。

② 收样时应查对样品标签、包装、样品粒度、数量等，如有不符合规定者，应返回上道工序更正。

③ 打开盖塞，用左手持瓶下外壁，倾斜样瓶，右手持勺插入样品中，两手相对转动，

同时上下抽动勺具，使瓶中样品上下各部分都充分混合均匀，或用机械将样品混合均匀。禁止将盛样瓶放在台桌上用匙搅动，以免造成重密度物料下沉，破坏样品均匀性。

④ 灼烧、烘干时，盛样容器应放于等温（恒温）区域内。

4. 坩埚的使用

使用坩埚时，坩埚钳上不应沾有腐蚀性物质及污物，应保持钳前端尖部清洁，放置时钳前端尖部应向上，不可向下接触台桌面。

5. 干燥器的使用

① 干燥剂不可放得过多，以免接触坩埚或其他内存物的底部。

② 搬移干燥器时，要用双手，并用大拇指紧紧按住盖子。

③ 打开干燥器时，不能往上掀开，应用左手按住干燥器，右手小心将盖子稍微平推，等空气徐徐进入，器内压力平衡后，才能将开口推大或全开。取下的盖子必须仰放。

④ 不可将太热的物品放入干燥器中。较热的物品放入后，应当用手按住盖子，不时将盖子稍微推开一下放出一些空气，防止顶起盖子。

⑤ 干燥器中的干燥剂应随时进行检查，及时更换回收，防止干燥剂失效。

三、结果报出

① 测定结果按该项目的国标、部标、规程及《煤质分析试验方法的一般规定》中第四项“结果计算和表达”的规定进行计算报出。

② 重复测定结果的取舍按该项目的国标、部标、规程及《煤质分析试验方法的一般规定》中第二项进行。

③ 不同基的换算按《煤质分析试验方法的一般规定》中第六项“基的换算”进行。

④ 计算完成的原始记录经自检一次无误后，送交他人进行一次检查，检查者检查无误后应签章。

⑤ 原始记录经他人复查无误后方能填写报表。

⑥ 原始记录及报表交组长（班长）审核无误签章后方能填写正式报表报出。

⑦ 化验室应设置废液缸，分别按不同性质收集各种废液，不得任意丢弃。特别是有剧毒废液，应收集交库作解毒消害处理，不得直接倒入下水道。

第十三章　煤质分析中的误差和数据处理

煤质分析过程中，分析项目的测定大多采用定量分析。

定量分析的目的是通过一系列实验，对化学体系的某个性质（如密度、体积、光学性质、电学性质、酸碱度等）进行测定。无论对哪种性质进行测定，实验过程总会受到分析人员、仪器设备、分析方法等诸多因素的影响，这些影响都会使测定结果与真实值（简称真值）之间存在一定的差异，这种差异就称为误差。实践证明，实验过程中误差是不能消除的，因此，在进行定量分析时，要精心安排实验，科学统计和处理测定数据，合理评估分析结果的准确度和精密度，正确判断误差产生的原因和误差出现的规律，准确表达测定结果，尽可能把测定误差降到最低。

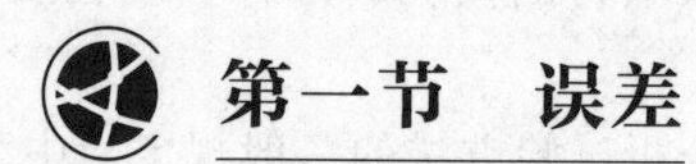

第一节　误差

在分析化验工作中，进行定量分析时，即使采用最可靠的分析方法和测量仪器，由熟练的操作人员进行操作，也不可能获得绝对准确的结果。实践中经常会遇到这样的情况，用同一煤样重复多次测定一个项目，但总不能得到完全一致的结果。这就是说，在分析过程中，误差总是存在的。为了得到尽可能准确的分析结果，就必须分析产生误差的原因，估计误差的大小，采用适当方法，科学处理实验数据，把分析误差减到最小，以提高分析化验的准确度。

一、误差的基本概念

测定值与真实值之间的差异称为误差。

定量分析实验过程离不开对物理量的测定。测定过程中，由于仪器、实验条件、环境等因素的限制，测量不可能无限精确，致使物理量的测定值与客观存在的真实值之间总会存在一定的差异，这种差异就是测量误差。

分析过程中产生误差的原因很多，根据来源和性质的不同，定量分析中的误差可分为系统误差、偶然误差和过失误差。

1. 系统误差

系统误差又称可定误差，由某些确定的、经常性的原因所造成。定量分析实验数据的精密度和准确度都与系统误差有密切关系。系统误差有以下特点：

（1）单向性　对分析结果的影响一般比较固定，即误差的正负通常是固定的；

（2）重现性　误差大小有一定的规律性，在平行测定中可以重复出现；

（3）可测性　在一定条件下可以检测出来，如果能找出原因，并设法加以校正，就可以消除，因此也称可测误差。

根据性质和产生原因的不同，系统误差可分为以下几种：

（1）方法误差　由于分析方法不完善所造成的误差。可以通过方法的正确选择或校正来消除方法误差。

（2）仪器误差　由于仪器不够精确所造成的误差。可以通过对仪器进行校准来消除仪器误差。

（3）试剂误差　由于试剂或溶剂不纯所造成的误差。可以通过空白试验、使用高纯度的试剂或溶剂等方法来消除试剂误差。

（4）操作误差　由于实验操作不规范所造成的误差，如称量前预处理不当、沉淀洗涤次数过多或过少等。

（5）主观误差　由于实验操作人员主观原因所造成的误差，如对滴定终点颜色敏感度不同，有人偏深、有人偏浅等。

2. 偶然误差

偶然误差又称不可定误差或随机误差，由一些无法控制、不确定因素造成。偶然误差有以下特点：

（1）不确定性　偶然误差无法控制，有时大有时小，有时正有时负；

（2）不可避免性　偶然误差的出现没有规律性，既不可避免也不能加以校正；

（3）符合统计学规律　大误差出现的概率小，小误差出现的概率大。

偶然误差产生的原因主要有以下几个方面：

① 环境温度、湿度、电压、污染情况等的变化引起样品质量、组成、仪器性能等的微小变化；

② 操作人员实验过程中操作上的微小差别；

③ 其他不确定因素等所造成。

偶然误差可以通过增加平行测定的次数而予以降低。

3. 过失误差

过失误差指的是由于操作人员疏忽、差错等原因造成的误差。其表现是测定数据中出现了离群值或异常值。例如：称量时读错了刻度、加错了试剂、认错了砝码，沉淀时溶液溅出，数据记录或计算错误等。

过失误差一旦产生，其数据不能纳入实验结果的计算和分析，只能重新做实验。

只要认真操作，过失误差完全可以避免。

二、准确度与误差

准确度是指测定值与真实值之间符合的程度，它说明测定的可靠性，系统误差影响分析结果的准确度。准确度用误差来度量，测定值与真实值越接近，误差绝对值越小，测定的准确度越高。因此，误差是衡量准确度高低的尺度。误差的表示方法有绝对误差和相对误差。

1. 绝对误差

测定结果的准确度用误差来表示，测定值和真实值的差值叫绝对误差。若以 x 代表测

定值，μ 代表真值，E 表示两者之差，那么绝对误差

$$E=x-\mu$$

绝对误差的单位与测定值的单位相同。当测定值大于真实值时，误差为正值；反之，为负值。由于绝对误差不能反映误差在测定结果中所占的比例，因此引入相对误差的概念。

2. 相对误差

绝对误差往往不能完全反映测定结果的准确度，所以常常用相对误差来衡量误差的大小。相对误差是指绝对误差在真实值中所占的百分比。相对误差 RE 通过下式计算：

$$\mathrm{RE}=\frac{E}{\mu}\times100\%=\frac{x-\mu}{\mu}\times100\%$$

定量分析中，常用相对误差来衡量分析结果的准确度。

[**例 13-1**] 测定某煤样的灰分为 24.31%，其真实结果为 24.36%，求该测定结果的绝对误差和相对误差。

解：绝对误差

$$E=24.31\%-24.36\%=-0.05\%$$

相对误差

$$\mathrm{RE}=\frac{E}{\mu}\times100\%=\frac{-0.05\%}{24.36\%}\times100\%=-0.21\%$$

实际上，煤质测定过程中，真实值往往是不知道的，往往采用多次测定的算术平均值来代替真实值，即

$$\overline{x}=\frac{x_1+x_2+\cdots+x_n}{n}=\frac{\sum x}{n}$$

三、精密度与偏差

进行煤质分析时，往往要平行分析多次，然后取几次结果的平均值作为该组分析结果的代表。但是测得的平均值和真实值间存在着差异，所以分析结果的误差是不可避免的，为此不但要注意分析结果的准确度，还要注意测定过程的精密度，寻求分析工作中产生误差的原因和误差出现的规律，对分析结果的可靠性和可信赖程度做出合理判断。

精密度是指平行测定的各测定值之间互相接近的程度，用以表达测定数据的重复性或再现性，偶然误差影响分析结果的精密度。精密度用偏差来度量，偏差越小，测定结果的精密度越高。偏差的表示方法有平均偏差、相对平均偏差、标准偏差和相对标准偏差。

1. 偏差 d

偏差又称为表观误差，是指个别测定值与测定平均值之差，其值可正可负，可以用来衡量测定结果精密度的高低，偏差越小，说明测定结果精密度越高。偏差分为绝对偏差和相对偏差。

绝对偏差是指某一次测量值与平均值的差异，用 d 表示。绝对偏差的计算公式是：

$$d=x-\overline{x}$$

相对偏差是指某一次测量值的绝对偏差占平均值的百分比。相对偏差的计算公式是：

$$\frac{d}{\overline{x}}\times100\%=\frac{x-\overline{x}}{\overline{x}}\times100\%$$

偏差和误差是有区别的。偏差是衡量分析结果精密度的，它表示几次平行测定结果相互

接近的程度，即偏差是表示某一测定值与平均值的符合程度；误差是衡量分析结果准确度的，它表示测定结果与真实值的符合程度。

2. 平均偏差与相对平均偏差

平均偏差反映各测定值与算术平均值之间的平均差异，是多个测定值与其算术平均值的离差绝对值的算术平均值，也就是各个偏差绝对值的平均值。

$$\bar{d}=\frac{\sum_{i=1}^{n}|x_i-\bar{x}|}{n}=\frac{\sum_{i=1}^{n}|d_i|}{n}$$

平均偏差没有正负之分，表示一组数据间的重复性。平均偏差越大，表明各测定值与算术平均值的差异程度越大，该算术平均值的代表性就越小；平均偏差越小，表明各测定值与算术平均值的差异程度越小，该算术平均值的代表性就越大。

相对平均偏差是指平均偏差占测定平均值的百分比。

$$\bar{d}_r=\frac{\bar{d}}{\bar{x}}\times 100\%$$

使用平均偏差和相对平均偏差表示测定结果的精密度比较简单，但也有不足之处。由于在一系列的测定值中，偏差小的总是占多数，而偏差大的总是占少数，当按总的测定次数去求平均偏差时，大的偏差得不到反映，所得结果偏小。因此，在测定结果的数据统计中，广泛采用标准偏差来衡量数据的精密度。

3. 标准偏差s、方差s^2和相对标准偏差 RSD

标准偏差简称标准差，是用以描述各数据偏离平均值的距离（离均差），它是离差平方和平均后的方根，能反映一个数据集的离散程度，标准偏差越小，这些值偏离平均值的距离就越小，测定精密度就越高。平均值相同的两个数据集，标准差未必相同。

样本标准偏差是一种衡量精密度较好的方法，其数学表达式如下：

$$s=\sqrt{\frac{\sum_{i=1}^{n}(x_i-\bar{x})^2}{n-1}} \qquad (n<20)$$

式中　$\bar{x}$——指一组平行测定值的平均值；

$n-1$——自由度，表示一组数据分散度的独立偏差数。

标准偏差把偏差值平方后，可以突出较大偏差的影响，因此标准偏差能更好地说明测定值的分散程度。标准偏差的单位与测定数据的单位相同。

方差就是标准偏差的平方。概率论中，方差用来度量随机变量和其数学期望值（即均值）之间的偏离程度；统计中的方差（样本方差）是每个样本值与全体样本值的平均值之差的平方和除以自由度。在许多实际问题中，研究方差即偏离程度有重要意义。

实际工作中，样本方差计算公式为：

$$s^2=\frac{\sum_{i=1}^{n}(x_i-\bar{x})^2}{n-1}$$

方差具有加和性，可以分开各项误差，例如，可以分开煤质分析中采样误差、制样误差和化验误差。方差是把误差放大了，便于进行数理统计。

相对标准偏差又称标准偏差系数、变异系数或变动系数等，可用于检测工作中检验分析结果的精密度，由标准偏差除以相应的平均值后乘100%所得，其数学表达式为：

$$RSD=\frac{s}{\bar{x}}\times 100\%$$

在分析测定工作中，相对标准偏差（RSD）一般用于评价测定方法的精密度、重复性。RSD值越小，精密度越高、重复性越好。

［**例13-2**］测定某煤样的灰分 A_{ad}，得到5个测定值分别是：7.48、7.37、7.47、7.43、7.40，求标准偏差。

解：先求测定值的平均值

$$\bar{x}=\frac{7.48+7.37+7.47+7.43+7.40}{5}=7.43$$

再求标准偏差

$$s=\sqrt{\frac{(7.48-7.43)^2+(7.37-7.43)^2+(7.47-7.43)^2+(7.43-7.43)^2+(7.40-7.43)^2}{5-1}}$$
$$=0.046$$

$$RSD=\frac{s}{\bar{x}}\times 100\%=\frac{0.046}{7.43}\times 100\%=0.62\%$$

［**例13-3**］与例11-2同一煤样，另一操作者测定5次，灰分 A_{ad} 的测定值分别为：7.43、7.33、7.52、7.38、7.49，求标准偏差，并与例11-2比较两次测定的精密度。

解：

$$\bar{x}=\frac{7.43+7.33+7.52+7.38+7.49}{5}=7.43$$

$$s=\sqrt{\frac{(7.43-7.43)^2+(7.33-7.43)^2+(7.52-7.43)^2+(7.38-7.43)^2+(7.49-7.43)^2}{5-1}}$$
$$=0.078$$

$$RSD=\frac{0.078}{7.43}\times 100\%=1.05\%$$

由计算结果可知，上述两例测定数据不同，报出结果相同，但例11-2测定的精密度高于例11-3。

除了用平均偏差和标准偏差表示一组数据精密度的好坏外，有时还可用极差来粗略地判断一组数据精密度的优劣。

四、极差 *R*

极差是指一组数据中最大值 x_{max} 和最小值 x_{min} 的差值，所以又称为范围误差或全距。

$$R=x_{max}-x_{min}$$

在煤质测定数据统计中，常用极差来描述一组数据的离散程度，以及反映变量分布的变异范围和离散幅度，在总体中任何两个数据之差都不能超过极差。同时，它能体现一组数据波动的范围。极差越大，离散程度越大；反之，离散程度越小。

极差只指明了测定值的最大离散范围，而未能利用全部测量值的信息，不能细致地反映测量值彼此相符合的程度，极差是总体标准偏差的有偏估计值，当乘以校正系数之后，可以作为总体标准偏差的无偏估计值。它的优点是计算简单，含义直观，运用方便，故在数据统计处理中仍有着相当广泛的应用。但是，它仅仅取决于两个极端值的水平，不能反映其间的变量分布情况，同时易受极端值的影响。它是测定值变动的最大范围，也是测定值变动的最简单的指标。极差没有充分利用数据的信息，但计算十分简单，仅适用于样本容量较小（$n<10$）的情况。

五、准确度与精密度的关系

准确度与精密度既有区别又有联系。准确度是指测定值与真实值之间的差异大小，准确度越高，则测定值和真实值之间的差异就越小。精密度是指多次平行测定的测定值之间的接近程度，精密度越高，则多次平行测定的测定值之间就越接近。

例如，甲、乙、丙、丁 4 人分析同一试样，每人平行测定 4 次，所得结果如图 13-1 所示。甲测定结果准确度与精密度均好，结果可靠；乙测定结果的精密度虽很高，但准确度较低，测定中可能存在系统误差；丙测定结果的准确度与精密度均很差；丁测定结果的几个数值彼此相差甚远，仅因为正负误差相互抵消才使平均值接近真值，结果同样不可靠。

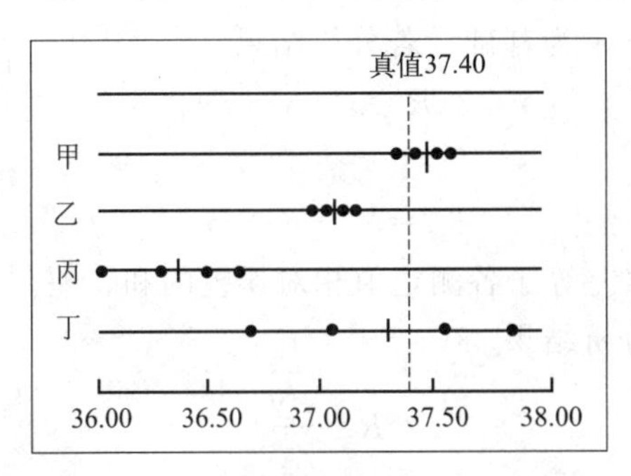

图 13-1 准确度和精密度关系示意图

再举一例，甲、乙两人测定同一煤灰中 SiO_2 的含量，各分析 3 次，测定结果见表 13-1。

表 13-1 两人同测一煤灰中 SiO_2 含量结果

测定序号	甲	乙
1	53.16%	53.25%
2	53.20%	53.46%
3	53.18%	53.38%

由表中数据可知，甲的分析结果精密度比乙高，但如果已知此煤灰中 SiO_2 的真实含量为 53.36%，则乙的分析结果的准确度比甲高。

实践证明，要使准确度高，必须以其高的精密度为前提，对精密度很差的数据，衡量其准确度是没有意义的。因此，准确度与精密度的关系是：

① 精密度是保证准确度的先决条件，精密度不符合要求，表示所测结果不可靠，失去衡量准确度的前提。

② 精密度高，但不能保证准确度高。

换言之，准确的实验一定是精密的，但精密的实验不一定是准确的。

对不同的规定条件，有不同的精密度衡量指标。最重要的精密度衡量指标是重复性和再现性。

重复性和再现性是精密度的两个极端值，分别对应于两种极端的测量条件，前者表示的是几乎相同的测量条件（称为重复性条件），重复性衡量的是测量结果的最小差异；而后者表示的是在完全不同的条件（称为再现性条件），再现性衡量的是测量结果的最大差异。此外，还可考虑介于中间状态条件的所谓中间精密度条件。

六、误差的传递

定量分析的结果，要通过一系列测定操作步骤及计算而获得，其中每一个步骤都可能产生误差，这些误差都会影响分析结果。也就是说，分析结果包含了多步测定和计算，每个测定值的误差都将传递到最后的结果中去，这便是误差的传递。误差的传递有系统误差的传递和偶然误差的传递，它们的传递方式和传递规律是不同的。

1. 系统误差的传递

如果定量分析中各步测定的误差是可定的，则系统误差传递的规律可以概括为以下两点：

① 和、差结果的绝对误差等于各测定值绝对误差的和、差；

例如，以测定量 x、y、z 为基础，若分析结果

$$R=x+y-z$$

则测定结果绝对误差

$$\delta_R=\delta_x+\delta_y-\delta_z$$

② 积、商结果的相对误差等于各测定值相对误差的和、差。

若测定量 x、y、z 的分析结果

$$R=\frac{xy}{z}$$

则测定结果相对误差

$$\frac{\delta_R}{R}=\frac{\delta_x}{x}+\frac{\delta_y}{y}-\frac{\delta_z}{z}$$

测定误差对计算结果的影响见表 13-2。

2. 偶然误差的传递

偶然误差的传递规律可以概括为以下两点：

① 和、差结果的标准偏差的平方等于各测定值的标准偏差的平方和（计算公式见表 13-2）；

② 积、商结果的相对标准偏差的平方等于各测定值的相对标准偏差的平方和（计算公式见表 13-2）。

表 13-2 测定误差对计算结果的影响

运算式	系统误差	偶然误差
$R=x+y-z$	$\delta_R=\delta_x+\delta_y-\delta_z$	$S_R^2=S_x^2+S_y^2+S_z^2$
$R=\frac{xy}{z}$	$\frac{\delta_R}{R}=\frac{\delta_x}{x}+\frac{\delta_y}{y}-\frac{\delta_z}{z}$	$\left(\frac{S_R}{R}\right)^2=\left(\frac{S_x}{x}\right)^2+\left(\frac{S_y}{y}\right)^2+\left(\frac{S_z}{z}\right)^2$

3. 极值误差

在煤质分析过程中，当不需要严格的定量计算，只需通过简单的方法估计一下整个过程可能出现的最大误差时，可用极值误差来表示。一个测定结果，如果各步骤测定值的误差既是最大的，又是叠加的，那么计算出结果的误差也是最大的，这时的误差就称为极值误差。

这种估计叠加误差的方法称为极值误差法。

 第二节　有效数字及其运算

在分析实验中，为了得到可靠的测定结果，不仅要准确测定每一个数据，而且要正确地进行记录和计算。由于测定值不仅表示试样中被测成分含量的多少，而且还反映了测定的准确程度，所以记录实验数据和计算结果中应保留几位数字不是任意的，而是要根据测量仪器、分析方法等来确定。同时，任何一个物理量，其测定的结果或多或少都有误差，而一个物理量的数值不应无止境地写下去，写多了没有实际意义，写少了又不能比较真实地表达物理量。因此，一个物理量的数值和数学上的某一个数就有着不同的意义，这就引入了“有效数字”的概念。

一、有效数字

有效数字是指在分析实验中，能实际测量并能正确表达一定物理量的数字。例如，坩埚重为 18.5734g，有六位有效数字；滴定剂体积为 24.30mL，有四位有效数字。

有效数字既能表示数值的大小，又能反映测定的准确度。因此，要合理确定有效数字的位数。确定有效数字的位数，一般遵循以下原则：

① 在有效数字中，只有末位数字欠准（是估计值，也称可疑数字），其余各位数字都是准确的。

有效数字的位数，与测定的相对误差有关。所以在测定准确度的范围内，有效数字位数越多，测量准确度也越高。但超过测量准确度的范围，过多的位数是毫无意义的，不仅造成计算麻烦，而且是错误的。

② 在确定有效数字时，1～9 均为有效数字，但数字 0 则可能不是有效数字，应视具体情况而定。当 0 位于其他数字之前，作为定小数点位置时不是有效数字；当 0 位于其他数字之间时是有效数字；当 0 位于其他数字之后时不仅是有效数字，还表示该数据的准确程度。

1.0008g	五位有效数字
0.6000g；31.58%；5.036×10^2	四位有效数字
0.0620g；2.35%；1.68×10^2	三位有效数字
0.0025g；0.16%	二位有效数字
0.2g；0.003%	一位有效数字

③ 化学分析中还经常遇到 pH、pC、lg$k$ 等对数和负对数值，其有效数字的位数仅取决于小数部分数字的位数，因为整数部分只说明该数的方次。例如，pH＝12.68，表明 $[H^+]=2.1\times10^{-13}$mol/L，其有效数字是两位，而不是四位。

④ 不能因为变换单位而改变有效数字位数。

0.0628g	三位有效数字
62.8mg	三位有效数字
6.28×10^{-2}g	三位有效数字（不能写成 62800μg）

二、有效数字修约规则

在处理实验数据的过程中，各测定值有效数字的位数可能不同，运算前，应先进行数字修约，即按运算法则确定有效数字的位数后，舍去多余的尾数。修约原则如下：

① 采用“四舍六入五留双”的规则进行修约，具体如下：

a. 被修约的尾数≤4时舍去尾数，≥6时进位。

b. 被修约的尾数正好是5时，分两种情况：

(a) 若5后数字不全为0，一律进位。如0.1067500001→0.1068。

(b) 若5后无数或数全为0，采用5前是奇数则将5进位，5前是偶数则将5舍弃，简称“奇进偶舍”。如0.43715000→0.4372，0.43725→0.4372。

② 一次修约到位，不能分次修约。

如2.3457修约到两位有效数字，应为2.3，不能分次修约：2.3457→2.346→2.35→2.4。

按以上两条修约规则，若要将煤的灰分测定结果保留两位小数，那么以下数字的修约结果就分别为：

15.2544修约为15.25；

15.2560修约为15.26；

15.2651修约为15.27；

15.2550修约为15.26；

15.2650修约为15.26；

15.2549修约为15.25。

有人把以上数字修约规则编成一句顺口溜，以便能熟记：六要进，四要舍。五后有数进为一，五后无数看单双，奇数在前进为一，偶数在前全舍光。数字修约有规定，连续修约不应当。

③ 可多保留一位有效数字进行运算。

在对大量数据进行运算时，为了避免误差累积，对参加运算的所有数据，可以暂时多保留一位不确定数字（多保留的这一位数字叫“安全数字”），运算后再将结果修约成与最大误差数据相当的位数。

④ 与标准限度值比较时不应修约。

如某样品含量≤0.02%为合格，若试样测定值为0.023%，不能将测定值修约为0.02%，从而判断该试样合格。

三、有效数字运算规则

在处理实验数据时，经常会遇到一些准确度不同的数据，对这些数据进行计算时，必须按一定的规则来进行，既可节省时间，又可避免因计算量过大而引起的错误。通常遵循以下规则：

① 加减运算：结果的位数取决于绝对误差最大的数据位数。

当几个数据相加（或相减）时，它们的和（或差）的有效数字的保留，应根据加减运算误差传递规律，以小数点后位数最少（即绝对误差最大）的数据为准，其他数据均修约到这个位数，然后进行加法（或减法）运算。

如对0.0121、25.64、1.057三数相加，求其和。

数据	绝对误差
0.0121	0.0001
25.64	0.01
1.057	0.001

以绝对误差最大的数据25.64为准，先进行数字修约：0.0121→0.01，1.057→1.06。然后进行计算，结果为：

$$0.01+25.64+1.06=26.71$$

② 乘除运算：有效数字的位数取决于相对误差最大的数据位数。

几个数据相乘（或除）时，积（或商）的有效数字的保留，应以其中有效数字位数最少（即相对误差最大）的数据为准，修约其他数据的有效数字，然后进行乘法（或除法）运算。

如求0.0121、25.64、1.057三数相乘之积。

以相对误差最大的数据0.0121为准，先进行数字修约：25.64→25.6，1.057→1.06。然后进行计算，结果为：

$$0.0121\times 25.6\times 1.06=0.328$$

③ 在对数运算中，所取位数应与真数的有效数字位数相等。

④ 计算公式中若有π、e等数时，其有效数字的位数根据需要确定。

四、分析结果有效数字位数的确定

由上述内容可知：

加减的运算结果，以小数点后位数最少的那个数据的位数为准来确定；

乘除的运算结果，以有效数字位数最少的那个数据的位数为准来确定。

但需要说明的是，在考虑有效数字的位数以确定积或商的位数时，若有首位数大于或等于8的数据，则计算结果有效数字的位数可以当作比实际位数多一位而处理。

具体来说，就是用首位数大于或等于8的那个数据的相对误差去除计算结果的相对误差，所得商应落在0.2～2之间。

例如，对于8.51×27.54的结果应为234.4还是234?

确定过程如下：

8.51的相对误差为：(±0.01÷8.51)×100%=±0.118%

234.4的相对误差为：(±0.1÷234.4)×100%=±0.0427%

234的相对误差为：(±1÷234)×100%=±0.427%

0.0427%÷0.118%=0.362，其值介于0.2～2之间

0.427%÷0.118%=3.62>2

所以，8.51×27.54的结果应为234.4，而不应是234。

第三节　偶然误差的正态分布

一、频数分布

偶然误差的正负和大小在测定中难以预料，例如上面提到的 SiO_2 的管理样，由多人化

验，所得的结果有大有小，或者由一批煤中采取很多份试样，由一名操作者分别化验其灰分，化验结果也不可能完全一样。两种情况下都包括测试工作本身的误差，即对同一物理量反复多次测量所具有的误差。实践表明，通过取得大量的数据，就可以从中找到统计性规律。例如，测定某煤灰中 Fe_2O_3 的含量，得到 100 个数据，加以整理后，按一定的间距进行分组，分成 9 组，数出各组中各数据的个数，称为频数，频数与数据总数之比为相对频数，于是得到频数分布表（表 13-3）。

表 13-3　频数分布表

分组	频数	相对频数(频率)
5.10～5.14	1	0.01
5.15～5.19	3	0.03
5.20～5.24	8	0.08
5.25～5.29	21	0.21
5.30～5.34	27	0.27
5.35～5.39	25	0.25
5.40～5.44	10	0.10
5.45～5.49	4	0.04
5.50～5.54	1	0.01
共计	100	1.00

由表 13-3 可知，这 100 个数据呈现以下两个规律：

① 有一定的分散度，数据有一定的波动；

② 中间值出现的数据多，两边的数据较少。

根据频数分布表，以测定数据出现的概率（频率）为纵坐标，以测定值为横坐标，可画出频率分布直方图，如图 13-2 所示。

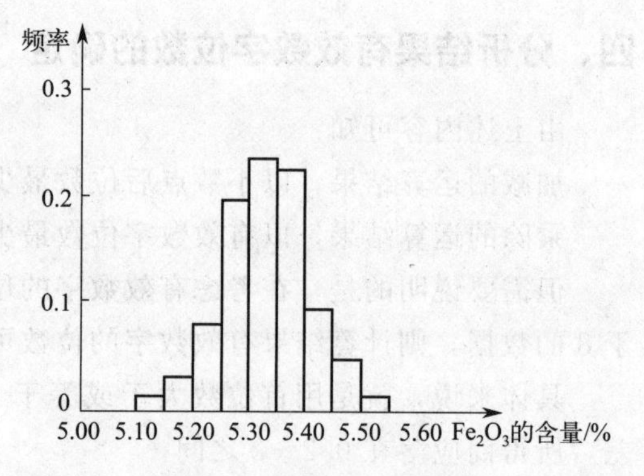

图 13-2　频率分布直方图

二、正态分布

当测定次数足够多时，比如将上述煤灰中 Fe_2O_3 的测定次数增加到 1000 次，取得的数据有 1000 个。那么，在分组时组距可以分得很小，上述的直方图就可趋近于一条平滑的曲线。当进行无数次测定时，分析结果有高有低，有两头小、中间大的变化趋势，即在平均值附近的数据出现机会最多，其频率分布的直方图趋于左右对称的钟形曲线，称为正态分布曲线，如图 13-3 所示。

图中，x（横坐标）为测定值；y（纵坐标）为概率密度，即测定值 x 出现的概率，正态分布曲线与横坐标所夹的总面积代表所有测量值出现的概率总和，值为 1。

如果横坐标改为测定值的误差，即测定值 x 与总体平均值 μ 的差值，即可得到如图 13-4 所示的正态分布曲线。其正态分布的概率密度函数见下式：

$$y=\frac{1}{\sigma\sqrt{2\pi}}e^{-(x-\mu)^2/2\sigma^2}$$

式中　y——测定误差出现的概率；

σ——总体（同一分析对象的无限次测定数据的集合）标准偏差，表示数据的离散程度；

μ——总体平均值（也叫位置参数），即无限次测定数据的平均值，反映总体测定值向某一数值集中的趋势，无系统误差时即为真值；

π——圆周率；

e——自然对数的底，e=2.7183。

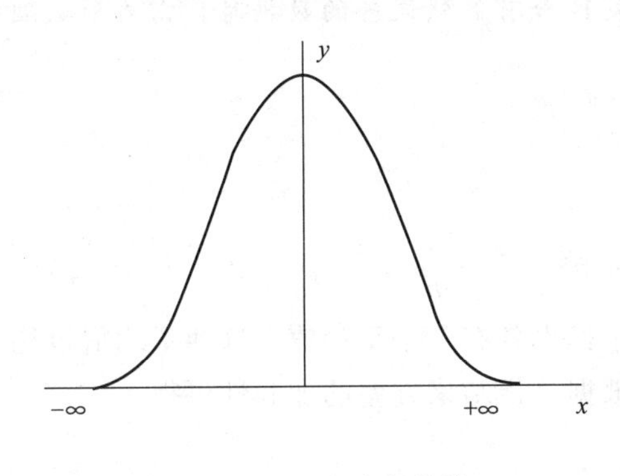

图 13-3 正态分布曲线

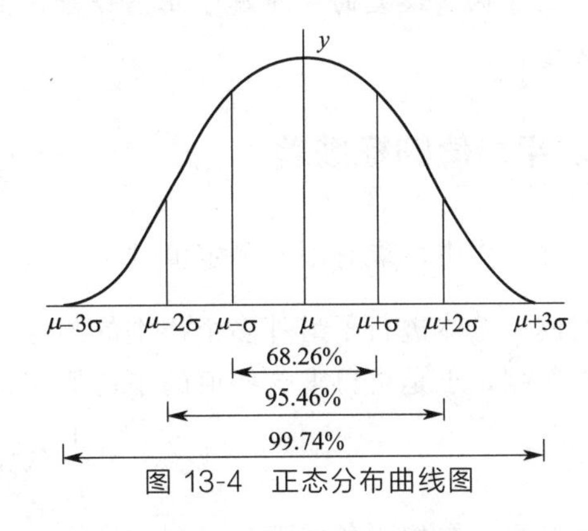

图 13-4 正态分布曲线图

正态分布性状由 σ 和 μ 两个参数决定。不同的 σ、不同的 μ 对应不同的正态分布，通常用 $N(\mu, \sigma^2)$ 表示平均数为 μ、方差为 σ^2 的正态分布。

从图 13-4 中可以看出：

① 曲线以 y 轴对称，分别向 $+\infty$ 和 $-\infty$ 延伸；小误差出现的概率大，大误差出现的概率小。

② 相对出现次数的总和为 1，所以测定值落在某一有限范围内的概率总是小于 1。

③ 根据上式，可以求出由 μ 到任何距离 x 之间曲线下面的面积，见表 13-4。

表 13-4 μ 到 x 间曲线下面积

$\frac{x-\mu}{\sigma}$	μ 到 x 间曲线的面积(单侧)	$\frac{x-\mu}{\sigma}$	μ 到 x 间曲线下面积(单侧)
1.0	0.3413	3.0	0.4987
2.0	0.4773	∞	0.5000

表中第一栏数字表示 x 同 μ 之间的距离。当 $\frac{x-\mu}{\sigma}=1$ 时，$x=\mu+\sigma$，即 x 同 μ 相距 σ，曲线下 μ 到 x 之间的面积表示测定值落在 μ 到 $(\mu+\sigma)$ 之间的概率为 0.3413，测定值落在 μ 到 $(\mu-\sigma)$ 之间的概率也是 0.3413，那么 μ 到 $(\mu\pm\sigma)$ 之间的概率是 0.6826。曲线下总面积的 95%被包括在 $\pm2\sigma$ 范围内，也就是说，分析结果 95%的概率将落在平均值的 $\pm2\sigma$ 之内，换句话说，一个分析结果与总体平均值之差大于 $\pm2\sigma$ 的机会不到 5%。

[例 13-4] 已知某煤样的灰分为 20.56%，测定的标准偏差为 0.15%，如测定中无系统误差，问分析结果落在 (20.56±0.30)%范围内的概率是多少？

解：

$$x=20.56\%\pm0.30\%;\ |x-\mu|=0.30\%$$

$$\frac{x-\mu}{\sigma}=\frac{0.30\%}{0.15\%}=2.0$$

查图 13-4 得到概率为 95.46%，也可查表 11-3 得到单侧面积为 0.4773，其概率为

$$2\times0.4773=0.9546=95.46\%$$

第四节　少量数据的统计处理

由于偶然误差的分布属于正态分布，因此在处理含有偶然误差的数据时，需要用数理统计方法。

一、平均值的标准差

在工作中，取有限次测定值的平均值当真值，那么 $\overline{x}=\frac{1}{n}(x_1+x_2+x_3+\cdots+x_n)$；如果对同一总体进行了另外多个样本的测定，则每个样本各有一个平均值，这些平均值也构成一组数据，于是可再求这些值的平均值和方差，根据分析结果方差的加和性可得

$$s_{\overline{x}}^2=\frac{1}{n^2}(s_{x1}^2+s_{x2}^2+\cdots+s_{xn}^2)$$

如果是在相同条件下测定同一试样，则可以认为各次测定具有相同的标准偏差，即：

$$s_{x1}^2=s_{x2}^2=s_{xn}^2=s^2$$

则

$$s_{\overline{x}}^2=\frac{ns^2}{n^2}=\frac{s^2}{n}\text{或}\ s_{\overline{x}}=\frac{s}{\sqrt{n}}$$

对总体标准偏差，同样有 $\sigma_{\overline{x}}=\frac{\sigma}{\sqrt{n}}$；如果用平均偏差来表示，同样有 $\overline{d_{\overline{x}}}=\frac{\overline{d}}{\sqrt{n}}$。

二、 t 分布曲线

由前述内容可知，当测量次数较多时，测定值和误差的分布符合正态分布，但在煤质分析中，测定的次数往往不多，因此只能把总体标准偏差 σ 换成样本的标准偏差 s，这就使得分布情况不同于正态分布，而是 t 分布

$$t=\frac{\overline{x}-\mu}{s_{\overline{x}}}$$

式中　$\overline{x}$——样本的平均值；

$s_{\overline{x}}$——平均值的标准偏差。

结合 $s_{\overline{x}}=\frac{s}{\sqrt{n}}$，可得到

$$t=\frac{\overline{x}-\mu}{s}\sqrt{n}$$

上式表示的曲线即为 t 分布曲线。当测定次数趋于∞时，t 分布就趋于正态分布。与正态分布同样，曲线下面积大小与 t 值有关，也与自由度（$f=n-1$）有关。对某一 $|t|$ 值，即区间（$-t$，t）内曲线下的面积，就是相应平均值落在 $\mu\pm\frac{ts}{\sqrt{n}}$ 范围内的概率，此概率 P 称为置信度，而落在该范围以外的概率 $\alpha=1-P$ 则称为显著性水平。不同的 f 值和不同的 α 值对应的 t_α 值，列于表 13-5。

表 13-5 t_{α} 值表（双侧）

f	α		
	0.10	0.05	0.01
1	6.31	12.7	63.66
2	2.91	4.30	9.92
3	2.35	3.18	5.84
4	2.13	2.78	4.60
5	2.02	2.57	4.03
6	1.94	2.45	3.71
7	1.90	2.36	3.50
8	1.86	2.31	3.36
9	1.83	2.26	3.25
10	1.81	2.23	3.17
11	1.80	2.20	3.11
12	1.78	2.18	3.06
13	1.77	2.16	3.01
14	1.76	2.14	2.98
15	1.75	2.13	2.95
20	1.72	2.09	2.84
30	1.70	2.04	2.75
40	1.68	2.02	2.70
60	1.67	2.00	2.6
∞	1.64	1.96	2.58

三、平均值的置信区间

在实际测量中，一般只能得到样本的平均值。要根据该平均值估计总体平均值的可能范围，可根据 t 分布来处理。在 $[-t, t]$ 区间内，$t_{\alpha}=\frac{\overline{x}-\mu}{s_{\overline{x}}}$，则

$$\mu=\overline{x}\pm t_{\alpha}s_{\overline{x}}=\overline{x}\pm\frac{t_{\alpha}s}{\sqrt{n}}$$

上式表示在某一置信度下，以测量平均值为中心，包括真值 μ 在内的可靠性范围为平均值的置信区间。置信度越大，置信区间越宽，包括真值在内的可能性越大，但准确性越差。比如，真值落在 $-\infty\sim+\infty$ 范围内，其置信度为 100%，可靠性非常强，但毫无准确性可言。在实际测定中，置信度不能定得过高，但也不能定得过低。化学分析中，一般将置信度定在 95%或 90%。

四、 t 检验

1. 平均值与标准值比较

为了评价某一分析方法或操作过程的可靠性，可将分析数据的平均值与试样的标准值进行比较，检验两者有无显著性差异。用 t 检验法，根据测量值的平均值 $\overline{x}$ 和标准偏差 s，求出 t 值，然后与一定的置信度下的 t_{α} 值相比较，t 值 $>\alpha$ 值，则二者有显著性差异。

求 t 值，可用下式计算

$$t=\frac{|\overline{x}-\mu|}{s}\sqrt{n}$$

[例 13-5] 已知标样 11111a 的 $S_{t,d}$ 为 1.38%，用库仑法测定得到数据 1.28%、1.35%、1.45%、1.26%、1.49%，问测定值和标准值有无显著性差异？(95%的概率)

解

$$\overline{x}=\frac{1.28\%+1.35\%+1.45\%+1.26\%+1.49\%}{5}=1.37\%$$

$$s=\sqrt{\frac{(1.28-1.37)^2+(1.35-1.37)^2+(1.45-1.37)^2+(1.26-1.37)^2+(1.49-1.37)^2}{5-1}}$$

$=0.10$ (%)

$$t=\frac{|1.37\%-1.38\%|}{0.10\%}\times\sqrt{5}=0.22$$

查表得 $t_{\alpha}=2.78$，因此 $t<t_{\alpha}$，说明测定值与标准值无显著性差异。

2. 两组平均值的比较

在煤质分析中，为了判断一种新分析方法的准确度，需要将新方法和标准方法或经典方法进行比较，这时需对同一试样用两种方法测定若干次，所得的两组平均值一般是不完全相等的，它们之间是否存在显著性差异，可用 t 检验法加以判断。假设两组测定值来自同一总体，即两组数据的精密度没有显著性差异（有无显著性差异，用 F 检验法），这时用下式计算 $\overline{s}$ 和 t。

$$\overline{s}=\sqrt{\frac{(n_1-1)s_1^2+(n_2-1)s_2^2}{(n_1-1)+(n_2-1)}}$$

$$t=\frac{|\overline{x_1}-\overline{x_2}|}{\overline{s}}\sqrt{\frac{n_1 n_2}{n_1+n_2}}$$

求出 t 值后，再根据自由度在一定的置信度下，查出 t_{α} 进行比较，如 $t<t_{\alpha}$，则两种方法无显著性差异。

[例 13-6] 用快速法和慢速法两种方法测定煤中灰分，进行对比试验，对同一个煤样各作 8 次测定，数据见表 13-6。问：两种结果有无显著性差异？(置信度 95%)

表 13-6 快速法和慢速法测定灰分对比　　单位:%

快速法	12.84	12.72	12.82	12.76	12.72	12.94	12.87	12.81
慢速法	12.93	12.80	12.78	12.82	12.80	12.84	12.96	12.90

解：

$$\overline{x}_1=\frac{12.84+12.72+12.82+12.76+12.72+12.94+12.87+12.81}{8}=12.81(\%)$$

$$\overline{x}_2=\frac{12.93+12.80+12.78+12.82+12.80+12.84+12.96+12.90}{8}=12.85(\%)$$

$$s_1=\sqrt{\frac{\begin{array}{c}(12.84-12.81)^2+(12.72-12.81)^2+(12.82-12.81)^2+(12.76-12.81)^2+\\(12.72-12.81)^2+(12.94-12.81)^2+(12.87-12.81)^2+(12.81-12.81)^2\end{array}}{8-1}}$$

$=0.076$

$$s_2=\sqrt{\frac{(12.93-12.85)^2+(12.80-12.85)^2+(12.78-12.85)^2+(12.82-12.85)^2+(12.80-12.85)^2+(12.84-12.85)^2+(12.96-12.85)^2+(12.90-12.85)^2}{8-1}}$$

$$=0.068$$

$$\bar{s}=\sqrt{\frac{(8-1)\times 0.076^2+(8-1)\times 0.068^2}{(8-1)+(8-1)}}=0.072$$

$$t=\frac{|12.81-12.85|}{0.072}\sqrt{\frac{8\times 8}{8+8}}=1.11$$

查表得，$t_\alpha=2.14$，因为 $t<t_\alpha$，所示两种方法无显著性差异。

五、 F 检验

为检验两组测定值的精密度有无显著性差异，可用两组测定值的方差作检验，就是 F 检验

$$F=\frac{s_1^2}{s_2^2}$$

其中 $s_1^2>s_2^2$，两组测定值中大的方差为分子，小的方差为分母，也就是说，要使 $F>1$。

如果 $F>F_{表}$，则认为两者有显著性差异；反之，则认为两者无显著性差异。由表 13-7 查 F 时，要根据两个自由度查找，即 $f_{大}$ 和 $f_{小}$。查 F 时，也需知道置信度，由于是双侧检验，因此显著性水平 α 为 0.10 时，应查 $\alpha=\frac{0.10}{2}=0.05$ 的值。

表 13-7　F 值表（单侧，置信度 95%）

f	1	2	3	4	5	6	7	8	9	10	20	∞
1	161.4	199.5	215.7	224.6	230.2	234.0	236.8	238.9	240.5	241.9	248.0	2534.3
2	18.51	19.00	19.16	19.25	19.30	19.33	19.35	19.37	19.38	19.40	19.45	19.50
3	10.13	9.55	9.28	9.12	9.01	8.94	8.89	8.85	8.81	8.79	8.66	8.53
4	7.71	6.94	6.59	6.39	6.26	6.16	6.09	6.04	6.00	5.96	5.80	5.63
5	6.61	5.79	5.41	5.19	5.05	4.95	4.88	4.82	4.77	4.74	4.56	4.36
6	5.99	5.14	4.76	4.53	4.39	4.28	4.21	4.15	4.10	4.06	3.87	3.67
7	5.59	4.74	4.35	4.12	3.97	3.87	3.79	3.73	3.68	3.64	3.44	3.23
8	5.32	4.46	4.07	3.84	3.69	3.58	3.50	3.34	3.39	3.35	3.15	2.93
9	5.12	4.26	3.86	3.63	3.48	3.37	3.29	3.23	3.18	3.14	2.94	2.71
10	4.96	4.10	3.17	3.48	3.33	3.22	3.14	3.07	3.02	2.98	2.77	2.54
20	4.35	3.49	3.10	2.87	2.71	2.60	2.51	2.45	2.39	2.35	2.12	1.84
∞	3.84	3.00	2.60	2.37	2.21	2.10	2.01	1.94	1.88	1.83	1.57	1.00

[例 13-7] 用 F 检验法，检验例 13-6 中测定结果有无显著性差异？

解： 因 $S_1=0.076$，$S_2=0.068$，$n_1=n_2=8$，$f_1=f_2=7$，故

$$F=\frac{s_1^2}{s_2^2}=\frac{0.076^2}{0.068^2}=1.25$$

从表 13-7 中查得 $F_{表}=3.79$，$F<F_{表}$，故可认为在 95% 的概率下，这两个方差无显著性差异。

六、异常值的取舍

由于测定过程中的偶然误差，有时会出现个别数值比较大或比较小的情况，这样的异常值（x_D）是取是舍，显得比较重要，特别是在数据比较少的情况下。当然，几次的测定值有波动是正常的，但也要考虑过失误差存在的可能性。因此，首先应该分析和检查在实验中有无过失，如果无充分依据，就不能轻易舍去该数值，应该用科学的统计方法进行检验。通常用下列几种方法来检验：

1. $\overline{d}$ 法

$\overline{d}$ 法按以下步骤进行：

① 求异常值 x 之外的其他数据的平均值 $\overline{x}$。

② 求异常值与其他数据的平均偏差 $\overline{d}$。

③ 求异常值与 $\overline{x}$ 的差值和 $\overline{d}$ 的比值，比值小于 4，则异常值 x 保留；反之，则舍去。

［例 13-8］ 测定一煤样的发热量，得到 4 个数据（J/g）：20804、20860、20850、20870，其中 20804 这个数据是否应舍去？

解：

$$\overline{x}=\frac{20860+20850+20870}{3}=20860$$

$$\overline{d}=\frac{(20804-20860)+(20804-20850)+(20804-20870)}{3}=56$$

$$\frac{|20804-20860|}{56}=1<4$$

所以 20804 这个数据应保留。

2. Q 检验法

Q 检验法按以下步骤进行：

① 将测定数据自小到大依次排列，即 x_1，x_2，…，x_{n-1}，x_n。

② 求 Q 值，Q 值等于异常值与相邻值的差值与极差之比

$$Q=\frac{x_2-x_1}{x_n-x_1}\text{或}Q=\frac{x_n-x_{n-1}}{x_n-x_1}$$

③ 将求得的 Q 值与表 13-8 的 Q 值相比。若 $Q<Q_{表}$，则应保留；否则，舍去。

表 13-8 Q 值表

n	$Q_{0.90}$	$Q_{0.95}$
3	0.94	0.98
4	0.76	0.85
5	0.64	0.73
6	0.56	0.64
7	0.51	0.59
8	0.47	0.54
9	0.44	0.51
10	0.41	0.48

［例 13-9］ 上述例题的数据按从小到大顺序排列为 20804，20850，20860，20870。

解：

$$x_2-x_1=20850-20804=46$$

$$x_4-x_1=20870-20804=66$$

$$Q=\frac{x_2-x_1}{x_4-x_1}=\frac{46}{66}=0.70$$

查表得 $Q_{0.90}=0.76$，所以 $Q<Q_{0.90}$，故数据 20804 应保留。

3. T 检验法

T 检验法通常用于对测定次数较多的试样进行检验。

T 检验法按以下步骤进行：

① 将测定值自小到大按顺序排列，列出最大值 x_n 和最小值 x_1。

② 计算测定值的 $\overline{x}$ 和标准偏差 s。

③ 计算 T 值：

$$T=\frac{\overline{x}-x_1}{s} \text{或} T=\frac{x_n-\overline{x}}{s}$$

④ 将 T 值和表 13-9 中的 T 值相比较，如果 $T \geqslant T_{\text{表}}$，则将 x_1 或 x_n 舍去；否则，应保留。

表 13-9　T 值表

n	$\alpha=0.05$	n	$\alpha=0.05$
3	1.15	15	2.41
4	1.46	20	2.56
5	1.67	25	2.66
6	1.82	30	2.75
7	1.94	35	2.81
8	2.03	40	2.87
9	2.11	45	2.92
10	2.18	50	2.96

[例 13-10] 测定某一煤样的黏结指数，得到 8 个数据：73、75、78、80、78、75、76、77，用 T 检验法判断 73 这个数据是否应舍去？（95%置信度）

解：8 个数据依次排列为 73，75，75，76，77，78，78，80。

$$\overline{x}=\frac{73+75+78+80+78+75+76+77}{8}=76.5$$

$$s=\sqrt{\frac{(73-76.5)^2+(75-76.5)^2+(78-76.5)^2+(80-76.5)^2+(78-76.5)^2+(75-76.5)^2+(76-76.5)^2+(77-76.5)^2}{8-1}}=2.20$$

$$T=\frac{76.5-73}{2.20}=1.59$$

查表得 $T_{\text{表}}$ 为 2.03，所以 $T<T_{\text{表}}$，故数据 73 应保留。

如果异常值不止一个，则应逐一检验，在后续检验时，不应包括前面已舍去的数据。

第五节　相关与回归

相关与回归是研究变量间相关关系的统计学方法，包括相关分析和回归分析。

煤质分析实验中，有时需要了解两个变量之间的联系。例如在比色分析中，常用已知含量的标准溶液制作吸光度和浓度的关系曲线，即标准工作曲线，然后测定未知溶液的吸光度，再在标准曲线上查出与之相应的浓度。溶液的浓度称为自变量，吸光度称为因变量。在数理统计中，寻找适当的方程式来表示这两个变量之间的关系称为回归分析。

一、相关系数

定量分析中，由于各种误差的存在，两个变量之间一般不呈现确定的函数关系，仅为相关关系。假设对于每一个自变量 x，都有一个因变量 y 与之对应，为了定量描述两个变量的相关性，若两个变量 x 和 y 的 n 次测定值分别为（x_1，y_1），（x_2，y_2），（x_3，y_3），…，（x_n，y_n），共有 n 个数据，其线性回归方程式可用下式表示：

$$y=a+bx$$

然后按下式计算相关系数 r 值。

$$a=\frac{\sum y-b\sum x}{n}=\overline{y}-\overline{bx}$$

$$b=\frac{n\sum xy-\sum x\sum y}{n\sum x^2-(\sum x)^2}=\frac{\sum(x-\overline{x})(y-\overline{y})}{\sum(x-\overline{x})^2}$$

$$r=b\sqrt{\frac{\sum(x-\overline{x})^2}{\sum(y-\overline{y})^2}}=\frac{n\sum xy-\sum x\sum y}{\sqrt{[n\sum x^2-(\sum x)^2][n\sum y^2-(\sum y)^2]}}$$

$$=\frac{\sum(x-\overline{x})(y-\overline{y})}{\sqrt{\sum(x-\overline{x})^2\sum(y-\overline{y})^2}}$$

式中　a——回归直线的截距；

b——斜率；

r——相关系数。

相关系数 r 是一个介于 0 和 ±1 之间的数值，即 $0\leqslant|r|\leqslant1$，r 的数值不同，x 与 y 的相关性也不同，具体有以下几种情况：

① 当 $|r|=1$ 时，为绝对相关，也就是说 y 的变化完全取决于 x 与 y 线性关系的影响，即所有实验点都落在回归直线上，这时 x 与 y 存在着确定的线性函数关系。

② $r=0$ 时，为绝对无关，即 x 与 y 无任何关系，由 $r=b\sqrt{\frac{\sum(x-\overline{x})^2}{\sum(y-\overline{y})^2}}$ 可得到 $b=0$，说明所确定的回归线是一条平行于 x 轴的直线，y 的变化与 x 无关，即无线性相关关系。

③ $0<|r|<1$ 时，x 与 y 存在一定的线性相关关系。$r>0$ 时，$b>0$,，y 随 x 的增大而增大，这时称 y 与 x 正相关；$r<0$ 时，$b<0$，y 随 x 的增大而减小，这时称 y 与 x 负相关。相关系数的大小反映 x 与 y 两个变量间线性相关的密切程度。即 r 的绝对值越大，则两个变量的线性关系越好。

二、回归分析

回归分析是研究随机现象中变量之间关系的一种数理统计学分析方法，是利用数据统计原理，对大量统计数据进行数学处理，并确定因变量与某些自变量的相关关系，建立一个相关性较好的回归方程（函数表达式）。

由以上讨论可知，只有当 $|r|$ 值足够大时，x 与 y 之间才是线性相关，求得的回归直线才有意义，此时 $|r|$ 值称为临界值。不同置信度 P，相关系数的临界值不相同，见表13-10，其中 n 为测量次数。

表 13-10 r 值表

$n-2$	置信度 95%	$n-2$	置信度 95%	$n-2$	置信度 95%	$n-2$	置信度 95%
1	0.997	9	0.602	17	0.456	60	0.250
2	0.950	10	0.576	18	0.444	70	0.232
3	0.878	11	0.553	19	0.433	80	0.217
4	0.811	12	0.532	20	0.423	90	0.205
5	0.754	13	0.514	25	0.381	100	0.195
6	0.707	14	0.497	30	0.349	200	0.138
7	0.666	15	0.482	40	0.304		
8	0.632	16	0.468	50	0.273		

如果按实验数据算得的 $|r| \geq r_{表}$，则认为 x 与 y 之间存在着线性相关关系；反之，不存在线性相关关系。下面举例说明回归分析的应用。

[例 13-11] 对某矿区的 10 个煤样进行化验，获得 A_d 和 $Q_{gr,d}$ 的一系列数据列于表 13-11 中，求 A_d 和 $Q_{gr,d}$ 的直线回归方程。(95%置信度)

表 13-11 10 个煤样的 A_d 和 $Q_{gr,d}$

A_d/%	27.50	29.10	30.00	31.24	31.74
$Q_{gr,d}$/(MJ/kg)	24.20	23.56	23.25	22.74	22.48
A_d/%	32.71	33.99	35.55	37.00	40.00
$Q_{gr,d}$/(MJ/kg)	22.05	21.50	21.00	20.20	19.12

解：这里以 A_d 作为自变量 x，$Q_{gr,d}$ 作为因变量 y，列表如下

x	y	$x-\overline{x}$	$y-\overline{y}$	$(x-\overline{x})(y-\overline{y})$	$(x-\overline{x})^2$	$(y-\overline{y})^2$
27.50	24.20	−5.38	2.19	−11.78	28.94	4.80
29.10	23.56	−3.78	1.55	−5.86	14.29	2.40
30.00	23.25	−2.88	1.24	−3.57	8.29	1.54
31.24	22.74	−1.64	0.73	−1.20	2.69	0.53
31.74	22.48	−1.14	0.47	−0.54	1.30	0.22
32.71	22.05	−0.17	0.04	−0.01	0.03	0
33.99	21.50	1.11	−0.51	−0.57	1.23	0.26
35.55	21.00	2.67	−1.01	−2.70	7.13	1.02
37.00	20.20	4.12	−1.81	−7.46	16.97	3.28
40.00	19.12	7.12	−2.89	−20.58	50.69	8.35
$\overline{x}=32.88$	$\overline{y}=22.01$			总和=−54.27	总和=131.56	总和=22.40

首先计算 r 值，判断两个变量的相关性。

$$r=\frac{\sum(x-\overline{x})(y-\overline{y})}{\sqrt{\sum(x-\overline{x})^2\sum(y-\overline{y})^2}}=\frac{-54.27}{\sqrt{131.56\times22.40}}=\frac{-54.27}{54.29}=-0.9996$$

查表得，$r_{表}$ 为 0.632，可知 $|r|>r_{表}$，所以 A_d 和 $Q_{gr,d}$ 有显著的线性相关关系。

接下来，计算 b 和 a 的值。

$$b=\frac{\sum(x-\overline{x})(y-\overline{y})}{\sum(x-\overline{x})^2}=\frac{-54.27}{131.56}=-0.4125$$

由

$$y=a+bx$$

得

$$a=\overline{y}-b\overline{x}=22.01-(-0.4125\times32.88)=22.01+13.56=35.57$$

最后，代入有关数值，整理得回归方程为

$$y=35.57-0.4125x$$

即

$$Q_{gr,d}=35.57-0.4125A_d$$

第六节　提高分析结果准确度的方法

要想得到准确的分析结果，必须减少分析过程中的误差。由前述内容可知，误差主要来源于系统误差和偶然误差。因此，提高准确度必须消除系统误差，尽量减少偶然误差。

一、系统误差的判断与评估

系统误差是由于固定原因产生的，即系统误差来源于确定因素。因此，首先要了解测定中有无系统误差，要知道系统误差的来源。如系统误差较大，可采用适当方法进行校正。为发现并消除或校正系统误差，可选用下述方法判断并评估系统误差。

1. 对照试验

对照试验是指采用已知含量的标准试样（简称标样）与被测试样用同一分析方法在相同条件下进行测定，或用公认可靠的分析方法与选定方法对同一试样进行测定。根据标准试样的分析结果与已知含量的比值，或根据公认可靠的分析方法与选定方法对同一试样测定值的比值，经显著性检验，即可判断方法有无系统误差，或可用此比值对测定结果进行校正。具体有以下几种做法：

（1）与标准试样对照　标准试样经过多个实验室，由经验丰富的分析人员用可靠的分析方法多次分析，用统计的方法对数据进行分析整理，使得组分的含量是比较准确可靠的值，该值称为标准值。用标准试样进行测定，测定的结果与标准值进行比较，做显著性检验，就可判断有无系统误差存在或所得结果是否准确，因此就可判断操作过程、分析方法和仪器情况是否正常。

由于标准试样的成本较高，所以也可以对某些试样（本单位常测定的试样）进行多次测定，得到较准确的结果。测定时，带上标样进行比较。用所得到的试样来代替标样，这种试样叫管理样。

（2）与标准方法对照　利用标准方法或经典分析方法，与所用的方法测定相同的试样，将结果进行比较，可判断所选用方法的可靠性。

（3）进行“内检”或“外检”　“内检”是由本单位不同人员之间对照分析结果，“外检”是请其他单位（最好是比较好的实验室）对同一试样进行比对试验，以便检查分析人员和实验室是否有系统误差。

对照试验是检查分析过程中有无系统误差的有效方法。但是，如果试样组成未知时，对照试验就难以检查出系统误差的存在，这种情况下可采用回收试验。

2. 回收试验

向试样或标准试样中加入已知含量的被测组分的纯品，然后用同一方法进行测定，计算回收率。

回收试验的回收率一般允许范围为95%～105%，对于微量组分回收率可要求在90%～110%。回收率越接近100%，说明系统误差越小，方法准确度越高。

回收试验的结果只能用于系统误差的评估，不能用于结果的校正，回收试验常用于微量组分的分析中。

二、消除系统误差的方法

① 选择合理的分析方法，消除方法误差。被测组分的含量不同时，对分析结果准确度的要求不一样。常量组分的分析一般要求相对误差在千分之几以内，微量组分分析一般为1%～5%，控制在10%以内。不同分析方法的准确度和灵敏度也不一样，应根据具体情况和要求，选择合理的分析方法。如分析方法不够完善，应尽可能找出原因，加以改进或进行必要的补救、校正，此外还要考虑试样中共存组分的干扰。

② 校准仪器，消除仪器误差。仪器不准确造成的系统误差，可以通过校准仪器加以消除。比如砝码、移液管、容量瓶、滴定管等，在定量分析中必须进行校准，并在计算结果时采用校正值。

③ 采用不同方法，减小测量误差。为了保证分析结果的准确度，必须尽量减小各步测定的相对误差。

④ 采用空白试验，消除试剂误差。在不加试样的情况下，按照与测定试样完全相同的分析步骤和条件进行测定的试验，称为空白试验，所得结果称为空白值。从试样结果中扣除空白值，可以消除或减少由试剂、溶剂及器皿等引入的杂质所造成的系统误差，就能得到比较可靠的分析结果。

空白值一般都不应过大，如过大，则要找出原因，采取措施加以消除。

⑤ 遵守操作规程，消除操作误差。

三、减小偶然误差的方法

为了减少偶然误差，要根据偶然误差的分布规律，在消除系统误差的前提下，通过仔细进行多次平行分析，取平均结果，可提高平均值的精密度。

平行测定次数越多，平均值越接近于真值。因此，增加平行测定次数可以减小偶然误差对分析结果的影响。

下篇

操作技能

第十四章　煤的工业分析

煤的工业分析也称煤的实用分析或技术分析，是指包括煤的水分（M）、灰分（A）、挥发分（V）和固定碳（FC）4个分析项目指标测定的总称。煤的工业分析是了解煤质特性的主要指标，也是评价煤质的基本依据。通常煤的水分、灰分、挥发分是直接测出的，而固定碳是用差减法计算出来的。利用煤的工业分析结果，可以基本掌握各种煤的质量、工艺性质及特点，以确定煤在工业上的实用价值，主要用于煤的生产开采和商业部门及用煤的各类用户，如焦化厂、电厂、化工厂等。

 第一节　煤中水分的测定

水是煤炭的组成部分，煤中水分含量与其变质程度有一定的关系。泥炭的水分最多，可达40%以上；其次是褐煤，在5%～25%；烟煤含量较低，长焰煤3%～12%，贫煤0.5%～2.5%，瘦煤0.5%～2.0%，焦煤0.5%～1.5%；到无烟煤，水分又有所增加。

煤中含水量过多，会使煤泥量增多，增加加工利用的难度，同时也会给运输、贮存带来不利的影响；煤中含水量高，其发热量就会降低，因为煤在燃烧过程中，水分蒸发要消耗一定热量。全水分还是商品煤的定量指标，例如，洗精煤的计量指标定在7.0%。

煤中水分按其存在的状态，可以分为游离水和化合水两种。游离水是以吸附、附着等机械方式与煤结合的水；化合水是指以化合的方式同煤中的矿物质结合的水，也叫结晶水，例如硫酸钙（$CaSO_4 \cdot 2H_2O$）、高岭土（$Al_2O_3 \cdot 2SiO_2 \cdot 2H_2O$）中的水。

煤中的游离水又分为外在水分和内在水分。外在水分是附着在煤的表面上的水，在实际测定中是指煤样达到空气干燥状态时所失去的水；内在水分是指吸附在煤粒内部毛细孔中的水。

煤中水分测定主要是指全水分测定和空气干燥基水分的测定，这两种测定的原理和操作基本相同。

一、煤中全水分的测定

煤中全水分的测定包括内在水分和外在水分的测定。煤中全水分的测定有4种方法：

① 通氮干燥法，适用于各种煤。

② 粒度6mm煤样空气干燥法，适用于烟煤和无烟煤。

③ 微波干燥法，适用于烟煤和褐煤。

④ 粒度 13mm 煤样空气干燥法，适用于外在水分高的烟煤和无烟煤。

下面主要介绍粒度 6mm 和 13mm 煤样空气干燥法。

接到全水分煤样后，首先检查煤样容器的密封情况，然后将其表面擦拭干净，用工业天平称准到煤样和容器总质量的 0.1%，并与容器标签所注明的总质量进行核对。如果称出的总质量小于标签上所注明的总质量（不超过 1%），并且能确定煤样在运送过程中没有损失时，应将减少的质量作为煤样在运送过程中的水分损失量，并计算出该质量占煤样质量的百分数（M_1），计入煤中全水分。

称取煤样之前，应将容器中的煤样充分混合至少 1min。

（一） 6mm 空气干燥法

称取一定量粒度小于 6mm 的煤样，在空气流中，于 105～110℃下干燥到质量恒定，然后根据煤样的质量损失计算出水分的含量。

1. 仪器设备

（1）干燥箱　带有自动控温装置和鼓风机，并能保持温度在 105～110℃范围内。

（2）玻璃称量瓶　直径 70mm，高 35～40mm，并带有严密的磨口盖。

（3）干燥器　内装变色硅胶或粒状无水氯化钙。

（4）分析天平　感量 0.001g。

（5）工业天平　感量 0.1g。

2. 测定过程

① 用预先干燥并称量过（称准到 0.01g）的称量瓶迅速称取粒度小于 6mm 的煤样 10～12g（称准到 0.01g），平摊在称量瓶中。

② 打开称量瓶盖，放入预先鼓风并加热到 105～110℃的干燥箱中，在鼓风条件下，烟煤干燥 2h，无烟煤干燥 3h。

③ 从干燥箱中取出称量瓶，立即盖上盖，在空气中冷却 5min，然后放入干燥器中，冷却至室温（20min）并称量（称准到 0.01g）。

④ 进行检查性干燥，每次 30min，直到连续两次干燥煤样质量的减少不超过 0.01g 或质量有所增加为止。在后一种情况下，应采用质量增加的前一次的质量作为计算依据。水分在 2%以下时，不必进行检查性干燥。

3. 结果计算

全水分测定结果按下式计算：

$$M_t = \frac{m_1}{m} \times 100\%$$

式中　M_t——煤样的全水分，%；

m_1——干燥后煤样减少的质量，g；

m——煤样的质量，g。

计算后，将报告值修约至小数点后 2 位。

如果在运送过程中煤样的水分有损失，则按下式求出修正后的全水分值。

$$M_t = M_1 + \frac{m_1}{m}(100 - M_1) \times 100\%$$

式中，M_1 是煤样运送过程中的水分损失量，%。当 M_1 大于 1%时，表明煤样在运送过程中可能受到意外损失，则不可修正，但测得水分可作为试验煤样的全水分。在报告结果时，应注明“未经修正水分损失”，并将煤样容器标签和密封情况一并报告。

（二） 13mm空气干燥法

此方法分为一步法和两步法。

一步法：称取粒度小于13mm的煤样，在空气流中于105～110℃下，干燥到质量恒定，然后根据煤样的质量损失计算出全水分的含量。

两步法：将粒度小于13mm的煤样，在温度不高于50℃的环境下干燥，测定外在水分；再将煤样破碎到粒度小于6mm，在105～110℃下，测定内在水分，然后计算出全水分的含量。

1. 仪器设备

（1）浅盘　由镀锌铁板或铝板等耐热、耐腐蚀材料制成，其规格应能容纳500g煤样，且单位面积负荷不超过$1g/cm^2$，盘的质量不大于500g。

（2）干燥箱　带有自动控温装置和鼓风机，并能保持温度在105～110℃范围内。

（3）干燥器　内装有变色硅胶或粒状无水氯化钙。

（4）玻璃称量瓶　直径70mm，高35～40mm，并带有严密的磨口盖。

（5）分析天平　感量0.001g。

（6）工业天平　感量0.1g。

2. 测定过程

一步法：用已知质量的干燥、清洁的浅盘称取煤样500g（称准到0.5g），并均匀摊平于盘中，然后放入预先鼓风并加热到105～110℃的干燥箱中。在鼓风的条件下，烟煤干燥2h，无烟煤干燥3h。将浅盘取出，趁热称量，称准到0.5g。

进行检查性干燥，每次30min，直到连续两次干燥煤样质量的减少不超过0.5g，或质量有所增加为止。在后一种情况下，以质量增加前一次的质量作为依据。

全水分测定结果按下式计算

$$M_t = \frac{m_1}{m} \times 100\%$$

式中　M_t——煤样的全水分，%；

m_1——干燥后煤样减少的质量，g；

m——煤样的质量，g。

如果在运送过程中煤样的水分有损失，则按下式求出修正后的全水分值。

$$M_t = M_1 + \frac{m_1}{m}(100 - M_1) \times 100\%$$

式中，M_1是煤样运送过程中的水分损失量，%。当M_1大于1%时，表明煤样在运送过程中可能受到意外损失，则不可修正，测得的水分可作为试验室收到煤样的全水分。但在报告结果时，应注明“未经修正水分损失”，并将煤样容器标签和密封情况一并报告。

两步法：准确称量全部粒度小于13mm的煤样（称准到0.01g），平摊在浅盘中，在温度不高于50℃的环境下，干燥到质量恒定（连续干燥1h质量变化不大于0.1%），称量（称准到0.01%）。然后，将煤样破碎到小于6mm，按方法1测定内在水分。按下式计算煤中全水分的含量。

$$M_t = M_f + \frac{100 - M_f}{100} \times M_{inh}$$

式中 M_f——煤样的外在水分，%；

M_{inh}——煤样的内在水分，%。

测定结果报告值修约至小数点后 2 位。

3. 测定的精密度

两次重复测定结果的差值不得超过表 14-1 的规定。

表 14-1 全水分测定结果允许差

全水分/%	重复性/%
<10	0.4
≥10	0.5

[例 14-1] 用一步法测定小于 13mm 煤样的全水分结果见表 14-2，求全水分是多少？

表 14-2 一步法测定两份小于 13mm 煤样的全水分结果

	第一份样/g	第二份样/g
皿加样重	707.0	704.0
皿重	207.0	204.0
煤样重	500.0	500.0
烘后皿加煤重	675.0	672.0
复烘后皿加煤重	675.5	672.0
减重	32.0	32.0

解：

第一份样 $M_t = \frac{32.0}{500.0} \times 100\% = 6.4\%$

第二份样 $M_t = \frac{32.0}{500.0} \times 100\% = 6.4\%$

答：全水分平均为 6.4%。

二、煤的空干基水分测定

煤的空干基水分测定有两种方法：通氮干燥法和空气干燥法。其中通氮干燥法适用于所有煤种，空气干燥法仅适用于烟煤和无烟煤。这里主要介绍常用的空气干燥法。

称取一定量的空气干燥煤样，置于 105～110℃干燥箱内，于空气流中干燥到质量恒定，根据煤样的质量损失计算出水分的质量分数。

1. 仪器设备

(1) 鼓风干燥箱 带有自动控温装置，能保持温度在 105～110℃范围内。

(2) 玻璃称量瓶 直径 40mm、高 25mm，并带有严密的磨口盖。

(3) 干燥器 内装变色硅胶。

(4) 分析天平 感量 0.1mg。

2. 测定过程

① 在预先干燥并已称量过的称量瓶内称取粒度小于 0.2mm 的空气干燥煤样（1±0.1）

g，称准到 0.0002g，平摊在称量瓶中。

② 打开称量瓶盖，放入预先鼓风并已加热到 105～110℃的干燥箱中。在一直鼓风的条件下，烟煤干燥 1h，无烟煤干燥 1～1.5h。

③ 从干燥箱中取出称量瓶，立即盖上盖，放入干燥器中冷却至室温（约 20min）后称量。然后进行检查性干燥，每次 30min，直到连续两次干燥煤样的质量减少不超过 0.001g 或质量增加时为止。在后一种情况下，采用质量增加前一次的质量为计算依据。水分在 2.00%以下时，不必进行检查性干燥。

3. 结果计算

空气干燥煤样的水分按下式计算

$$M_{ad}=\frac{m_1}{m}\times 100\%$$

式中　M_{ad}——空气干燥煤样的水分，%；

m_1——煤样干燥后失去的质量，g；

m——称取的空气干燥煤样的质量，g。

4. 测定的精密度

两次重复测定结果的差值不得超过表 14-3 的规定。

表 14-3　空干基水分测定结果允许差

水分 M_{ad}/%	重复性/%
<5.00	0.20
5.00～10.00	0.30
>10.00	0.40

[**例 14-2**] 某一煤样的空干基水分测定结果见表 14-4，求其水分是多少？

表 14-4　空干基水分测定结果

	第一份样/g	第二份样/g
皿加煤重	21.1343	21.2356
皿重	20.1351	20.2373
煤样重	0.9992	0.9983
烘后皿加煤重	21.1249	21.2263
煤样减重	0.0094	0.0093

解：

第一份样　$M_{ad}=\frac{0.0094}{0.9992}\times 100\%=0.94\%$

第二份样　$M_{ad}=\frac{0.0093}{0.9983}\times 100\%=0.93\%$

求出两份样平均数

$$\frac{0.94+0.93}{2}=0.935\%\text{（修约为 }0.94\%\text{）}$$

故水分报出结果为 0.94%。

三、水分测定中的若干问题及注意事项

（一）全水分测定中要防止水分的变化

在全水分测定中，关键问题是要使试样保持其原有的含水状态，即在制备和分析过程中不吸水也不失水。防止水分变化可采取以下措施：

① 将全水分试样保存在密封良好的容器中，并放在阴凉的地方。

② 制样操作要快，最好一次破碎到所需的粒度。

③ 进行全水分测定的煤样不宜过细，最好采用小于13mm的煤样。

（二）水分测定中的检查性干燥

测定煤中水分时，为了确保水分完全除去，需要进行检查性干燥试验。当两次质量之差小于规定值时（如M_t，粒度小于6mm煤样减量不超过0.01g或者质量有所增加时，粒度小于13mm煤样减量不超过0.5g或质量有所增加时；M_{ad}，煤样质量变化小于0.001g或质量增加时），则认为水分已除尽。在对比两次干燥质量结果时，要注意以下几点：

① 减重大于规定质量时，说明水分未除尽，应继续干燥。

② 减重小于规定质量时，说明水分已除尽，取最后一次质量作为干燥后的数据值。

③ 如果增重，则以增重前一次质量作为干燥后的数值。因为增重说明煤样已氧化，其测值已失去意义。

④ 当水分在2%以下时，可不进行检查性干燥。

（三）水分测定中加热干燥温度和时间的确定

干燥的目的在于使煤样完全脱水。水汽化的温度为100℃，当达到这个温度以上时，则煤中水分将变为蒸汽状态而逸出。如果不考虑其他因素的影响，当加热稍高于100℃时，就可以达到完全脱水，获得干燥的目的，但事实并非如此。许多煤样在加热时就会分解，对风化煤，当温度达到80℃以上时，分解作用就很显著，放出CO_2气体和水蒸气。有些烟煤在室温下也会发生氧化作用，随着温度的升高，氧化作用会加速。根据上面的情况，可得出结论：

煤样的质量因水分蒸发和有机物的分解而减少，并因有机物的氧化而质量增加。因而在空气中，用加热的方法进行脱水，得出的水分结果，实际上是这两项因素互相补偿的结果。试验初期，由于水分迅速蒸发，煤样质量也迅速减少，当氧化作用的增重大于水分蒸发和有机物分解的减量时，煤样的质量增加。因此在某一个温度和时间下，各种煤样都有一个最小质量的数值，这个值也就是水分蒸发的最高值，这个温度和时间就是规定的105～110℃，烟煤干燥时间为1h。

如果空气干燥基水分的测定结果很低，如在0.5%以下，甚至低到0.1%，这主要是制取干燥煤样时温度过高而没有充分搅拌造成的。由于煤样的空气干燥基水分严重偏低，而使煤样其他指标所测的空气干燥基结果偏高。化验人员发现空气干燥基水分异常时，应通知制样人员检查。

第二节　煤的灰分测定

煤的灰分是指煤在规定条件下，完全燃烧后残留物的产率，用符号A表示。

测定煤中灰分有两种方法：缓慢灰化法和快速灰化法，其中缓慢灰化法是仲裁测定法。

一、煤中灰分的来源及灰分测定的意义

煤炭的灰分来源于矿物质，而煤中矿物质的来源有以下几个方面：原生矿物质——成煤物质中所含的无机元素；次生矿物质——煤形成过程中混入的或与煤伴生的矿物质；外来矿物质——煤炭开采和加工处理中混入的矿物质。

灰分是煤炭中的有害物质，使煤炭质量降低，因此灰分对于评价煤的质量和加工利用起着重要作用。

灰分是煤炭贸易计价的主要指标，例如十级精煤灰分为9.51%～10.00%。

在炼焦工业中，灰分过高会降低焦炭的质量，消耗更多的原材料；作为燃料燃烧时，灰分过高会降低热效率，并增加排渣工作量。

二、灰化时煤中矿物质发生的反应

煤在测定灰分的温度下燃烧时，其中矿物质的许多组分都发生了变化。比如：黏土和页岩矿物在500～600℃时失去结晶水。

$$2SiO_2 \cdot Al_2O_3 \cdot 2H_2O \xrightarrow{\triangle} 2SiO_2 + Al_2O_3 + 2H_2O\uparrow$$

碳酸钙受热分解产生的 CaO 与 SO_3 反应生成硫酸钙，与 SiO_2 反应生成硅酸钙。

$$CaCO_3 \xrightarrow{\triangle} CaO + CO_2\uparrow$$

$$CaO + SO_3 \xrightarrow{\triangle} CaSO_4$$

$$CaO + SiO_2 \xrightarrow{\triangle} CaSiO_3$$

黄铁矿被氧化

$$4FeS_2 + 11O_2 \xrightarrow{\triangle} 2Fe_2O_3 + 8SO_2\uparrow$$

煤中有机物结合的金属元素被氧化生成金属氧化物等。

三、缓慢灰化法

称取一定量的空气干燥煤样放入马弗炉中，以一定的速度加热到（815±10）℃，灰化并灼烧到质量恒定。以残留物的质量占煤样的百分数作为煤样的灰分。

1. 仪器设备

（1）马弗炉　炉膛具有足够的恒温区，能保持温度为（815±10）℃，炉后壁上部带有直径为25～30mm的烟囱，下部离炉膛底20～30mm处有一个插热电偶的小孔，炉门上有一个直径为20mm的通气孔。

马弗炉的恒温区应在关闭炉门下测定，并至少每年测定一次。高温计（包括毫伏计和热电偶）至少每年校准一次。

（2）灰皿　瓷质，长方形，底长45mm，底宽14mm。

（3）干燥器　内装变色硅胶或粒状无水氯化钙。

（4）分析天平　感量0.1mg。

（5）耐热瓷板或石棉板。

2. 测定过程

① 在预先灼烧至质量恒定的灰皿中，称取粒度小于 0.2mm 的分析煤样（1±0.1）g，称准至 0.0002mg，均匀地摊平在灰皿中，使其每平方厘米的质量不超过 0.15g。

② 将灰皿送入温度不超过 100℃的马弗炉恒温区中，关上炉门并使炉门留有 15mm 左右的缝隙。在不少于 30min 的时间内将炉温缓慢升至 500℃，并在此温度下保持 30min，继续升温到（815±10）℃，并在此温度下灼烧 1h。

③ 从炉中取出灰皿，放在耐热瓷板或石棉板上，在空气中冷却 5min 左右，移入干燥器中冷却至室温（约 20min）后称重。

④ 进行检查性灼烧，每次 20min，直到连续两次灼烧后的质量变化不超过 0.0010g 为止，以最后一次灼烧后的质量为计算依据。灰分低于 15.00％时，不必进行检查性灼烧。

四、快速灰化法

快速灰化法在国标中有两种方法：一是用快速灰分测定仪测定；二是同缓慢法一样使用马弗炉灰化测定。由于快灰仪测定用得较少，这里仅介绍马弗炉灰化方法。

将装有煤样的灰皿，由炉外逐渐送入预先加热至（815±10）℃的马弗炉中灰化，并灼烧至质量恒定。以残留物的质量占煤样质量的百分数作为煤样的灰分。

快速灰化法的测定过程如下：

① 提前预热马弗炉。

② 在预先灼烧至质量恒定的灰皿中，称取粒度小于 0.2mm 的空气干燥煤样（1±0.1）g，称准至 0.0002g，均匀地摊平在灰皿中，使其每平方厘米的质量不超过 0.15g。将盛有煤样的灰皿预先排放在耐热瓷板或石棉板上。

③ 待马弗炉加热到 850℃，打开炉门，将放有灰皿的耐热瓷板或石棉板缓慢推入马弗炉中，先使第一排的煤样灰化。待 5～10min 后，煤样不再冒烟时，以每分钟不大于 2cm 的速度把其余各排灰皿推入炉内炽热部分（若煤样着火发生爆燃，试验应作废）。

④ 关上炉门，在（815±10）℃温度下灼烧 40min。

⑤ 从炉中取出灰皿，放在空气中冷却 5min 左右，移入干燥器中冷却至室温（约 20min）后称重。

⑥ 进行检查性灼烧，每次 20min，直到连续两次灼烧后的质量变化不超过 0.0010g 为止，以最后一次灼烧后的质量为计算依据。如遇检查性灼烧结果不稳定时，应改用缓慢灰化法重新测定。灰分低于 15.00％时，不必进行检查性灼烧。

五、结果计算

空气干燥煤样的灰分按下式计算

$$A_{ad}=\frac{m_1}{m}\times 100\%$$

式中 A_{ad}——空气干燥煤样的灰分，％；

m_1——灼烧后残留物的质量，g；

m——称取空气干燥煤样的质量，g。

六、灰分测定的精密度

灰分测定的重复性和再现性见表 14-5 的规定。

表 14-5　灰分测定允许差

灰分/%	重复性 A_{ad}/%	再现性 A_{d}/%
<15.00	0.20	0.30
15.00～30.00	0.30	0.50
>30.00	0.50	0.70

[**例 14-3**] 某一煤样的空气干燥基灰分测定结果见表 14-6，求空气干燥基灰分。

表 14-6　空气干燥基灰分测定结果

	第一份样/g	第二份样/g
皿加样重	14.1877	15.0754
皿重	13.1887	14.0789
煤样重	0.9990	0.9965
皿加灰重	13.2928	14.1832
灼烧后残留物重	0.1041	0.1043

解：

第一份样
$$A_{ad1}=\frac{0.1041}{0.9990}\times100\%=10.42\%$$

第二份样
$$A_{ad2}=\frac{0.1043}{0.9965}\times100\%=10.47\%$$

求出两份样平均数

$$\frac{10.42+10.47}{2}=10.445\%(\text{修约为 }10.44\%)$$

故空气干燥基灰分报出结果为 10.44%。

七、选煤厂常用快速灰化分析方法

国标中的快速灰化分析方法在时间上仍需 1h，为及时报出灰分而指导选煤生产，因此，早在 20 世纪 60 年代，选煤生产中就采用了快速的灰化方法。这里简单介绍选煤厂常用快速灰化分析方法。

快速灰化分析方法通常使用的灰皿为 ϕ45mm、h12mm 的圆形瓷皿，灰皿中煤样不能太厚，每平方厘米上的煤样不超过 50mg 即可，或使用缓慢灰化方法中的灰皿。

1. 分析步骤

① 在称出质量（精确到 0.0001g）的灰皿中，称取粒度为 0.2mm 以下的分析煤样（0.5±0.05）g（精确到 0.0001g），轻轻摇动灰皿，使试样在灰皿中分布均匀。

② 将盛有试样的灰皿置于敞开炉门温度已维持在（815±10)℃的马弗炉炉门口处。在炉门口停放约 3min 后，再以 6min 左右的时间逐渐向炉内推进 50mm 左右。当煤样表面已明显氧化变色后，推至（815±10)℃恒温区内灼烧。在炉内，若煤样着火爆燃，则试验应

作废。

③ 灼烧至不见火星后，灰分在15%以下者，继续灼烧2min；灰分在15%以上者，则继续灼烧5～7min，取出灰皿，冷却片刻，再移至干燥器中冷却至室温后称重。

2. 分析原理

快速测灰的原理主要决定于煤的性质。

（1）煤的热稳定性　稳定性差的煤，突遇高温，会产生热裂并发生飞溅。因此对这些煤进行快速灰化分析时，应在300℃左右的温度下进行预热处理，使其热稳定性有所改善，这样可防止飞溅现象。

（2）煤的结焦性　煤在250℃开始分解，随着温度升高软化形成胶体，在530～600℃固化生成半焦，生成半焦后势必延长灼烧时间。适当控制温度及升温速度，使煤样在比较低的温度下被氧化，煤的结焦性遭到破坏，则有利于试样被完全灼烧。

（3）煤的燃点　煤的燃点在260～400℃之间，物质达到燃点后就激烈氧化。煤在燃点以下分解，可不引起“明火”。

3. 重要措施

① 把煤样燃烧氧化重点放在500℃以下。煤样逐步进入500℃区域及在该区域停留时间占总灰化时间的60%以上。

② 减少煤样质量至0.5g，使用ϕ45mm的圆形灰皿，增加盛样器皿的底面积，降低煤样厚度，增加煤样同空气的接触面积。

③ 燃烧过程敞开炉门，加大空气流量，使硫及时逸出，同时供应充分的氧气。

八、灰分测定中应注意的问题

1. 灰分测定中时间、温度的确定

从100℃以下升到500℃，时间控制为半小时，以使煤样在炉内缓慢灰化，防止爆燃，否则部分挥发性物质急速逸出，将矿物质带走会使测定结果偏低。

在500℃停留30min的目的是，使煤样燃烧时的由有机硫、黄铁矿硫转化来的二氧化硫在碳酸盐分解前（500℃以上才开始分解）能全部逸出，否则会使碳酸盐分解产物氧化生成难分解的硫酸盐，增加煤的灰分。最终温度定为（815±10）℃，是因为在此温度下，碳酸盐分解结束，硫酸盐尚未分解（850℃以上分解），能得到比较稳定的灰分结果。

2. 通风状况

在灰化过程中始终保持良好的通风状况，使硫的氧化物一经生成就被排出，减少与氧化钙接触的机会。

第三节　煤的挥发分测定和固定碳计算

煤的挥发分是指煤在规定条件下，隔绝空气加热，并进行水分校正后的挥发物质产率，用符号V表示。

煤的挥发分不是煤中固有的挥发性物质，而是煤在特定条件下的热分解产物。

挥发分是煤炭分类的主要指标。根据挥发分可以大致判断煤的变质程度，随着煤的变质程度增大，挥发分就降低。例如，褐煤的挥发分一般为40%～60%，烟煤为10%～50%，无烟煤则小于10%。

挥发分是煤的加工利用的重要指标。挥发分高的煤干馏时化学副产品产率高，适合作低温干馏和气化的原料及制作水煤浆；中等挥发分的煤黏结性好，可用于炼焦等。

一、测定要点

称取一定量的空气干燥煤样，放在带盖的瓷坩埚中，在(900±10)℃下，隔绝空气加热7min。以减少的质量占煤样质量的百分数，减去该煤样的水分含量作为煤样的挥发分。

二、仪器设备

(1) 挥发分坩埚　带有配合严密盖的瓷坩埚，坩埚总质量为15～20g。

(2) 马弗炉　带有高温计和调温装置，能保持温度在(900±10)℃，并有足够的(900±5)℃的恒温区。炉子的热容量为当起始温度为920℃时，放入室温下的坩埚架和若干坩埚，关闭炉门后，在3min内恢复到(900±10)℃。炉后壁有一个排气孔和一个插热电偶的小孔。小孔的位置应使热电偶插入炉内后其热接点在坩埚底和炉底之间，距炉底20～30mm处。

马弗炉的恒温区应在关闭炉门下测定，并至少每年测定一次。高温计(包括毫伏计和热电偶)至少每年校准一次。

(3) 坩埚架　用镍铬丝或其他耐热金属丝制成，其规格尺寸以能使所有的坩埚都在马弗炉恒温区内，并且坩埚底部紧邻热电偶热接点上方。

(4) 干燥器　内装变色硅胶或粒状无水氯化钙。

(5) 分析天平　感量0.1mg。

(6) 压饼机　螺旋式或杠杆式压饼机，能压制出直径约10mm的煤饼。

(7) 秒表。

三、测定过程

① 在预先于900℃温度下灼烧至质量恒重的带盖瓷坩埚中，称取粒度小于0.2mm的空气干燥煤样(1±0.01)g(称准至0.0002g)，然后轻轻振动坩埚，使煤样摊平，盖上盖，放在坩埚架上。

② 褐煤和长焰煤应预先压饼，并切成约3mm的小块。

③ 将马弗炉预先加热至920℃左右，打开炉门，迅速将放有坩埚的架子送入恒温区，立即关上炉门并计时，准确加热7min。坩埚及架子放入后，要求炉温在3min内恢复至(900±10)℃，此后保持在(900±10)℃，否则此次试验作废。加热时间包括温度恢复时间在内。

④ 从炉中取出坩埚，放在空气中冷却5min左右，移入干燥器中冷却至室温(约20min)后称重。

四、焦渣特征分类

测定挥发分所得焦渣的特征，按下列规定加以区分：

(1) 粉状　全部是粉末，没有相互黏着的颗粒。

（2）黏着　用手指轻碰即成粉末或基本上是粉末，其中较大的团块轻轻一碰即成粉末。

（3）弱黏结　用手指轻压即成小块。

（4）不熔融黏结　以手指用力压才裂成小块，焦渣上表面无光泽，下表面稍有银白色光泽。

（5）不膨胀熔融黏结　焦渣形成扁平的块，煤粒的界线不易分清，焦渣上表面有明显银白色的金属光泽，下表面银白色光泽更明显。

（6）微膨胀熔融黏结　用手指压不碎，焦渣的上、下表面均有银白色金属光泽，但焦渣表面具有较小的膨胀泡（或小气泡）。

（7）膨胀熔融黏结　焦渣上、下表面有银色金属光泽，明显膨胀，但高度不超过 15mm。

（8）强膨胀熔融黏结　焦渣上、下表面有银白色金属光泽，焦渣高度大于 15mm。

为了简便起见，通常用上列序号作为各种焦渣特征的代号。

五、结果计算

空气干燥煤样的挥发分按下式计算

$$V_{ad}=\frac{m_1}{m}\times 100\%-M_{ad}$$

式中　V_{ad}——空气干燥煤样的挥发分，%；

m_1——煤样加热后减少的质量，g；

m——空气干燥煤样的质量，g；

M_{ad}——空气干燥煤样的水分，%。

六、挥发分测定的精密度

挥发分测定的重复性和再现性见表 14-7 的规定。

表 14-7　挥发分测定允许差

挥发分/%	重复性 V_{ad}/%	再现性 V_{d}/%
＜20.00	0.30	0.50
20.00～40.00	0.50	1.00
＞40.00	0.80	1.50

七、空气干燥基挥发分与干燥无灰基挥发分的换算

空气干燥基挥发分与干燥无灰基挥发分的换算式如下：

$$V_{daf}=\frac{V_{ad}}{100-M_{ad}-A_{ad}}\times 100\%$$

当空气干燥煤样中碳酸盐产生二氧化碳的质量分数为 2%～12%时，则

$$V_{daf}=\frac{V_{ad}-(CO_2)_{ad(焦渣)}}{100-M_{ad}-A_{ad}}\times 100\%$$

当空气干燥煤样中碳酸盐产生二氧化碳的质量分数大于 12%时，则

$$V_{daf}=\frac{V_{ad}-[(CO_2)_{ad}-(CO_2)_{ad(焦渣)}]}{100-M_{ad}-A_{ad}}\times 100\%$$

式中 V_{daf}——干燥无灰基挥发分，%；

$(CO_2)_{ad}$——空气干燥煤样中碳酸盐产生二氧化碳的质量分数（按国标有关规定测定），%；

$(CO_2)_{ad(焦渣)}$ ——焦渣中二氧化碳占煤样的质量分数，%。

[例 14-4] 某一煤样的挥发分测定结果见表 14-8，M_{ad} 为 0.94%，A_{ad} 为 10.44%，求干燥无灰基挥发分。

表 14-8 某一煤样挥发分测定结果

	第一份样/g	第二份样/g
坩埚加样重	20.2525	21.4160
坩埚重	19.2530	20.4153
样重	0.9995	1.0007
加热后皿加样重	19.9493	21.1115
减重	0.3032	0.3045

解：

第一份样 $\frac{0.3032}{0.9995}\times100\%=30.34\%$

第二份样 $\frac{0.3045}{1.0007}\times100\%=30.43\%$

两份样平均为

$$\frac{30.34\%+30.43\%}{2}=30.385\%（修约为 30.38\%）$$

故

$$V_{ad}=30.38-0.94=29.44\%$$

$$V_{daf}=29.44\%\times\frac{100}{100-10.44-0.94}=33.22\%$$

答：干燥无灰基挥发分为 33.22%。

八、挥发分测定中若干问题和注意事项

1. 必须严格遵守操作规程

挥发分测定是一个典型的规范性试验，任何试验条件的改变，都会给测定结果带来不同程度的影响，主要影响因素是加热温度和加热时间，其他诸如设备的形式和大小，试样容器的材料、大小、形状、容器的支架等都会影响测定结果。因此，挥发分测定标准方法，对这些细节都有严格的规定，操作者必须严格遵守。

2. 防止煤样喷溅

当测定低变质程度的不黏煤、褐煤以及某些烟煤时，由于挥发分的快速逸出，会将颗粒带出；当水分和挥发分过高时，由于它们的突然释出，也能把坩埚盖吹开，既带走煤粒，又会使煤样氧化，这样会使结果偏高。因此，在测定挥发分时，应避免试样粒度过细和水分过高。如将试样压成饼，可有效防止喷溅。

3. 测定时注意事项

加热的时间、温度必须严格按国标要求进行，试样应放在炉内的恒温区内。坩埚和盖子

要严格符合要求，盖子要盖正。一个煤样的重复测定不允许在炉内同一次进行，以便能对两次试验条件进行检查。

九、固定碳的计算

从测定煤样挥发分的焦渣中减去灰分后的残留物称为固定碳，用 FC 表示。

固定碳和挥发分一样，不是煤中固有的成分，而是热分解产物。固定碳的化学组分主要是 C，还有一定量的 H、O、N、S 等。其计算公式如下

$$FC_{ad}=100\%-M_{ad}-A_{ad}-V_{ad}$$

［例 14-5］ 已知一煤样 $M_{ad}=1.00\%$，$A_d=18.24\%$，$V_{ad}=18.00\%$，求该煤样的 FC_{ad}。

解：

$$A_{ad}=A_d\times(100-M_{ad})=18.24\times(100-1.00)=18.06\%$$

$$FC_{ad}=100\%-M_{ad}-A_{ad}-V_{ad}=100\%-1.00-18.06-18.00=62.94\%$$

答：该煤样 FC_{ad} 为 62.94%。

十、不同基准固定碳的换算

1. 空气干燥基固定碳与干燥基固定碳的换算

$$FC_d=FC_{ad}\times\frac{100}{100-M_{ad}}$$

将例 14-5 中的结果代入上式中，则

$$FC_d=62.94\times\frac{100}{100-1.00}=63.58\%$$

当采用干燥基时，因不含水分，所以灰分、挥发分、固定碳之和为 100%，故固定碳计算公式可改写为：

$$FC_d=100-A_d-V_d$$

利用例 14-5 中的数据，计算

$$V_d=18.00\times\frac{100}{100-1.00}=18.18\%$$

则有

$$FC_d=100-18.24-18.18=63.58\%$$

可见，两种计算方法的结果相同。

2. 空气干燥基固定碳与干燥无灰基固定碳的换算

$$FC_{daf}=FC_{ad}\times\frac{100}{100-M_{ad}-A_{ad}}$$

将例 14-5 中的结果代入上式中，则

$$FC_{daf}=62.94\times\frac{100}{100-1.00-18.06}=77.76\%$$

当采用干燥无灰基时，因不含水分和灰分，所以挥发分与固定碳之和为 100%，用公式表示为：

$$FC_{daf}=100-V_{daf}$$

利用例 14-5 中的数据，计算

$$V_{daf}=18.00\times\frac{100}{100-1.00-18.06}=22.24\%$$

则有

$$FC_{daf}=100-22.24=77.76\%$$

可见，两种计算方法结果相同。

第十五章　煤的元素分析

煤的元素分析是对煤中的元素含量进行检测和分析（一般用质量分数表示）。元素分析是研究煤的变质程度、计算煤的发热量、估算煤的干馏产物的重要指标，也是工业中以煤作燃料时进行热量计算的基础。

煤由无机质和有机质两类物质组成，无机质主要是矿物质和水分，有机质主要由碳、氢、氧及少量氮、硫等元素组成。其中碳、氢、氧之和可达煤中有机质含量的95%以上，氮的含量少且变化不大，一般在0.5%～3%之间。

煤的变质程度不同，其结构单元不同，元素组成也不同。煤中碳含量随着煤的变质程度加深而增高，如褐煤中 C_{daf} 含量为60%～80%，烟煤为76%～93%，无烟煤为90%～98%。氢和氧含量随着变质程度的加深而降低，如褐煤的 H_{daf} 含量为5%～6%，而无烟煤中氢含量只有1%～3%。由于煤中碳、氢含量与煤的变质程度关系密切，故在国标中以 H_{daf} 作为划分无烟煤小类的指标。同时，煤中元素组成可用来计算煤的发热量，推算燃烧设备的理论燃烧温度；氢含量还是计算低位发热量的数据之一。另外，煤中氮、硫在燃烧时，能产生氮氧化物和硫化物，对大气产生污染，是煤质控制的重要指标。

利用元素分析数据，并配合其他工艺性质试验，可以了解煤的成因、类型、结构、性质及其利用。所以，煤的元素测定是煤质研究的主要内容。

第一节　煤中碳、氢的测定

碳是煤中有机质的主要组成元素，是煤中有机质组成中含量最高的元素，是组成煤的结构单元的骨架，是炼焦时形成焦炭的主要物质基础，是燃烧时产生热量的主要来源。氢是煤中有机质的第二个主要组成元素，也是组成煤大分子骨架和侧链不可缺少的元素，与碳相比，氢具有较强的反应能力，单位质量的燃烧热也更大。因此，测定煤中的碳、氢含量有重要作用。

一、测定原理

煤在氧气中燃烧，煤中的碳生成 CO_2，氢生成 H_2O，生成的 H_2O 和 CO_2 分别用吸水剂和 CO_2 吸收剂吸收，根据吸收剂的增量计算碳和氢的含量。

煤在氧气流中燃烧其反应如下：

$$煤+O_2 \xrightarrow{燃烧} CO_2\uparrow + H_2O + SO_3\uparrow + SO_2\uparrow + Cl_2\uparrow + NO_2\uparrow + \cdots\cdots$$

对 CO_2 和 H_2O 的吸收反应：

$$CaCl_2 + 2H_2O \longrightarrow CaCl_2 \cdot 2H_2O$$

$$CaCl_2 \cdot 2H_2O + 4H_2O \longrightarrow CaCl_2 \cdot 6H_2O$$

$$2NaOH + CO_2 \longrightarrow Na_2CO_3 + H_2O$$

生成的硫的氧化物、氮的氧化物、氯等将全部被二氧化碳吸收剂吸收，使得碳测值偏高。为排除这些干扰因素，采取以下措施。

① 在三节炉方法中，用铬酸铅脱硫的氧化物，用银丝卷脱氯。

$$4PbCrO_4 + 4SO_2 \xrightarrow{600℃} 4PbSO_4 + 2Cr_2O_3 + O_2$$

$$2Ag + Cl_2 \xrightarrow{180℃} 2AgCl$$

② 在二节炉方法中，用高锰酸银热分解产物脱除硫的氧化物和氯。

$$AgMnO_4 \xrightarrow{\triangle} Ag \cdot MnO_2 + O_2$$

$$2Ag \cdot MnO_2 + 3SO_2 + O_2 \xrightarrow{500℃} Ag_2SO_4 + 2MnSO_4$$

$$2Ag \cdot MnO_2 + Cl_2 \xrightarrow{500℃} 2AgCl \cdot MnO_2$$

③ 用粒状二氧化锰脱除氮氧化物：

$$MnO_2 + 2NO_2 \longrightarrow Mn(NO_3)_2$$

二、试剂和材料

（1）碱石棉　化学纯，粒度 1～2mm。或碱石灰：化学纯，粒度 0.5～2mm。

（2）无水氯化钙　分析纯，粒度 2～5mm。或无水高氯酸镁：分析纯，粒度 1～3mm。

（3）氧化铜　化学纯，线状，长约 5mm。

（4）铬酸铅　分析纯，粒度 1～4mm。

（5）银丝卷　丝直径约 0.25mm。

（6）铜丝卷　丝直径约 0.5mm。

（7）氧气　纯度 99.9%，不含氢。氧气钢瓶须配有可调节流量的带减压阀的压力表（可使用医用氧气吸入器）。

（8）三氧化钨　分析纯。

（9）粒状二氧化锰　化学纯，市售或用硫酸锰和高锰酸钾制备。

制法：称取 25g 硫酸锰溶于 500mL 蒸馏水中，另称取 16.4g 高锰酸钾溶于 300mL 蒸馏水中。将两溶液分别加热到 50～60℃。在不断搅拌的同时，将高锰酸钾溶液慢慢注入硫酸锰溶液中，并加以剧烈搅拌。然后加入 10mL（1+1）硫酸，将溶液加热到 70～80℃，并继续搅拌 5min，停止加热，静置 2～3h。用蒸馏水以倾泻法洗至中性。将沉淀移至漏斗过滤，除去水分，然后放入干燥箱中，在 150℃左右干燥 2～3h，得到褐色、疏松状的二氧化锰，小心破碎和过筛，取粒度 0.5～2mm 的备用。

（10）高锰酸银热解产物　当使用二节炉时，需制备高锰酸银热解产物。制备方法如下：

将 100g 化学纯高锰酸钾溶于 2L 蒸馏水中，煮沸。另取 107.5g 化学纯硝酸银溶于约 50mL 蒸馏水中，在不断搅拌下，缓缓注入沸腾的高锰酸钾溶液中，搅拌均匀后逐渐冷却并静置过夜。将生成的深紫色晶体用蒸馏水洗涤数次，在 60～80℃下干燥 1h，然后将晶体一点一点地放在瓷皿中，在电炉上缓缓加热至骤然分解，得银灰色疏松状产物，装入磨口瓶中备用。

注意，未分解的高锰酸银易受热分解，故不宜大量贮存，以免受热分解引起爆炸。

（11）真空硅脂。

（12）硫酸　化学纯。

（13）带磨口塞的玻璃管或小型干燥器（不放干燥剂）。

三、碳氢测定仪

碳氢测定仪包括净化系统、燃烧装置和吸收系统三个主要部分，如图 15-1 所示。

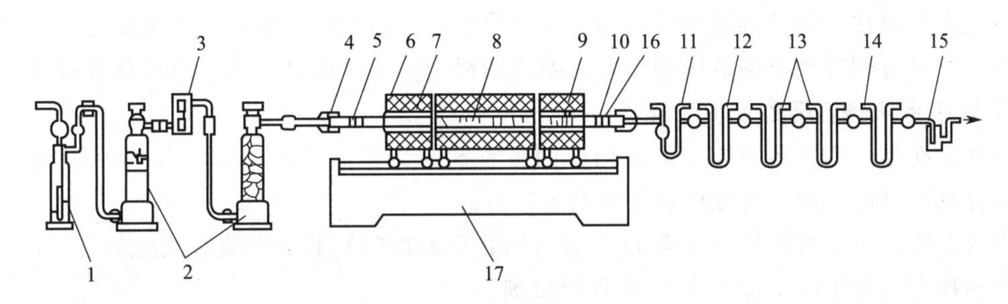

图 15-1　碳氢测定装置

1—鹅头洗气瓶；2—气体干燥器；3—流量计；4—橡皮帽；5—铜丝卷；6—燃烧舟；7—燃烧管；8—氧化铜；9—铬酸铅；10—银丝卷；11—吸水 U 形管；12—除氮 U 形管；13—吸二氧化碳 U 形管；14—保护用 U 形管；15—气泡计；16—保温套管；17—三节电炉

1. 净化系统

净化系统包括以下部件：

（1）气体干燥塔 2 个　容量 500mL，一个（A）上部（约 2/3）装无水氯化钙（或无水高氯酸镁），下部（约 1/3）装碱石棉（碱石灰）；另一个（B）装无水氯化钙（或无水高氯酸镁）。

（2）流量计　测定范围为 0～150mL/min。

2. 燃烧装置

燃烧装置由一个三节（或二节）管式炉及其控温系统构成，主要包括以下部件：

（1）电炉　三节炉或二节炉（双管炉或单管炉），炉膛直径约 35mm。

三节炉：第一节长约 230mm，可加热到（850±10）℃，并可沿水平方向移动；第二节长 330～350mm，可加热到（800±10）℃；第三节长 130～150mm，可加热到（600±10）℃。

二节炉：第一节长约 230mm，可加热到（850±10）℃，并可沿水平方向移动；第二节长 130～150mm，可加热到（500±10）℃。每节炉装有热电偶、测温和控温装置。

（2）燃烧管　由素瓷、石英、刚玉或不锈钢制成，长 1100～1200mm（使用二节炉时，长约 800mm），内径 20～22mm，壁厚约 2mm。

（3）燃烧舟　由素瓷或石英制成，长约 80mm。

（4）橡皮塞或橡皮帽（最好用耐热硅橡胶）或铜接头。

3. 吸收系统

吸收系统包括以下部件：

（1）吸水 U 形管　装药部分高 100～120mm，直径约 15mm，入口端有一球形扩大部分，内装无水氯化钙或无水高氯酸镁。

（2）吸收二氧化碳 U 形管（2 个）　装药部分高 100～120mm，直径约 15mm，前 2/3 装碱石棉或碱石灰，后 1/3 装无水氯化钙或无水高氯酸镁。

（3）除氮 U 形管　装药部分高 100～120mm，直径约 15mm，前 2/3 装粒状二氧化锰，后 1/3 装无水氯化钙或无水高氯酸镁。

（4）气泡计　容量约 10mL，内装浓硫酸。

四、试验准备

1. 净化系统各容器的充填和连接

按规定在净化系统各容器中装入相应的净化剂，然后按顺序将各容器连接好。氧气可由氧气钢瓶通过可调节流量的减压阀供给。净化剂经 70～100 次测定后，应进行检查或更换。

2. 吸收系统各容器的充填和连接

按规定在吸收系统各容器中装入相应的吸收剂。为保证系统气密，每个 U 形管磨口塞处涂少许真空硅脂，然后按顺序将各容器连接好。

吸收系统的末端可连接一个空 U 形管（防止硫酸倒吸）和一个装有硫酸的气泡计。

当出现下列现象时，应更换 U 形管中试剂：

① 吸水 U 形管中的氯化钙开始溶化并阻碍气体畅通。

② 第二个吸收二氧化碳的 U 形管一次试验后的质量增加达 50mg 时，应更换第一个 U 形管中的二氧化碳吸收剂。

③ 二氧化锰一般使用 50 次左右应更换。

上述 U 形管更换试剂后，应以 120mL/min 的流量，通入氧气至质量恒定后方能使用。

3. 燃烧管的填充

使用三节炉时，按图 15-2 所示填充。

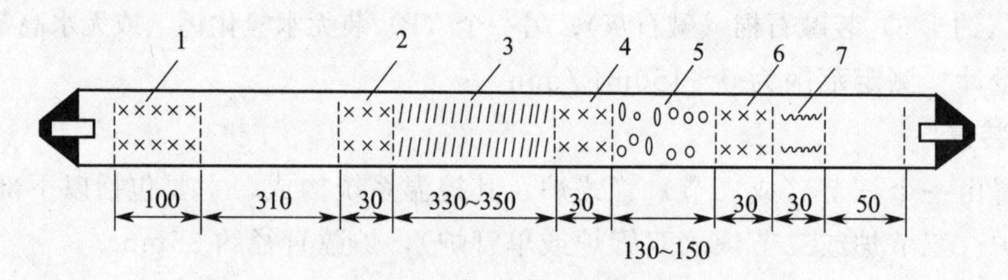

图 15-2　三节炉燃烧管填充示意图（单位：mm）

1、2、4、6—铜丝卷；3—氧化铜；5—铬酸铅；7—银丝卷

用直径约 0.5mm 的铜丝制作三个长约 30mm 和一个长约 100mm，直径稍小于燃烧管，既能自由插入管内又与管壁密接的铜丝卷。

从燃烧管出气端起，留 50mm 空间，依次充填 30mm 直径约 0.25mm 银丝卷、30mm 铜丝卷、130～150mm（与第三节电炉长度相等）铬酸铅（使用石英管时，应用铜片把铬酸铅与石英管隔开）、30mm 铜丝卷、330～350mm（与第二节电炉长度相等）线状氧化铜、30mm 铜丝卷、310mm 空间和 100mm 铜丝卷。燃烧管两端通过橡皮塞或铜接头，分别同净化系统和吸收系统连接。橡皮塞使用前应在 105～110℃下干燥 8h 左右。

燃烧管中填充物（氧化铜、铬酸铅和银丝卷）经70～100次测定后应检查或更换。

使用二节炉时，按图15-3所示填充。

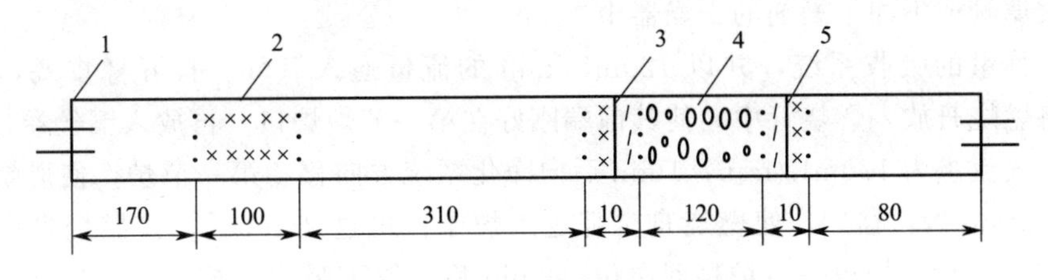

图15-3 二节炉燃烧管填充示意图

1—橡皮塞；2—铜丝卷；3、5—铜丝布圆垫；4—高锰酸银热解产物

做两个长约10mm和一个长约100mm的铜丝卷，再用100目铜丝布剪成与燃烧管直径匹配的圆形垫片3～4个（用以防止高锰酸银热解产物被气体带出），然后填入图15-3所示部位。

4. 炉温的校正

将工作热电偶插入三节炉（或二节炉）的热电偶孔内，使热端插入炉膛并与高温计连接。将炉温升至规定温度，保温1h。然后将标准热电偶依次插到燃烧管中对应第一、二、三节炉（或第一、二节炉）的中心处（注意，勿使热电偶和燃烧管管壁接触）。根据标准热电偶指示，将管式电炉调节到规定温度并恒温5min，记下相应工作热电偶的读数，以后即以此为准控制炉温。

5. 空白试验

将仪器各部分连接，通电升温。将吸收系统各U形管磨口塞旋至开启状态，接通氧气，调节氧气流量为120mL/min，并检查系统气密性。在升温过程中，将第一节电炉往返移动几次，通气约20min后，取下吸收系统，将各U形管磨口塞关闭，用绒布擦净，在天平旁放置10min左右，称量。当第一节炉温达到并保持在（850±10)℃，第二节炉温达到并保持在（800±10)℃，第三节炉温达到并保持在（600±10)℃后，开始做空白试验。此时将第一节炉移至紧靠第二节炉，接上已经通气并称量过的吸收系统。在第一个燃烧舟内加入三氧化钨（质量和煤样分析时相当）。打开橡皮塞，取出铜丝卷，将装有三氧化钨的燃烧舟用镍铬丝推棒推至第一节炉入口处，将铜丝卷放在燃烧舟后面，塞紧橡皮塞，接通氧气并调节氧气流量为120mL/min。移动第一节炉，使燃烧舟位于炉子中心，通气23min，将第一节炉移回原位。

2min后，取下吸收系统U形管，将磨口塞关闭，用绒布擦净，在天平旁放置10min后称量。吸水U形管增加的质量即为空白值。重复上述试验，直到连续两次空白测定值相差不超过0.0010g，除氮管、二氧化碳吸收管最后一次质量变化不超过0.0005g为止。取两次空白值的平均值作为当天的空白值。在做空白试验前，应先确定燃烧管的位置，使出口端温度尽可能高又不会使橡皮塞受热分解。如空白值不易达到稳定，可适当调节燃烧管的位置。

五、测定过程

（一）三节炉法测定过程

将第一节炉炉温控制在（850±10)℃，第二节炉炉温控制在（800±10)℃，第三节炉炉温控制在（600±10)℃，并使第一节炉紧靠第二节炉。

在预先灼烧过的燃烧舟中称取粒度小于 0.2mm 的空气干燥煤样 0.2g（称准至 0.0002g），并均匀铺平。在煤样上覆一层三氧化钨。若不立即测定，可将燃烧舟暂存入专用的磨口玻璃管或不加干燥剂的干燥器中。

接上已称量的吸收系统，并以 120mL/min 的流量通入氧气。打开橡皮塞，取出铜丝卷，迅速将燃烧舟放入燃烧管中，使其前端刚好在第一节炉炉口，再放入铜丝卷，塞上橡皮塞。保持氧气流量为 120mL/min，1min 后向净化系统方向移动第一节炉，使燃烧舟的一半进入炉子；2min 后，移炉，使燃烧舟全部进入炉子；再过 2min 后，使燃烧舟位于炉子中央。保温 18min 后，把第一节炉移回原位。2min 后，取下吸收系统，将磨口塞关闭，用绒布擦净。在天平旁放置 10min 后称量（除氮管不必称量）。第二个吸收二氧化碳 U 形管变化小于 0.0005g，计算时忽略。

（二）二节炉法测定过程

用二节炉进行碳、氢测定时，第一节炉控温在（850±10）℃，第二节炉控温在（500±10）℃，并使第一节炉紧靠第二节炉。每次空白试验时间为 20min。燃烧舟移至炉子中心后，保温 13min，其他操作按三节炉法步骤进行。

试验装置可靠性检验：为了检查测定装置是否可靠，可用标准煤样按规定的试验步骤进行测定。如实测得碳、氢值与标准煤样碳、氢标准值的差值在标准煤样规定的允许误差范围内，表明测定装置可靠。否则，须查明原因，并纠正后才能进行正式测定。

六、分析结果的计算

空气干燥煤样的碳（C_{ad}）、氢（H_{ad}）的质量分数（%）按下式计算：

$$C_{ad}=\frac{0.2729m_1}{m}\times 100\%$$

$$H_{ad}=\frac{0.1119(m_2-m_3)}{m}\times 100\%-0.1119M_{ad}$$

式中 m——分析煤样的质量，g；

m_1——吸收二氧化碳 U 形管的增量，g；

m_2——煤样测定时吸水 U 形管的增量，g；

m_3——空白值测定时吸水 U 形管的增量，g；

M_{ad}——空气干燥煤样的水分，%；

0.2729——将二氧化碳折算成碳的因数；

0.1119——将水折算成氢的因数。

七、碳、氢测定的精密度

碳、氢测定的精密度见表 15-1。

表 15-1　碳、氢测定的精密度

项目	重复性限/%	项目	再现性临界差/%
C_{ad}	0.50	C_d	1.00
H_{ad}	0.15	H_d	0.25

［**例 15-1**］称取 0.2005g 某煤样用于测定碳、氢含量，此煤样 $M_{ad}=1.00\%$，试验后得到吸收 CO_2 U 形管的增量为 0.6012g，吸水 U 形管的增量为 0.0621g，空白值为 0.0018g，求 C_{ad} 和 H_{ad}？

解：

$$C_{ad}=\frac{0.2729\times 0.6012}{0.2005}\times 100\%=81.83\%$$

$$H_{ad}=\frac{0.1119\times(0.0621-0.0018)}{0.2005}\times 100\%-0.1119\times 1.00\%=3.25\%$$

八、测定中的注意事项

① 上述计算公式中，0.2729 是将 CO_2 换算成碳的因数：

$$碳的换算因数=\frac{C\ 的原子量}{CO_2\ 的分子量}=\frac{12.011}{44.009}=0.2729$$

上述计算公式中，0.1119 是将 H_2O 换算成氢的因数：

$$氢的换算因数=\frac{2\times H\ 的原子量}{H_2O\ 的分子量}=\frac{2\times 1.008}{18.015}=0.1119$$

② 下面两种填充料经处理后可重复使用。

氧化铜用 1mm 孔筛筛去粉末，将筛上氧化铜留用。铬酸铅可用热的 5% 氢氧化钠溶液浸洗，除去表面的硫酸铅层，再用水洗净、烘干，放在 500～600℃下灼烧 30min 以上，仍可使用。

③ 作吸收剂用的氯化钙中有时含有少量的氧化钙等碱性物质，使用前应先通入二氧化碳使其变为碳酸钙等，以免在测定中吸收煤燃烧生成的二氧化碳，使氢的测值偏高，碳的测值偏低。

④ 放铬酸铅的第三节电炉温度切勿超过规定温度上限，否则铬酸铅颗粒将互相粘连甚至熔化在管中，不能保证脱硫效果，造成对碳测定的干扰。所以凡遇该段超过温度时，试验必须中断，将炉温冷却下来，取出燃烧管，仔细检查。必要时应重装燃烧管。

第二节 煤中硫的测定

硫是煤的组成元素之一，各种类型的煤中都或多或少含有硫。煤中硫可以分为有机硫和无机硫两大类，有时也含微量的元素硫。无机硫又分为硫化物硫和硫酸盐硫两种。硫化物硫绝大部分是以黄铁矿硫存在，有时也有少量的白铁矿硫和其他形式硫化物存在。硫酸盐硫主要是石膏（$CaSO_4\cdot 2H_2O$）和硫酸亚铁等。有机硫含量一般较低，组成也很复杂，它和有机质紧密结合，采用机械方法很难消除。煤中各种形态硫的总和称为全硫，用符号 S_t 表示。

煤中的硫是有害杂质。煤作动力燃料时，其中硫燃烧生成二氧化硫，成为大气污染的主要成分。煤在炼焦时，煤中的硫大部分转到焦炭里，焦炭中因硫分增加，使得高炉用焦量和石灰石用量增加，生铁产量降低，而且硫进入生铁，就会使钢铁质量降低。硫化物随矸石排出堆放，经氧化发热，促使煤矸石山自燃，产生二氧化硫污染大气，生成酸雨，危害甚大。所以硫分是评价煤质的重要指标。

煤中全硫的测定方法很多，国标中规定测定全硫有三种方法，分别是艾士卡法、库仑法和高温燃烧中和法。仲裁分析时，应采用艾士卡法。

下面介绍艾士卡法、库仑法。

一、艾士卡法

（一）测定原理

将煤样与艾士卡试剂混合灼烧，使煤中的硫转化为二氧化硫和少量三氧化硫，并与艾士卡试剂中的碳酸钠作用生成亚硫酸钠和硫酸钠，在空气中氧的作用下，亚硫酸钠又转化成硫酸钠。煤中存在的其他硫酸盐与碳酸钠进行复分解反应转化为硫酸钠。艾士卡法测定全硫的主要反应如下：

$$煤 \xrightarrow{\triangle} CO_2\uparrow + H_2O + N_2\uparrow + SO_2\uparrow + SO_3\uparrow + \cdots$$

$$2Na_2CO_3 + 2SO_2 + O_2 \longrightarrow 2Na_2SO_4 + 2CO_2\uparrow$$

$$2MgO + 2SO_2 + O_2 \longrightarrow 2MgSO_4$$

$$CaSO_4 + Na_2CO_3 \longrightarrow CaCO_3 + Na_2SO_4$$

生成的硫酸盐用水浸取，在一定的酸度下，加入氯化钡溶液，使可溶性硫酸盐全部转化为硫酸钡沉淀，称出硫酸钡质量，即可求出煤中全硫的含量。其反应式如下：

$$MgSO_4 + Na_2SO_4 + 2BaCl_2 \longrightarrow 2BaSO_4\downarrow + 2NaCl + MgCl_2$$

（二）仪器和试剂

（1）艾士卡试剂（简称艾士剂） 2份质量的化学纯轻质氧化镁与1份质量的化学纯无水碳酸钠混匀并研细至粒度小于0.2mm后，保存在密闭容器中。

（2）盐酸（分析纯）溶液 （1+1）水溶液。

（3）氯化钡（分析纯）溶液 100g/L。

（4）甲基橙溶液 2g/L。

（5）瓷坩埚 容量30mL和10～20mL两种。

（6）分析天平 感量0.0001g。

（7）马弗炉 附测温和控温仪表，能升温到900℃，温度可调并可通风。

（三）测定过程

在30mL坩埚内称取粒度小于0.2mm的空气干燥煤样1g（称准至0.0002g）和艾士剂2g（称准至0.1g），仔细混合均匀，再用1g（称准至0.1g）艾士剂覆盖。将装有煤样的坩埚移入通风良好的马弗炉中，在1～2h内从室温逐渐加热到800～850℃，并在该温度下保持1～2h。

将坩埚从炉中取出，冷却到室温，用玻璃棒将坩埚中的灼烧物仔细搅松捣碎，如发现有未烧尽的煤粒，应在800～850℃下继续灼烧0.5h，然后转移到400mL烧杯中。用热水冲洗坩埚内壁，将洗液收入烧杯，再加入100～150mL刚煮沸的水，充分搅拌。如果此时尚有黑色煤粒漂浮在液面上，则本次测定作废。

用中速定性滤纸以倾泻法过滤，用热水冲洗3次，然后将残渣移入滤纸中，用热水仔细清洗至少10次，洗液总体积为250～300mL。

向滤液中滴入2～3滴甲基橙指示剂，加盐酸（1+1）中和后再加入2mL，使溶液呈微酸性。将溶液加热到沸腾，在不断搅拌下滴加氯化钡溶液10mL，在近沸状况下保持约2h，最后溶液体积为200mL左右。

溶液冷却或静置过夜后，用致密的无灰定量滤纸过滤，并用热水洗至无氯离子为止。

将带沉淀的滤纸移入已知质量的瓷坩埚中，先在低温下灰化滤纸，然后在温度为800～850℃的马弗炉内灼烧20～40min，取出坩埚，在空气中稍加冷却后放入干燥器中冷却到室温（约25～30min），称量。

每配制一批艾士剂或更换其他任一试剂时，应进行2个以上空白试验（除不加煤样外，全部操作按本标准进行），硫酸钡质量的极差不得大于0.0010g，取算术平均值作为空白值。

（四）结果计算

测定结果按下式计算

$$S_{t,ad}=\frac{(m_1-m_2)\times 0.1374}{m}\times 100\%$$

式中 $S_{t,ad}$——空气干燥煤样中全硫含量，%；

m_1——硫酸钡质量，g；

m_2——空白试验的硫酸钡质量，g；

0.1374——由硫酸钡换算为硫的系数；

m——煤样质量，g。

S原子量为32.06，Ba的原子量为137.33，S的摩尔质量是32.06g/mol，$BaSO_4$的摩尔质量是233.39g/mol，设换算因数为F，则

$$F=\frac{32.06}{233.39}=0.1374。$$

（五）测定的精密度

艾士卡法测定全硫的精密度见表15-2的规定。

表15-2 艾士卡法测定全硫的精密度

S_t/%	重复性限 $S_{t,ad}$/%	再现性临界差 $S_{t,d}$/%
<1.00	0.05	0.10
1.00～4.00	0.10	0.20
>4.00	0.20	0.30

（六）测定中的若干问题

① 艾士卡试剂中氧化镁的作用有两个，一是防止硫酸钠在较低温度下熔融，使加热物保持疏松状态，增加煤样与空气的接触面积，促进其氧化；二是与硫的氧化物生成硫酸镁。

② 灼烧煤样与艾士剂的混合物时，从低温开始加热到800～850℃，升温速度应控制在1～2h内，避免煤中挥发分和硫的氧化物很快逸出而使结果偏低，故要开启一点炉门，以使空气进入，使之达到充分氧化。

③ 要根据重量分析方法的原理来操作，使得到的硫酸钡沉淀完全、纯净和晶体颗粒大。

④ 全硫含量超过8%时，煤样称量为0.5g。

二、库仑滴定法

（一）测定原理

煤样在1150℃的高温催化剂作用下，在空气中燃烧分解，生成的二氧化硫与水化合生

成亚硫酸，以电解碘化钾溶液所产生的碘进行滴定，根据电解碘化钾溶液所消耗的电量，计算煤中全硫的含量。反应如下：

$$煤\xrightarrow[1150℃]{催化剂、空气}SO_2\uparrow+SO_3\uparrow(少量)+H_2O+Cl_2\uparrow+\cdots$$

$$I_2+SO_2+2H_2O\longrightarrow 2I^-+H_2SO_4+2H^+$$

在电解池中有两对铂电极，即指示电极和电解电极，未工作时，指示电极上存在以下平衡：

$$2I^- - 2e \rightleftharpoons I_2$$

当 SO_2 进入溶液后与 I_2 发生反应，上述平衡被破坏，指示电极对应的电位改变，此信号被输送给运算放大器，后者输出一个相对应的电流到电解电极，电解反应发生：

阳极： $$2I^- - 2e\longrightarrow I_2$$

阴极： $$2H^+ + 2e\longrightarrow H_2\uparrow$$

I_2 不断生成，并不断消耗于滴定二氧化硫，直到 SO_2 不再进入电解池，此时电解产生的 I_2 不再被消耗，又恢复到滴定前的浓度，并重新建立动态平衡，滴定自动停止。电解所消耗的电量由库仑仪积分，并根据法拉第电解定律，给出硫含量。

法拉第电解定律：在电极上产生 1mol 任何物质，需电量 96500 库仑。

1 库仑(C)＝1 安培每秒(A/s)

（二）试剂和材料

（1）三氧化钨　分析纯。

（2）变色硅胶　工业品。

（3）电解液　碘化钾（分析纯）、溴化钾（分析纯）各 5g，冰醋酸（分析纯）10mL 溶于 250～300mL 水中。

（4）瓷舟　长 70～77mm，耐温 1200℃以上。

（三）仪器设备

库仑测硫仪：由空气预处理器及输送装置、库仑积分仪、燃烧炉、温度控制器、电解池、搅拌器及程序控制器等组成。库仑测硫仪测硫流程示意图如图 15-4 所示。

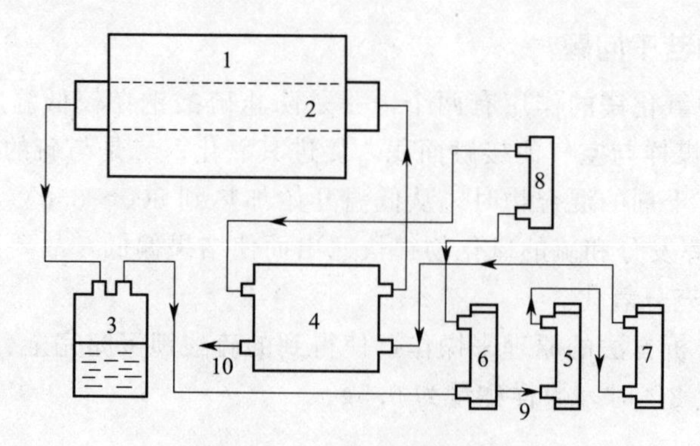

图 15-4　库仑测硫仪测硫流程图

1—高温炉（1200℃）；2—异径燃烧管（石英或刚玉管）；3—电解池；4—电磁泵；5，6—吸收管（硅胶）7—吸收管（NaOH）；8—浮子流量计；9—空气入口；10—排气口

(1) 管式高温炉　能加热到 1200℃以上并有 90mm 以上长的高温带［(1150±5)℃］，并附有铂铑-铂热电偶测温及控温装置，炉内装有耐 1300℃以上高温的异径燃烧管。

(2) 电解池和电磁搅拌器　电解池高 120～180mm，容量不少于 400mL，内有面积约 $25mm^2$ 的铂电解电极对和面积约 $15mm^2$ 的铂指示电极对。指示电极响应时间应小于 1s，电磁搅拌器转速约 500r/min，且连续可调。

(3) 库仑积分器　电解电流在 0～350mA 范围内，积分线性误差应小于±0.1%，配有 4～6 位数字显示器和打印机。

(4) 送样程序控制器　可按指定的程序前进、后退。

(5) 空气供应及净化装置　由电磁泵和净化管组成，供气量约 1500mL/min，抽气量约 1000mL/min。

（四）试验准备

将管式高温炉升温至 1150℃，用另一组铂铑-铂热电偶高温计测定燃烧管中高温带的位置、长度及 700℃的位置。

调节送样程序控制器，使煤样预分解及高温分解的位置分别处于 700℃和 1150℃处。

在燃烧管出口处充填洗净、干燥的玻璃纤维棉；在距出口端约 80～100mm 处，充填厚度约 3mm 的硅酸铝棉。

将送样程序控制器、管式高温炉、库仑积分器、电解池、电磁搅拌器和空气供应及净化装置组装在一起。燃烧管、活塞及电解池之间连接时，应口对口紧接并用硅橡胶管封住。

开动抽气泵和供气泵，将抽气流量调节到 1000mL/min，然后关闭电解池与燃烧管间的活塞，如抽气量降到 500mL/min 以下，证明仪器各部件及各接口气密性良好，否则需检查各部件及其接口。

（五）测定步骤

将管式高温炉升温并控制在 (1150±5)℃。

开动供气泵和抽气泵，并将抽气流量调节到 1000mL/min，在抽气下，将 250～300mL 电解液加入电解池内，开动电磁搅拌器。

在瓷舟中放入少量非测定用的煤样，将瓷舟置于送样的石英盘上，开启送样程序控制器进行试验。如试验结束后，库仑积分器的显示值为 0，应再次测定，直至显示值不为 0。

用瓷舟称取粒度小于 0.2mm 的空气干燥煤样 0.05g（称准至 0.0002g），在煤样上盖一薄层三氧化钨。将瓷舟置于送样的石英托盘上，开启送样程序控制器，煤样即自动送进炉内，库仑滴定随即开始，试验结束后，库仑积分器显示出硫的质量或质量分数并由打印机打出。

（六）结果计算

当库仑积分器最终显示数为硫的质量时，全硫含量按下式计算

$$S_{t,ad}=\frac{m_1}{m}\times 100\%$$

式中　$S_{t,ad}$——空气干燥煤样中全硫含量，%；

m_1——库仑积分器显示值，mg；

m——煤样质量，mg。

（七）测定中的若干问题

① 在本试验中，必须使煤中硫全部分解为硫氧化物，必须保持较高的燃烧温度，但温度过高会缩短燃烧管和高温炉的寿命。为了使硫酸盐在较低温度下完全分解，在煤样上覆盖一层三氧化钨作为催化剂。试验证明，燃烧温度为 1150℃、以三氧化钨作催化剂，测得全硫的结果与艾士卡法测得的结果一致。

② 电解液可重复使用，但 pH 小于 1 时，电解液必须重新配制。

③ 在仪器使用时，发现停电或其他故障时，应立即关闭燃烧管和电解池间的活塞，防止电解液倒流到高温炉而引起爆炸。

④ 升温时，高温燃烧炉的电流不易过大，最初为 1～3A，然后逐渐加大到 7～8A。

第三节　煤中氮的测定和氧的计算

氮是煤中唯一完全以有机物形态存在的元素，煤中氮元素含量较少，一般为 0.5%～3%。煤中氮含量随煤化程度增加而趋于减少。煤在燃烧和气化时，氮转化为污染环境的 NO_x。在煤炼焦过程中，部分氮可生成 N_2、NH_3、HCN 及其他含氮化合物，由此可回收制成硫酸铵、硝酸等化学产品，其余的氮则进入煤焦油或残留在焦炭中。

氧也是组成煤有机质的一个十分重要的元素，氧在煤中存在的总量和形态，直接影响着煤的性质。煤中有机氧含量随煤化程度增高而明显减少。氧是煤中反应能力最强的元素，对煤的加工利用影响较大：在煤的燃烧过程中，氧元素不产生热量，但能与产生热量的氢生成无用的水，使煤的燃烧热降低；在炼焦过程中，氧化使煤中氧含量增加，导致煤的黏结性降低，甚至消失；但制取芳香羧酸和腐殖酸类物质时，氧含量高的煤是较好的原料。

测定煤中氮的方法有开氏法、杜马法和蒸气燃烧法，其中开氏法应用最广泛。因此，这里仅介绍开氏法。

一、测定原理

称取一定量的空气干燥煤样，加入混合催化剂（由无水硫酸钠、硫酸汞和硒粉混合而成）和硫酸，加热分解，煤中氮转化为硫酸氢铵。加入过量的氢氧化钠溶液，把氨蒸出并吸收在硼酸溶液中，用硫酸标准溶液来滴定。根据硫酸的用量，计算煤中氮的含量。其反应如下：

$$\text{煤(有机物)} + H_2SO_4(\text{浓}) \xrightarrow{\text{催化剂}} CO_2\uparrow + SO_3\uparrow + N_2\uparrow + NH_4HSO_4 + \cdots$$

$$NH_4HSO_4 + 2NaOH \xrightarrow{\triangle} Na_2SO_4 + 2H_2O + NH_3\uparrow$$

$$H_3BO_3 + NH_3 \longrightarrow NH_4H_2BO_3$$

$$2NH_4H_2BO_3 + H_2SO_4 \longrightarrow (NH_4)_2SO_4 + 2H_3BO_3$$

二、试剂

(1) 混合催化剂　将分析纯无水硫酸钠 32g、分析纯硫酸汞 5g 和硒粉 0.5g 研细，混合均匀。

（2）硫酸　分析纯。

（3）高锰酸钾或铬酸酐　化学纯。

（4）硼酸　分析纯，配成30g/L水溶液，加热溶解并滤去不溶物。

（5）混合指示剂　溶液A：称取0.175g甲基红，研细，溶于50mL乙醇（化学纯，95%）中。溶液B：称取0.083g亚甲基蓝，溶于50mL乙醇（化学纯，95%）中。将溶液A和B分别存于棕色瓶中，用时按1∶1混合。混合指示剂试用期不超过7d。

（6）蔗糖　分析纯。

（7）碳酸钠标准物质。

（8）硫酸标准溶液　于1000mL容量瓶中，加入约40mL蒸馏水，用移液管吸取0.7mL浓硫酸缓缓加入容量瓶中，加水稀释至刻度，充分振荡均匀。标定时，称取0.05g（称准至0.0002g）预先在180℃下干燥到恒重的碳酸钠标准物质于250mL锥形瓶中，加入50～60mL蒸馏水使之溶解，然后加入2～3滴甲基橙，用硫酸标准溶液滴定到由黄色变为橙色。煮沸，排出二氧化碳，冷却后，继续滴定到橙色，并记录硫酸的用量。

硫酸浓度按下式计算

$$c\left(\frac{1}{2}H_2SO_4\right)=\frac{m}{0.053V}$$

式中　c——硫酸标准溶液浓度，mol/L；

V——硫酸标准溶液用量，mL；

0.053——碳酸钠$\left(\frac{1}{2}Na_2CO_3\right)$的摩尔质量，g/mmol；

m——碳酸钠的质量，g。

三、仪器

（1）开氏瓶　容量50mL和250mL。

（2）直形玻璃冷凝管　冷却部分长约300mm。

（3）短颈玻璃漏斗　直径约30mm。

（4）铝加热体　使用时四周以绝热材料缠绕，如石棉绳等。

（5）开氏球。

（6）圆盘电炉　带有控温装置。

（7）锥形瓶　容量250mL。

（8）圆底烧瓶　容量1000mL。

（9）万能电炉。

（10）微量滴定管　10mL，分度值为0.05mL。

四、测定过程

1. 煤样消化

在薄纸上称取粒度小于0.2mm的空气干燥煤样0.2g（称准至0.0002g）。把煤样包好，放入50mL开氏瓶中，加入混合催化剂2g和浓硫酸5mL。然后将开氏瓶放入铝加热体的孔中，并用石棉板盖住开氏瓶的球形部分。在瓶口插入一短颈玻璃漏斗，防止硒粉飞溅。在铝加热体的中心小孔中放热电偶，接通放置铝加热体电炉的电源，缓缓加热到350℃左右，保持此温度，直到溶液清澈透明，漂浮的黑色颗粒完全消失为止。遇到分解不完全的煤样时，可将煤样磨细至0.1mm以下，加入高锰酸钾或铬酸酐0.2～0.5g，再按上述方法消化。

2. 消化液的蒸馏和吸收

将上述溶液冷却，用少量蒸馏水稀释后，移至250mL开氏瓶中。用蒸馏水充分洗净原瓶中的剩余物，洗液并入250mL开氏瓶，使溶液体积约为100mL。然后将盛有溶液的开氏瓶放在蒸馏装置上，蒸馏装置如图15-5所示。

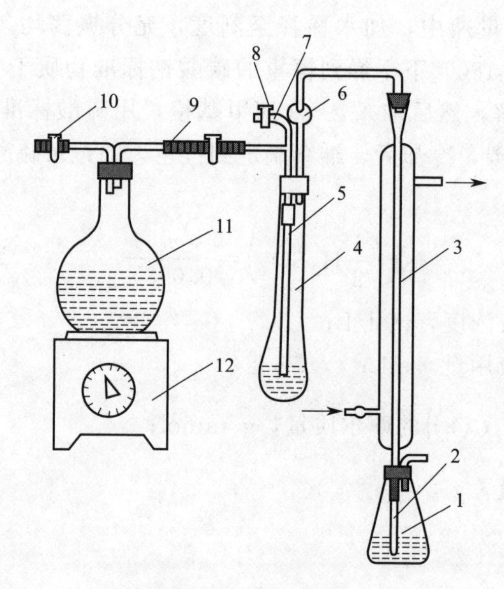

图15-5 蒸馏装置

1—锥形瓶；2，5—玻璃管；3—直形玻璃冷凝管；4—开式瓶；6—开式球；7～10—夹子和橡皮管；11—圆底烧瓶；12—万能电炉

3. 硫酸滴定和空白试验

停止通入蒸汽，拆下开氏瓶，取下锥形瓶，用水冲洗插入硼酸溶液中的玻璃管，洗液收入锥形瓶中。加入混合指示剂，用硫酸标准溶液滴定吸收液，直至溶液由绿色变成钢灰色即为终点。由硫酸用量计算煤中氮的含量。

用0.2g蔗糖代替煤样进行空白试验，试验步骤与煤样分析相同。

4. 测定结果的计算

空气干燥基氮的质量分数按下式计算

$$N_{ad}=\frac{c(V_1-V_2)\times 0.014}{m}\times 100\%$$

式中 c——硫酸$\left(\frac{1}{2}H_2SO_4\right)$标准溶液的浓度，mol/L；

m——分析煤样质量，g；

V_1——硫酸标准溶液的用量，mL；

V_2——空白试验时硫酸标准溶液的用量，mL；

0.014——氮的摩尔质量，g/mmol。

［例 15-2］称取煤样 0.2010g 测氮，滴定用去 0.025mol/L 的标准硫酸溶液 9.25mL，空白试验用去标准硫酸溶液 0.15mL，求煤中空气干燥基氮含量。

解：

$$N_{ad}=\frac{0.025\times(9.25-0.15)\times0.014}{0.2010}\times100\%=1.58\%$$

故，该煤样中空气干燥基氮含量为 1.58%。

五、氮测定的精密度

氮测定的精密度见表 15-3。

表 15-3　氮测定的精密度

重复性限 N_{ad}/%	再现性临界差 N_d/%
0.08	0.15

六、注意事项和问题探讨

① 煤样消化是测定中十分关键的操作，且费时较多，特别是老煤，如贫煤、无烟煤消化完全要 4h 以上。为了消化完全，必须把煤样磨细至 0.1mm 以下，采用高效催化剂铬酸酐。但由于铬的化合物易污染环境，尽可能不用。

② 每日在煤样分析前，冷凝管须用蒸汽进行冲洗，待馏出液体达 100mL 后，再放入煤样蒸馏。这是由于蒸馏装置放置过夜后，冷凝管等玻璃管道内壁会游离出一些碱性物质，使得第一个测氮结果偏高。

③ 煤样消化也可采用以下方法：将 0.2g 煤样直接放置在 250mL 开氏瓶里，把开氏瓶置于万用电炉上，球形部分用保温材料包住，以保持消化温度。消化完毕后，开氏瓶可直接置于蒸馏装置中进行蒸馏。

七、氧的计算

由于煤中含氧量的测定步骤复杂，而且准确度较差，因此由差减法计算求出。煤中氧的含量按下式计算：

$$O_{ad}=100-M_{ad}-A_{ad}-C_{ad}-H_{ad}-N_{ad}-S_{t,ad}-(CO_2)_{ad}$$

式中　O_{ad}——空气干燥煤样的氧含量，%；

M_{ad}——空气干燥煤样的水分含量，%；

A_{ad}——空气干燥煤样的灰分产率，%；

C_{ad}——空气干燥煤样的碳含量，%；

H_{ad}——空气干燥煤样的氢含量，%；

N_{ad}——空气干燥煤样的氮含量，%；

$S_{t,ad}$——空气干燥煤样的全硫含量，%；

$(CO_2)_{ad}$——空气干燥煤样中碳酸盐二氧化碳含量，%（测定方法见本章第四节）。

由以上含氧量计算公式可知，计算出来的结果包括了测定碳、氢、氮等项目时所有的误差，所以准确度较低，但对判断年轻煤的性质仍有重要作用。

第四节　煤中碳酸盐二氧化碳含量的测定

一、测定原理

定量的煤样与稀盐酸反应，煤样中的碳酸盐分解析出二氧化碳，二氧化碳被吸收在含碱石棉的U形管中，根据U形管的质量增加算出煤中碳酸盐二氧化碳含量。

二、试剂

① 盐酸（1+3）。

② 硫酸（相对密度1.84）。

③ 无水氯化钙（粒度3～6mm）。

④ 碱石棉或碱石灰（粒度1～2mm）。

⑤ 粒状无水硫酸铜浮石（把粒度为1.5～3mm的浮石浸入饱和硫酸铜溶液中，煮沸2～3h。取出浮石置于搪瓷盘内，放入干燥箱中，在160～170℃下搅拌干燥到白色，保存在密闭瓶中备用）。

⑥ 乙醇（95%，作润湿剂用）。

⑦ 所用水均要符合《分析实验室用水规格和试验方法》要求的三级水，并经煮沸除去二氧化碳。

三、仪器设备的准备

1. 仪器准备

（1）二氧化碳测定装置　如图15-6所示，它由净化系统、反应系统和吸收系统组成。净化系统由洗气瓶3（内装浓硫酸）和U形管4（内装碱石棉）组成。反应系统由平底烧瓶8、分液漏斗7、冷凝器6和梨形进气管5组成。吸收系统由水分吸收管9（内装无水氯化钙）、硫化氢吸收管10（前2/3装粒状无水硫酸铜浮石，后1/3装无水氯化钙）和二氧化碳吸收管11、12（前2/3装碱石棉，后1/3装无水氯化钙）组成。

洗气瓶3和U形管4分别用来吸收空气中的水和二氧化碳。

洗气瓶的进气口一端连气体流量计1以及胶皮管和一个弹簧夹2，供检查漏气用。

平底烧瓶8的瓶口为三孔橡胶塞，一个孔里插入分液漏斗7，一个孔里插梨形进气管，再有一个孔插直形冷凝器，然后按图15-6所示，将它们分别与净化系统和吸收系统相连。

U形管9～12用来净化和吸收由试样中分解出来的二氧化碳。管9用以吸收气流中的水汽；管10用以吸收从试样中析出来的硫化氢；管11和管12用以吸收二氧化碳及其与碱石棉反应生成的水分，管12还用来指示管11中的吸收剂是否已失效并需要更换。装好试剂的各U形管的两端应装少许脱脂棉，以防止快速气流带出吸收剂。在浮石和氯化钙及碱石棉和氯化钙之间也应放少许脱脂棉。U形管的磨口玻璃塞上应涂一薄层优质凡士林。各个U

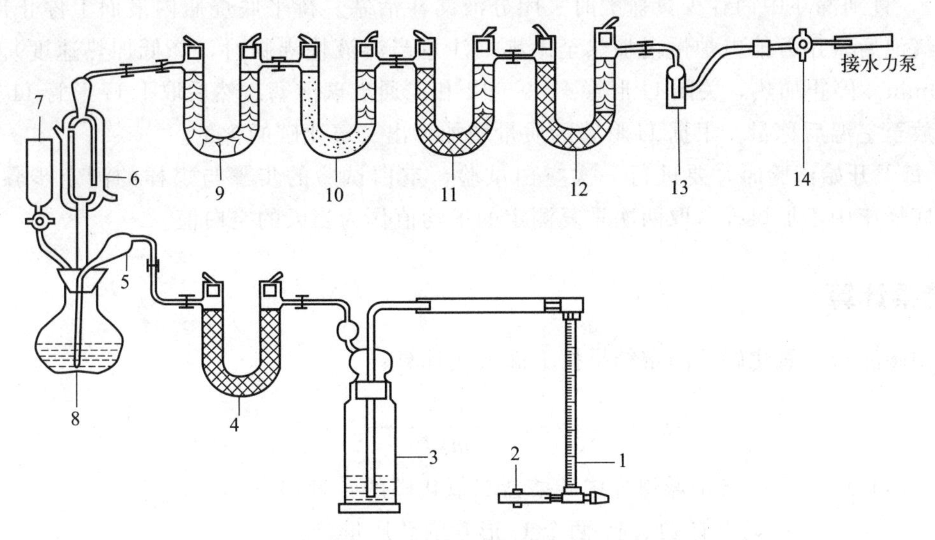

图 15-6　二氧化碳的测定装置

1—气体流量计；2—弹簧夹；3—洗气瓶；4、9～12—U 形管；5—梨形进气管；
6—双壁冷凝器；7—管状带活塞漏斗；8—带橡皮塞的平底烧瓶；13—10mL 气泡计；14—二通玻璃活塞

形管间用乳胶管相连。

（2）辅助工具　水力泵或下口瓶；万能电炉；气体流量计（20～500mL/min）；分析天平（感量 0.1mg）。

2. 仪器气密性的检查

气泡计 13 内装浓硫酸，用以指示气流速度、检查仪器气密性和防止水汽逆流。把 U 形管 12、气泡计 13 和水力泵连接起来。

按图 15-6 把仪器各部件连接好后，旋紧弹簧夹 2，关闭分液漏斗的活塞，打开各 U 形管的活塞和二通玻璃活塞 14，开启水力泵抽气，如 1～2min 后气泡计中每分钟出气不超过 2 个气泡时，即表明装置系统无漏气现象；否则，应逐段关闭 U 形管的活塞进行检查，找出漏气原因，并设法纠正，直到仪器确实气密后，才能进行测定。

四、测定过程

① 准确称取粒度 0.2mm 以下的空气干燥煤样 5g（称准到 0.001g），放入平底烧瓶中，加入 50mL 新煮沸过的蒸馏水，用橡胶塞塞紧，用力摇动以润湿煤样，再用 5OmL 水将黏附在橡胶塞上的煤样洗入瓶中。如煤样难润湿，可先加 5mL 乙醇。

② U 形管的质量恒定：将平底烧瓶及其他部件按图 15-6 装好。打开弹簧夹 2 和二通玻璃活塞 14，通入空气，气流速度为（50±5）mL/min。通气 10min 后，关闭弹簧夹 2 和 U 形管 9～12 及二通玻璃活塞，取下 U 形管 11 和 12 并擦净，冷却到室温（约 15min），分别称量。再将其连接到仪器上，重复上述操作，直到每支 U 形管的质量变化不超过 0.001g 为止。

③ 将质量恒定的 U 形管 11、12 重新接好。打开 U 形管 9～12 的塞子，以（50±5）mL/min 的速度抽入空气。冷凝器通水冷却，并向分液漏斗中加入 25mL 的盐酸（1+3），打开分液漏斗活塞，让盐酸在 1～2min 内从分液漏斗慢慢地滴入平底烧瓶中（注意勿使反

应过猛），直到漏斗中尚存少量盐酸时关闭分液漏斗活塞。待平底烧瓶内液面上停止出现二氧化碳气泡后，用万能电炉慢慢加热至微沸（注意当溶液快沸腾时，降低加热速度）。保持微沸 30min。停止加热，关闭 U 形管 4、9～12 和二通玻璃活塞。然后取下 U 形管 11 及 12，擦净，放至室温后称量。根据 U 形管的质量增加算出二氧化碳的含量。

④ 每天开始试验时，要进行一次空白试验，空白试验的步骤与煤样的测定步骤相同，只是平底烧瓶中不加煤样。取两次重复测定的平均值作为当天的空白值。

五、结果计算

煤中碳酸盐二氧化碳的测定结果按下面公式计算：

$$(CO_2)_{ad}=\frac{(m_2-m_1)-m_3}{m}\times 100\%$$

式中 $(CO_2)_{ad}$——空气干燥煤样中碳酸盐二氧化碳的含量，%；

m_1——试验前 11、12 两个 U 形管的总质量，g；

m_2——试验后 11、12 两个 U 形管的总质量，g；

m_3——空白值，g；

m——空气干燥煤样的质量，g。

六、测定的精密度

煤中碳酸盐二氧化碳含量测定方法精密度见表 15-4。

表 15-4 煤中碳酸盐二氧化碳含量测定的精密度

重复性限/%	再现性临界差/%
0.10	0.15

七、影响测定结果的因素

1. 装 $CaCl_2$ 的 U 形管没有先通 CO_2 和干燥的空气处理

因为市售的氯化钙中可能含有碱性物质，在试验过程中它将吸收 CO_2 而使结果偏低，所以应事先用 CO_2 将其饱和，然后通无 CO_2 的干燥空气以除去残存在氯化钙中的 CO_2。

2. 煤样没有用水充分润湿

如果煤样润湿不好，不能与盐酸充分作用，其中碳酸盐也就不能与盐酸充分反应而使测定结果偏低。如遇到难润湿的煤样，可先加 5mL 湿润剂后再加水，而且在空白试验中也需加入相同量的润湿剂。

3. 测定中加入的蒸馏水不是新煮沸的

测定中加入的蒸馏水必须煮沸 15min，以完全排除溶于水中的二氧化碳对测定的干扰。

4. 盐酸加入速度太快

加盐酸时，速度不要太快，一般控制在 1～2min 内加入 25mL，以免反应过猛。尤其是对碳酸盐含量高的煤样，更应该缓慢滴入，否则煤样会飞溅到烧瓶瓶口以上，以致这部分煤样不能与盐酸反应而使测定结果偏低。

5. 烧瓶加热时机和加热速度

当盐酸加完，烧瓶内不再有气泡产生时，才能对烧瓶加热，而且加热速度要缓慢，否则也影响测定结果。

6. 抽气速度

抽气速度应控制在（50±5）mL/min，不宜过快或过慢。过快，会使 CO_2 来不及被碱石棉吸收而使测定结果偏低；过慢，会延长测定周期。

第五节　煤中微量元素的测定

一、煤中磷的测定

磷在煤中的含量较低，一般不超过1%。煤中磷主要是无机磷，也有微量的有机磷。炼焦时煤中的磷进入焦炭，炼铁时磷又从焦炭进入生铁，其含量超过0.05%时，会使钢铁产生冷脆性。煤作为动力燃料时，煤中的含磷化合物在高温下挥发，胶结飞灰微粒，冷凝后形成难以清除的沉积物，严重影响锅炉效率。所以，煤中磷的分析虽不属于常规分析内容，但因其含量是煤质的重要指标之一，故冶金焦、动力等用煤，需测定煤中磷的含量。

煤炭行业一般采用磷钼蓝比色法测定煤中的磷。

（一）测定原理

将煤样灰化后，用氢氟酸-硫酸分解、脱除二氧化硅，然后加入钼酸铵和抗坏血酸，生成磷钼蓝后，进行吸光度测定。

（二）仪器设备

① 分光光度计或光电比色计。

② 其他辅助设备：分析天平（感量0.1mg）；马弗炉；灰皿；铂或聚四氟乙烯坩埚（25～30mL）；容量瓶（50、100、1000mL）；电热板（温度可控）。

（三）试剂

（1）硫酸溶液　$c\left(\frac{1}{2}H_2SO_4\right)=10mol/L$，量取浓硫酸278mL缓慢加入适量水中，边加边搅拌，然后用水稀释至1000mL。

（2）硫酸溶液　$c\left(\frac{1}{2}H_2SO_4\right)=7.4mol/L$，量取浓硫酸200mL缓慢加入适量水中，边加边搅拌，然后用水稀释至1000mL。

（3）磷标准储备溶液　准确称取在110℃干燥1h的优级纯磷酸二氢钾0.4392g溶于水中，放入1000mL容量瓶中，并用水稀释到刻度（含磷0.1mg/mL）。

（4）磷标准工作溶液　取10mL磷标准储备溶液用蒸馏水稀释至100mL（含磷0.01mg/mL），使用时配制。

（5）其他　氢氟酸（40%）；5%的抗坏血酸水溶液（现用现配）；钼酸铵-硫酸溶液（将17.2g钼酸铵溶解在7.2mol/L硫酸中，并用该硫酸溶液稀释至1L）；酒石酸锑钾溶液（溶解0.34g酒石酸锑钾于250mL水中）；混合溶液（往35mL钼酸铵-硫酸溶液中加入10mL

抗坏血酸溶液及 5mL 酒石酸锑钾溶液，摇匀，使用时配制)。

（四）测定过程（灰样测定法）

1. 工作曲线的绘制

分别吸取磷标准工作溶液 0mL、1.0mL、2.0mL 和 3.0mL 于 50mL 的容量瓶中，加入混合溶液 5mL，用水稀释到刻度，混匀，在室温（高于 10℃）下放置 1h，然后移入 10～30mm 的比色皿内，用分光光度计（或比色计）的波长 650nm（或相当于 650nm）的滤光片以标准空白溶液作参比，测其吸光度。以磷含量为横坐标，吸光度为纵坐标，绘制工作曲线。

2. 煤样的处理

（1）煤样灰化　按照国标有关规定的缓慢灰化法灰化煤样，将灰化所得的灰研细到全部通过 0.1mm 的筛子。

（2）灰的酸解　准确称取 0.05～0.1g（称准至 0.0002g）灰样，全部移入聚四氟乙烯（或铂）坩埚中，加 10mol/L 硫酸 2mL、氢氟酸 5mL，放在电热板上缓慢加热蒸发（控制温度约 100℃），直至氢氟酸白烟冒尽。冷却，再加 10mol/L 硫酸 0.5mL，升高温度继续加热蒸发，直到冒硫酸白烟（但不要干涸）。冷却后，加数滴冷水并摇动，然后加 20mL 热水并加热至近沸。用水将坩埚内容物洗入 100mL 容量瓶中，并将坩埚洗净，冷至室温，用水稀释到刻度，混匀、澄清后备用。

3. 空白溶液的制备

所有操作和灰的酸解相同，但不加入试样。

4. 吸光度测定

吸取灰酸解所得的澄清试液 10mL 和空白溶液 10mL，分别注入 50mL 容量瓶中。以下步骤同工作曲线绘制（但以样品空白溶液为参比），测定吸光度。从工作曲线上查出磷含量。

（五）结果计算（灰样测定方法）

煤中磷的含量按下式计算：

$$P_{ad}=\frac{m_1}{10mV}\times A_{ad}$$

式中 P_{ad}——空气干燥煤样中磷含量，%；

m_1——从工作曲线上查得所分取试液的磷含量，mg；

m——灰样质量，g；

V——从试液总溶液中所分取的试液体积，mL；

A_{ad}——空气干燥煤样的灰分，%。

（六）精密度要求

煤中磷的精密度要求见表 15-5。

表 15-5　煤中磷的精密度要求

磷含量/%	重复性限 P_{ad}	再现性临界差 P_d
<0.02	0.002(绝对)	0.004(绝对)
≥0.02	10%(绝对)	20%(相对)

（七）注意事项

① 用磷酸-氢氟酸分解灰时不要蒸干，否则可溶性的磷酸盐会变成不溶性的磷氧化物，

导致结果偏低。在灰分解时，开始温度要低，一般在100℃左右，以便氢氟酸与硅充分作用并生成SiF_4逸出。温度过高，氢氟酸易分解（沸点120℃），不能将硅完全除去。之后，升高温度，有助于硫酸分解灰样。

② 用国标规定的方法测定煤中磷，在50mL溶液中含0～0.03mg磷时，测定吸光度服从朗伯-比尔定律。因此，要注意使所取试液中磷含量在该范围内。含磷高时要少取试样，要用水稀释至10mL，目的是保证在显色过程中溶液的硫酸浓度$c\left(\frac{1}{2}H_2SO_4\right)$为1.8mol/L。若磷含量很高，一定要先稀释后取液，以免产生太大误差。

③ 显色后最好在4h内比色，不要放置时间过长，否则吸光度有下降的趋势。

④ 由于氟电极实际斜率往往偏离理论值（59.2），因此应定期测试氟电极实际斜率。如果电极连续使用，不必每天测定。如果电极干放时间超过一周，再使用时就应该测定，当电极实际斜率低于55时，应将电极抛光一次或更换新的电极。

二、煤中砷的测定

煤中的砷含量极小，一般$(0.5\sim80)\times10^{-9}$。燃煤是大气中砷的主要来源，煤燃烧时，砷以三氧化二砷的形式随烟气排放到大气中。三氧化二砷俗称砒霜，是一种剧毒物质。砷是一种致癌元素，可通过呼吸道、消化道和皮肤接触等进入人体，随血流分布于肝、肾、肺、骨骼、肌肉等部位，从而引起慢性中毒。大量研究发现，长期低剂量的砷摄入可致皮肤癌、膀胱癌、肾癌、肺癌等多种实体癌症，并且也会引起心脑血管疾病，如冠心病、脑中风和高血压等。砷、三氧化二砷和砷化氢对水生生物的毒性都非常大，且是具有长期、持续影响的危险物质。

煤中砷的测定采用砷钼蓝分光光度法。

（一）测定原理

将煤样与艾士剂混合灼烧，用硫酸和盐酸溶解灼烧物，加入还原剂，使五价的砷还原成三价，加入锌粒，放出氢气，使砷形成砷化氢气体而释放出。释放出来的砷化氢被稀的碘溶液吸收并氧化成砷酸，加入钼酸铵-硫酸肼溶液，使之生成砷钼蓝，然后用分光光度计测定。

（二）试剂

① 艾士卡混合剂（2份轻质氧化镁、1份无水碳酸钠）；盐酸（相对密度为1.18）；6mol/L的盐酸溶液；$c\left(\frac{1}{2}H_2SO_4\right)=6$mol/L和5mol/L的硫酸溶液；碘化钾溶液（3g分析纯碘化钾溶于17mL蒸馏水中，使用前配制）；氯化亚锡溶液（8g氯化亚锡溶于12mL盐酸）；乙酸铅棉（将脱脂棉在浓度为400g/L的乙酸铅溶液中充分浸泡，取出并拧干，在80～100℃下烘干，存放在干燥器中备用）；碘溶液（1.5g/L，9g分析纯碘化钾和1.5g分析纯碘用少量蒸馏水溶解后，再稀释至1L）；钼酸铵溶液（10g/L，将10g钼酸铵溶解于1L浓度为5mol/L的硫酸溶液中）；硫酸肼溶液（1.2g/L，溶解1.2g硫酸肼于1L水中）；钼酸铵-硫酸肼混合液（将10g/L钼酸铵溶液和1.2g/L硫酸肼溶液按等体积混合而成，使用前配制）；无砷金属锌（颗粒状，粒度约5mm）；碳酸氢钠溶液（40g/L）；6mol/L氢氧化钠溶液。

② 砷标准溶液：准确称取已在105～110℃下干燥2h的优级纯三氧化二砷0.1320g，溶于2mL浓度为6mol/L氢氧化钠溶液中，加入约50mL蒸馏水，待完全溶解后，再加2.5mL浓度为3mol/L的硫酸，用蒸馏水稀释至1000mL，该溶液1mL含0.1mg砷。

吸取上述溶液50mL，用蒸馏水稀释至500mL，该溶液1mL含砷10μg。

（三）仪器

（1）砷测定仪　砷测定仪如图15-7所示。

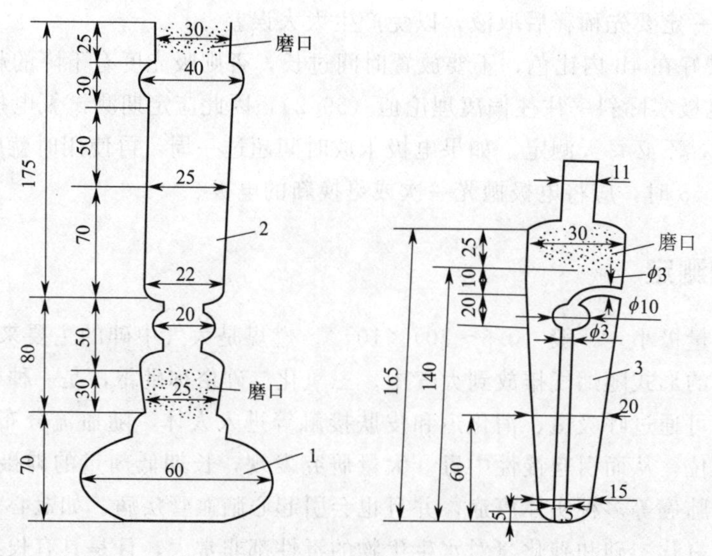

图15-7　砷钼蓝分光光度法测定煤中砷含量的装置

1—圆烧瓶；2—外套管；3—吸收器

（2）其他辅助设备　分光光度计；水浴；马弗炉；瓷坩埚，容积30mL。

（四）砷测定装置的气密性检查

往每个砷测定仪中各加入10μg或20μg砷标准溶液，按以下分析步骤进行测定，然后与直接法（砷标准溶液不经过砷化氢发生过程，而直接显色）测定结果相比较，测定其回收率，选择回收率相差不超过10%者作为日常使用的仪器。

（五）测定过程

1. 工作曲线的绘制

① 分别准确加入0mL、1.00mL、2.00mL、3.00mL、4.00mL和5.00mL的砷标准溶液（10μg/mL）于砷测定仪中，再加入10mL硫酸溶液（3mol/L）、20mL盐酸溶液（6mol/L），用蒸馏水稀释至50mL。

② 加2mL碘化钾溶液、1mL氯化亚锡溶液，摇匀，在室温下放置15min。

③ 在吸收器中准确加入3mL碘溶液、1mL碳酸氢钠溶液、6mL蒸馏水，把吸收器插入装有乙酸铅棉的吸收器套管中。

④ 往烧瓶中加入5g无砷锌粒，立即将吸收器套管与烧瓶连接好，用适当方法检查并确认各接口处不漏气后，使过程持续约1h。

⑤ 取出吸收器，加入5mL钼酸铵-硫酸肼混合液，用洗耳球向吸收器侧孔中打气约10

次，使溶液充分混匀。将吸收器在沸水浴中煮 20min，取出，冷却至室温，用 1cm 比色皿在分光光度计 830nm（或 700nm）波长下，以标准系列中空白试剂溶液为参比，测定其吸光度。

⑥ 以吸光度为纵坐标，砷含量为横坐标，绘制工作曲线（绘制工作曲线应与煤样分析同时进行，每次测定必须作工作曲线）。

2. 煤样处理

① 准确称取 1g（准确至 0.0002g。根据砷含量大小，酌量增减）粒度小于 0.2mm 的空气干燥煤样，放入预先盛有 2g 艾士卡混合剂的瓷坩埚（30mL）中，用玻璃棒搅匀，再用 1g 艾士卡混合剂覆盖其上。

② 将坩埚放入冷的马弗炉中，缓慢升温，在约 2h 内升到（800±10）℃，并在此温度下保温 2～3h。取出坩埚，冷却至室温。

③ 将灼烧物转移到砷测定仪的平底烧瓶中，用 20mL 浓度为 6mol/L 的硫酸分 2～3 次冲洗坩埚，再用 30mL 浓度为 6mol/L 的盐液分数次洗坩埚，摇动烧瓶使灼烧物充分溶解，然后按工作曲线绘制步骤②～⑤进行操作。

④ 从工作曲线上查出相应的砷含量。

3. 空白测定

每作一批煤样，应同时按上述步骤进行两次空白测定（不加煤样），取算术平均值作空白值。

（六）测定结果计算

测定结果计算公式如下：

$$As_{ad}=\frac{(m_1-m_2)\times 10^{-4}}{m}$$

式中 As_{ad}——空气干燥煤样的砷含量，%；

m_1——煤样溶液中的砷含量，μg；

m_2——艾士卡混合剂中空白溶液中的砷含量，μg；

m——空气干燥煤样的质量，g。

（七）测定的精密度

煤中砷测定的精密度见表 15-6。

表 15-6 煤中砷的测定精密度

砷含量/%	重复性限/%	再现性临界差/%
＜0.0006	0.0001	0.0002
0.0006～0.0020	0.0002	0.0003
＞0.0020～0.0060	0.0003	0.0004
＞0.0060	0.0010	0.0020

（八）影响砷测定结果的因素

（1）煮沸时间　含砷溶液加入钼酸铵-硫酸肼混合液后，在沸水浴中加热能加速显色。煮沸时间越长，颜色越深，如煮沸时间太短，显色不完全，使测定结果偏低，但时间太长，则耗费时间。试验结果表明，当煮沸 20～25min 时，吸光度保持不变，超过 25min 时，颜色又稍加深。所以，应控制煮沸时间为 20min。

（2）显色时间　试验结果表明，砷钼蓝络合物的颜色还是比较稳定的，在 6h 内，颜色基本不变。但砷含量高的（如 40μg），颜色可在 3h 内不变，往后则随时间的延长而逐渐褪色，吸光度下降。此外，不同季节，室温的高低，对结果都有一定的影响。为此，在加钼铵酸-硫酸肼混合液显色后，应在溶液冷却后立即比色测定，若不能立即测定，也要在显色 3h 以内比色，最多不要超过 6h。

（3）溶液酸度　用酸溶解灼烧物，并使溶液保持一定的酸度，是确保砷化氢定量析出的首要条件。试验表明，酸的种类对测定结果无影响，酸的浓度在一定范围内对结果也无影响。但如单纯加盐酸，当浓度大于 4.3mol/L 时，结果偏低。这是因为盐酸浓度高时，与艾士剂中的碳酸钠作用，反应剧烈，致使样品飞溅造成损失。而单加硫酸时，虽然其溶解速度较慢，但反应温和，样品不易飞溅。因此，试验中采用硫酸加盐酸来溶解灼烧物。注意，一定先加硫酸后加盐酸。

（4）析出时间　砷化氢析出时间长短对结果也有较大影响。若析出时间短，砷含量又高，则碘溶液吸收就会不完全，造成结果偏低；若析出时间太长，则又延长试验时间。试验表明，砷在新生态氢的作用下转化为砷化氢的析出时间，以 60min 为宜。

（5）锌粒的大小和数量　若锌粒太小，在酸性溶液中，一开始反应就非常剧烈，产生的气泡很多很快，以致来不及被碘溶液完全吸收，到反应后期，锌粒耗尽，几乎无气泡产生，此时吸收管中压力过低，容易使管中溶液倒吸，使试验报废。试验表明，锌粒粒度在 3mm 以上比较适用，5～10mm 扁平状颗粒也很好用，而刨花状、针状或细粒状（1～2mm）的，则不宜使用。

锌粒用量太少，在反应后期，锌粒耗尽，新生态氢供应不足，不但砷化氢不能定量析出，而且吸收管中压力过低使管中溶液倒吸；锌粒用量太多，浪费试剂。试验结果表明，以 5g 锌粒为宜。

（6）碘吸收液的浓度　浓度太低，不能充分吸收，使结果偏低；浓度太高，过量碘会消耗过多还原剂，使砷钼蓝显色不完全。经过试验对比，3mL 质量浓度为 1.5g/L 的碘溶液即可保证砷化氢完全吸收，且不影响砷钼蓝显色。

（7）空白影响　砷测定中的“空白”主要来源于样品处理时所使用的艾士剂中的氧化镁。市场上出售的氧化镁根据其纯度不同，多少都含有一定量的砷，另外其他所有试剂也含有少量砷，因此，每换一批试剂，特别是艾士剂，都应测定其空白值，以便从煤样测定结果中扣除，否则，砷测定值就会偏高。

三、煤中氯的测定

煤中氯的含量很低，但氯对煤的工业利用危害却很大，煤中氯多以碱金属氯化物（主要是氯化钠）的形式存在，含量一般为 0.01%～0.2%，高的可达 1%。煤的氯含量如超过 0.3%，这种煤用于炼焦或作燃料时，各种管道及碳化室壁会遭到强烈的腐蚀。

煤中氯的测定采用高温燃烧水解-电位滴定法。

（一）测定原理

煤样在氧气和水蒸气混合气流中燃烧和水解，煤中氯全部转化为氯化物并定量溶于水中。以银为指示电极，银-氯化银为参比电极，用标准硝酸银电位法直接滴定冷凝液中的氯离子浓度，根据标准硝酸银溶液用量计算煤中氯的含量。

（二）试剂和材料

① 标准氯化钠溶液：氯离子浓度 0.20mg/mL。

准确称取预先在 500～600℃灼烧 1h 后的优级纯氯化钠 0.6596g 溶于少量水中，再转入 2000mL 容量瓶中，稀释至刻度，摇匀。

② 标准硝酸银溶液：$c(AgNO_3)=0.0125mol/L$。

准确称取预先在 110℃烘烤 1h 后的优级纯硝酸银 2.1236g 溶于少量水中，再转入 1000mL 棕色容量瓶中，稀释至刻度，摇匀。

③ 其他试剂和材料：石英砂（粒度 0.5～1.0mm）；优级纯硫酸溶液（1+5）：氢氧化钠溶液（10g/L）：琼脂粉（化学纯）；优级纯硝酸钾饱和溶液硝酸钾（S）；乙醇（分析纯）；溴甲酚绿指示剂（10g/L 乙醇溶液）；瓷舟。

（三）仪器设备

① 高温燃烧水解装置如图 15-8 所示。

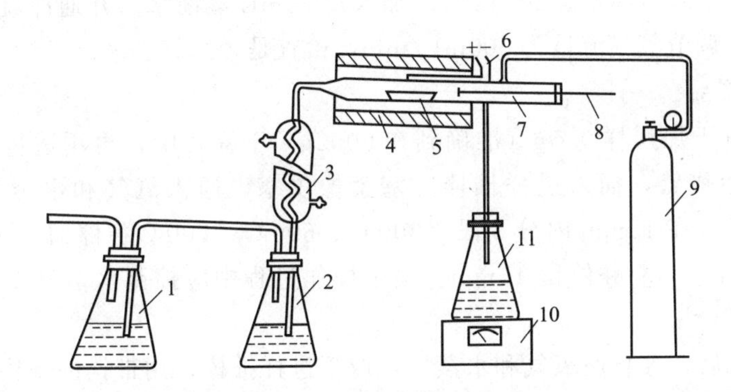

图 15-8 高温燃烧水解装置

1—2 号吸收瓶；2—1 号吸收瓶；3—冷凝管；4—高温炉；5—瓷舟；6—铂铑电偶；7—石英管；8—进样推棒；9—氧气瓶；10—可调压圆盘电炉；11—平底烧瓶

② 电位滴定装置如图 15-9 所示。

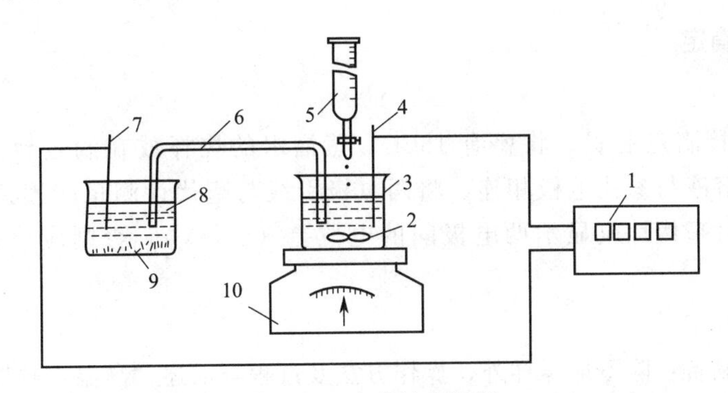

图 15-9 电位滴定装置

1—毫伏计；2—搅拌子；3—烧杯；4—银丝（指示电极）；5—滴定管；6—盐桥；7—银丝（参比电极）；8—烧杯；9—氯化银沉淀；10—搅拌器

主要部件如下：

a. 数字式毫伏计（精度 0.1mV）；

b. 滴定管（10mL，A 级）；

c. 盐桥（加热溶解 10g 硝酸钾和 1.5g 琼脂粉于 50mL 蒸馏水中，稍冷后注入 U 形玻璃管内）；

d. 指示电极（直径 3mm 纯银丝）；

e. 参比电极［由直径 3mm 纯银丝插在含有氯离子（Cl^-）和氯化银沉淀的水溶液中构成，容器要求有避光性能或措施］；

f. 分析天平（感量 0.1mg）；

g. 磁力搅拌器（转速连续可调）。

（四）燃烧水解煤样

1. 仪器准备

按图 15-8 所示装配仪器，连接好电路、气路和冷却水。将高温炉升温到 1100℃。往 1 号吸收瓶加入约 30mL 蒸馏水、2 号吸收瓶加入约 20mL 蒸馏水。开通冷凝管冷却水。塞紧进样推棒橡皮塞，调节氧气流量为 500mL/min，检查是否漏气。

2. 高温水解样品

准确称取空气干燥煤样 0.5g（准确到 0.0002g）于瓷舟中，再用适量石英砂铺盖在上面。把瓷舟放入燃烧管，插入进样推棒，塞紧橡皮塞，通入氧气和水蒸气。把瓷舟前端推到 300℃温度区，在 15min 内分 3 段（300℃、600℃、800℃各停留 5min）把瓷舟推到恒温带［(1100±10)℃］并停留 15min。整个操作过程中应控制水蒸气发生器水的蒸发量为 2mL/min。

燃烧水解完成后，停止通氧气和水蒸气，取下进样推棒，用带钩的镍铬丝取出瓷舟。

将吸收瓶内的样品溶液倒入 200mL 烧杯中，用蒸馏水冲洗吸收瓶及导气管，1 号瓶洗 2 次，2 号瓶洗 1 次，洗液直接冲入烧杯内（控制冲洗用水在 15mL 以内），用蒸馏水定容到 (140±10)mL。往烧杯中加入 3 滴溴甲酚绿指示剂，用氢氧化钠溶液中和到指示剂变为浅蓝色，再加入 0.25mL 的硫酸溶液、3mL 硝酸钾溶液和 5mL 标准氯化钠溶液。

（五）电位滴定

1. 准备工作

按图 15-9 连接滴定装置。将盛有 150mL 蒸馏水的烧杯放在滴定台上，插入指示电极，用盐桥将此溶液与参比电极相连。将两电极引线与毫伏计测量端连接。放入搅拌子，开动搅拌器。此时毫伏计应显示两电极间的电位差（±mV），否则应检查测量电路连接是否正确。

2. 终点电位标定

① 空白溶液制备：除不加煤样外，操作方法及过程与前述“高温水解样品”相同。

② 滴定微分曲线的制作：由于试剂空白原因，标定终点电位的硝酸银溶液滴入量要通过制作滴定微分曲线确定。当第一次测定或更换一种化学试剂时应作一次滴定微分曲线。方法如下：

将盛有空白溶液的烧杯放在滴定台上，连接好滴定装置，缓缓滴入标准硝酸银溶液，每滴入 0.05mL 记录 1 次，以$\frac{\Delta E}{\Delta V}$为纵坐标，加入的硝酸银溶液体积为横坐标绘制曲线，取$\frac{\Delta E}{\Delta V}$峰值对应的标准硝酸银溶液体积作为标定终点电位的硝酸银加入量。

③ 滴定终点电位标定：将盛有空白溶液的烧杯，放在滴定台上，按前述“准备工作”内容连接好滴定装置。以 0.03mL/s 速度滴入与滴定微分曲线$\frac{\Delta mV}{\Delta mL}$峰值相应的标准硝酸银溶液滴入量，记下此时电位，作为滴定终点电位。

④ 样品溶液滴定：将盛有样品溶液的烧杯放在滴定台上，按前述“准备工作”内容连接好滴定装置。以 0.05mL/s 速度滴入标准硝酸银溶液，留心观察毫伏计显示的电位，当电位接近标定的终点电位时，以 0.02mL/s 速度滴定至到达标定的终点电位。搅拌 1min 后记下硝酸银加入量及实际终点电位。计算结果时，实际终点电位每偏离标定的终点电位 ±1mV，应扣除 ±0.01mL 硝酸银的滴入量，但偏离值不能超出 ±3mV，否则应再加入 0.50mL 标准氯化钠溶液并重新滴定。

（六）测定结果的计算

煤中氯的含量按下式计算，测定结果修约到小数点后第三位。

$$Cl_{ad}=\frac{c(V_2-V_1)\times 0.03545}{m}\times 100\%$$

式中 Cl_{ad}——空气干燥煤中氯含量，%；

c——标准硝酸银的浓度，mmol/mL；

V_1——标定终点电位的硝酸银用量，mL；

V_2——标定样品溶液的硝酸银用量，mL；

0.03545——氯的摩尔质量，g/mmol；

m——空气干燥煤样质量，g。

（七）测定的精密度

煤中氯的测定精密度要求见表 15-7。

表 15-7 煤中氯的测定精密度

重复性限/%	再现性临界差/%
0.010	0.020

四、煤中氟的测定

燃煤排放的大气污染物中，氟是危害人类及动植物健康最为严重的一种污染物。煤燃烧时氟大部分以 HF、SiF_4 等气态污染物形式排放到大气中。研究表明，HF 对人体的毒性是 SO_2 的 20 倍，对植物的毒性是 SO_2 的 20～100 倍。由于植物具有强烈吸收和积累大气中氟的作用，不仅植物本身严重受害，而且氟通过食物链毒害人类和植物，氟进入机体后，绝大部分积聚于牙齿和骨组织中。

煤中氟的测定采用高温燃烧水解-电位滴定法。

（一）测定原理

煤样和少量石英砂混合，1100℃高温下，在氧气和水蒸气混合气流中燃烧和水解，煤中氟全部转化为挥发性氟化物并定量溶于水中。以氟离子选择性电极为指示电极、饱和甘汞电极为参比电极，用标准加入法测定样品溶液中氟离子浓度，计算出煤中含氟量。

（二）试剂和材料

（1）氟标准溶液　称取预先在120℃干燥约2h的优级纯氟化钠2.2101g于烧杯中，加水溶解，用水洗入1000mL容量瓶中并稀释至刻度，摇匀，贮于塑料瓶中备用。此溶液1mL含氟1000μg，作为储备液。用储备液分别配制1mL含氟100μg、250μg、500μg的工作溶液并贮于塑料瓶中，作为氟标准工作液备用。

（2）总离子强度调节缓冲溶液（TISAB）　称取294g化学纯柠檬酸三钠（$Na_3C_6H_5O_7 \cdot 2H_2O$）和20g化学纯硝酸钾溶于约800mL水中，用（1+5）硝酸溶液调节pH为6.0，再用水稀释至1L，贮于塑料桶中备用。

（3）其他试剂和材料　水（二级）；石英砂（化学纯，粒度0.5～1mm）；优级纯氢氧化钠溶液（10g/L）；硝酸溶液（1+5）；溴甲酚绿指示剂（1g/L，称取0.1g溴甲酚绿指示剂溶于100mL乙醇中）；氧气（纯度99%以上）。

（三）仪器设备

（1）高温燃烧-水解装置　如图15-10所示，主要部件及其规格如下：

① 高温炉：常用温度1100℃，有80～100mm长的恒温区［(1100±5)℃］，用自动温度控制器调节温度。

② 燃烧管：透明石英管，能耐温1300℃。

③ 容量瓶：100mL。

④ 冷凝管：玻璃制品，球形。

⑤ 防溅球：玻璃制品。

⑥ 水蒸气发生器：由500mL平底烧瓶和圆盘电炉构成。

⑦ 流量计：量程1000mL/min，最小分度10mL/min。

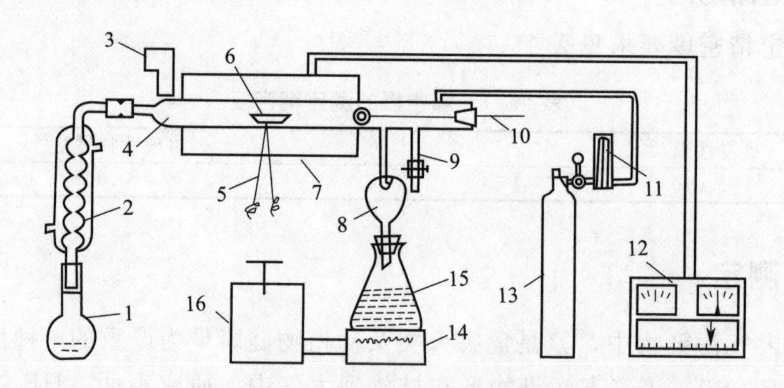

图15-10　高温燃烧-水解装置示意图

1—容量瓶；2—冷凝管；3—吹风机；4—石英管；5—热电偶；6—燃烧舟；7—单节高温炉；8—防溅球；9—放水口；10—进样推棒；11—流量计；12—温度控制器；13—氧气瓶；14—圆盘电炉；15—平底烧瓶；16—自耦变压器

（2）辅助设备　燃烧舟（瓷质，长77mm、高8mm、上宽12mm）；磁力搅拌器（连续可调）；氟离子选择性电极（测量线性范围：10^{-5}～10^{-1} mol/L）；饱和甘汞电极；数字式离子计（输入阻抗大于10^{11} Ω，精度0.1mV）；分析天平（感量0.1mg）；所用器皿、容器应为塑料制品。

（四）测定步骤

1. 准备工作

按图 15-10 所示将全套仪器装配好，连接好电路、气路、水路各个系统。将单节高温炉升温到 1100℃，往烧瓶内加入约 300mL 水并加热至沸腾。向冷凝管通入冷水，塞紧进样推棒橡皮塞，调节氧气流量为 400mL/min，检查并确认不漏气后，通水蒸气和氧气 15min（每日试验前空通 15min）。

2. 煤样处理

称取 0.5g（准确到 0.0002g）空气干燥煤样和 0.5g 石英砂，放在燃烧舟里混合，再用适量石英砂铺盖在上面。将 100mL 容量瓶放在冷凝管下端接收冷凝液。取下进样推棒，把燃烧舟放入管内，插入进样推棒，塞紧橡皮塞。将瓷舟前端推到预先测好的低温区（约 300℃），然后在 15min 内分 3 次把瓷舟逐渐推到高温恒温区。拔出进样推棒以免熔化。燃烧舟在恒温区继续停留 15min。在整个操作过程中，要用自耦调压器调节烧瓶内水的蒸发量，以控制收集的冷凝液体积。前 15min，每分钟约收集 3mL；后 15min，每分钟收集约 2.5mL。最后总体积应控制在 85mL 内。燃烧-水解完成后，水蒸气发生器停止加热。取下容量瓶，停止送氧气。取下进样推棒，用带钩的镍铬丝取出燃烧舟。

往盛有冷凝液的容量瓶中加 3 滴溴甲酚绿指示剂，用氢氧化钠溶液中和到指示剂刚变蓝色。加入 10mL 总离子强度调节缓冲溶液，定容，摇匀，放置 0.5h 后进行电位测量。

（五）电位测量及结果计算

1. 准备工作

按图 15-11 接好仪器装置，开动搅拌器，更换烧杯中的水数次，直至毫伏计显示的电位达到氟电极的空白电位。

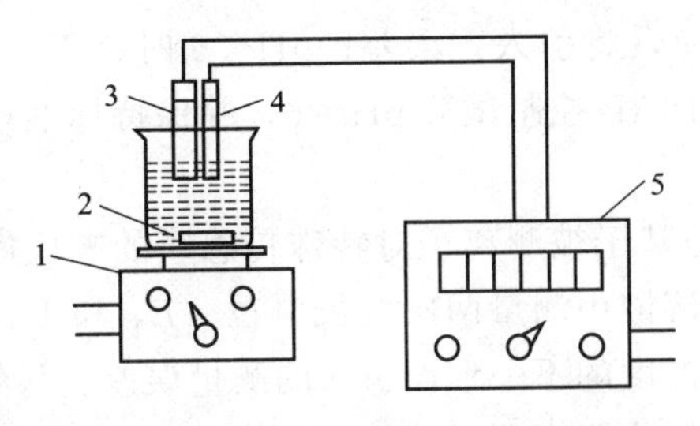

图 15-11 电位测量仪器装置示意图

1—电磁搅拌器；2—搅拌子；3—氟离子选择性电极；4—饱和甘汞电极；5—数字式离子计

2. 氟电极实际斜率测定

① 在 5 个 100mL 容量瓶中，分别加入 100μg/mL 的氟标准溶液 1mL、3mL、5mL、7mL、10mL，加入 3 滴溴甲酚绿指示剂，10mL 总离子强度调节缓冲溶液，用水稀释到刻度，摇匀。

② 将溶液倒入 100mL 烧杯中，用电位测量仪测量电位。测量每个标准溶液时，对电极插入深度、搅拌速度等要求一致。

③ 以各溶液的响应电位（mV）为纵坐标，相应的浓度对数为横坐标，在单对数坐标

纸上作图，从曲线上 $\lg c=0$ 和 $\lg c=1$ 两点所对应的响应电位之差，求出该电极的实际斜率。

3. 样品溶液电位测量

将制备好的样品溶液，倒入 100mL 烧杯中，放入搅拌子，插入氟电极和甘汞电极（插入深度和搅拌速度应和测量电极实际斜率时一样），开动搅拌器。待电位稳定后记录平衡电位 E_1，立即加入 1.00mL 氟标准溶液，待电位稳定后记录平衡电位 E_2。用下式计算煤中含氟量：

$$F_{ad}=\frac{c_s}{m\left(10\times\frac{\Delta E}{S}-1\right)}$$

式中 F_{ad}——空气干燥煤中含氟量，μg/g；

S——氟电极的实际斜率；

ΔE——平衡电位差，$\Delta E=E_2-E_1$，mV；

c_s——氟标准溶液的浓度，μg/mL。

（六）精密度要求

煤中氟的测定精密度见表 15-8。

表 15-8 煤中氟的测定精密度

氟含量/(μg/g)	重复性限	再现性临界差
≤150	15μg/g	20μg/g
>150	10%(相对)	15%(相对)

（七）注意事项

① 样品溶液的酸度对氟电极的响应电位有影响，pH=6 时测量效果最好。pH>6 时，溶液中 OH^- 对氟电极有响应，将引入正误差；pH<6 时，F^- 与 H^+ 生成 HF（弱酸），将引入负误差。所以要求用 TISAB 控制试液 pH=6，并保持标准溶液和样品溶液总离子强度的一致性。

② 离子选择性分析法是基于被测离子对特殊传感膜的响应电位大小来计算该离子的浓度的。标准加入法是在同一溶液中测量两次电极电位（E_1 和 E_2）。这在一定程度上减小了由于试液离子成分或强度和温度的不一致而引入的测量误差。显然，分析结果的相对误差取决于两次测量误差之和，以及待测离子浓度（c_x）和加入标准溶液（c_Y）后溶液浓度增量的比值（$c_x/\Delta c$）。当 Δc 小于 c_x 时，随着 Δc 的减小，相对误差迅速增大。为了减小方法误差，增量应该尽可能大。当 Δc 大于待测离子浓度时，随着 Δc 的增加，相对误差趋近于直线。但由于是在同一溶液中测量电极电位，电极斜率（S）和离子系数是固定不变的，所以 Δc 过大也就失去意义，选择 $c_x\leqslant\Delta c\leqslant 4c_x$ 较为合适。控制 ΔE 在 20～40mV 之间，基本上可以达到这个目的。为此，操作者可多配几种浓度的标准氟溶液，根据实际样品氟含量的高低，选择其中一种浓度的标准溶液加入，令 ΔE 在 20～40mV 之间。

③ 测量电位时，应控制搅拌速度一致。因为电极电位的稳定时间长短决定于电极表面离子的扩散度，而扩散度则与离子到达电极传感膜表面的速度有关。搅拌可以加快离子到达膜表面的速度，缩短电极电位平衡的时间。所以在测量未知溶液时，搅拌速度应和测量标准

溶液时一样，以减小由此引起的测量误差。

总之，煤炭的应用对自然环境的影响是非常大的，为了实现其对环境污染的有效减少，煤质化验是非常重要的。一定要对煤炭资源进行良好的煤质化验工作，确保那些有害元素含量过高的煤炭资源不被开采，同时对开采的煤炭进行煤质检验以确定煤炭中有害元素的种类以及含量，并采取合理有效的方法予以清除，实现煤炭中有害元素含量的有效降低，进而使得其对自然环境的污染大大减少。除此以外，在煤质化验过程中，要严格遵守实验的要求，根据流程标准执行，实现煤质化验结果准确性的提高，进一步减少自然环境的污染。

第十六章　煤的发热量测定

煤的发热量是指单位质量的煤完全燃烧时所放出的热量，用符号 Q 表示。其单位是MJ/kg（兆焦/千克）或 J/g（焦耳/克）。

煤的发热量不但是评价煤质及煤炭分类的重要指标，而且是热工计算的基础。燃煤工艺过程的热平衡、耗煤量和热效率的计算，都以所用煤的发热量为依据。根据发热量可以粗略推测煤的变质程度。在我国煤炭分类中，发热量是低煤化程度煤的分类指标之一。煤的发热量是动力用煤计价的主要依据，所以测定煤中的发热量具有非常重要的意义。

第一节　发热量测定概述

一、发热量测定的原理

煤的发热量在氧弹热量计中进行测定。将一定量的分析煤样在充有过量氧气的氧弹内燃烧，氧弹热量计的热容量通过在相似条件下燃烧一定量的基准量热物苯甲酸来确定，根据试样点燃前后量热系统产生的温升，并对点火热等附加热进行校正后，即可求得煤样的弹筒发热量。

从煤的弹筒发热量中扣除硝酸生成热和硫酸校正热（硫酸与二氧化硫形成热之差）后，即可计算出煤的高位发热量；对煤中水分（煤中原有的水和氢燃烧生成的水）的汽化热进行校正后，即可计算出煤的低位发热量。

发热量测定的基本原理是：把一定量的煤样在充氧的弹筒中燃烧。氧弹预先要放在一个盛有足够浸没氧弹的水的桶里，由燃烧后水温的升高来计算试样的发热量，但实际情况并不简单。因为：

① 试样燃烧放出的热量不仅被水吸收，而氧弹本身、水桶以及插在水中供搅拌用的搅拌器和供测温用的温度计（或探头）都会吸收一定的热量。显然试样放出的热量应等于量热系统吸收的总热量。

② 量热系统未与外界隔绝，因此它又与周围环境发生热交换。

关于第一个问题，通常用基准量热物苯甲酸来标定量热系统的热容量，即量热系统产生单位温度变化所需的热量；关于第二个问题，则是把盛氧弹的内筒放在一个双壁水套中，经过计算对热交换所引起的误差进行校正，或者控制水套温度来消除热交换。

通过水套温度的不同控制方式，形成了目前通用的恒温式和绝热式两种热量计，这里只介绍恒温式热量计。

二、发热量有关概念

1. 弹筒发热量 Q_b

弹筒发热量是指单位质量的试样在充有过量氧气的氧弹内燃烧，其燃烧产物组成为氧气、氮气、二氧化碳、硝酸和硫酸、液态水以及固态灰时放出的热量。

2. 恒容高位发热量 $Q_{gr,v}$

恒容高位发热量是指在恒容条件下，单位质量的试样在充有过量氧气的氧弹内燃烧，其燃烧产物组成为氧气、氮气、二氧化碳、二氧化硫、液态水以及固态灰时放出的热量。

高位发热量也就是由弹筒发热量减去硝酸生成热和硫酸校正热后得到的发热量。

3. 恒容低位发热量 $Q_{net,v}$

恒容低位发热量是指在恒容条件下，单位质量的试样在充有过量氧气的氧弹内燃烧，其燃烧产物组成为氧气、氮气、二氧化碳、二氧化硫、气态水以及固态灰时放出的热量。

低位发热量也就是由高位发热量减去水（煤中原有的水和煤中氢燃烧生成的水）的汽化热后得到的发热量。

4. 有效热容量

在试验条件下，量热系统温度变化 1K 时所需的热量称为热量计的有效热容量（以下简称热容量），以 J/K 表示。

三、煤的发热量测定条件

（一）发热量测定的实验室条件

① 实验室应设在单独房间，不得在同一房间内同时进行其他试验项目。

② 室温应尽量保持稳定，每次测定室温变化不应超过 1℃，通常室温以不超出 15～30℃的范围为宜。当室内温度低于 15℃时，虽然也能测出结果，但可靠性受到很大的影响，温度越低，影响越大。

③ 室内应无强烈的空气对流，因此不应有强烈的热源和风扇等，试验过程中应避免开启门窗。

④ 实验室最好朝北，以避免阳光照射，否则热量计应放在不受阳光直射的地方。

（二）试剂和材料

（1）氧气　纯度为 99.5%，不含可燃成分，不允许使用电解氧。

（2）氢氧化钠标准溶液　$c(NaOH)=0.1mol/L$。

称取优级纯氢氧化钠（符合标准）4g，溶解于 1000mL 经煮沸冷却后的水中，混合均匀，装入塑料瓶或塑料桶内并拧紧盖子，然后用优级纯邻苯二甲酸氢钾（符合标准）进行标定。

（3）甲基红指示剂　浓度为 2g/L，即称取 0.2g 甲基红溶解在 100mL 水中。

（4）苯甲酸　量热标准物质，经计量机关检定并标明热值的二等或二等以上。

（5）点火丝　直径 0.1mm 左右的铂、铜、镍丝或其他已知热值的金属丝；如使用棉线，则应选用粗细均匀，不涂蜡的白棉线。

各种点火丝点火时放出的热量如下：铁丝为6700J/g；镍铬丝为6000J/g；铜丝为2500J/g；棉线为17500J/g。

(6) 酸洗石棉绒　使用前在800℃下灼烧30min。

(7) 擦镜纸　使用前先测出燃烧值。其方法是：抽取3～4张纸，团紧，称准质量，放入燃烧皿中，然后按常规方法测定发热量，取3次结果的平均值作为标定值。

（三）仪器设备

1. 热量计

通用热量计有恒温式和绝热式两种，它们的量热系统被包围在充满水的双层夹套（外筒）中，它们的差别只在于外筒及附属的自动控温装置，其余部分无明显区别。

无水热量计的内筒、搅拌器和水（被一个金属块代替）、氧弹本身组成了量热系统。氧弹由双层金属构成，其中嵌有温度传感器。这种热量计是高度自动化的，只要能满足热量计精度和准确度的要求，就可使用。

自动热量仪有些是根据经典原理设计的，有些不是。自动热量仪，只要其测试精度和准确度符合要求，就可以使用。热量计精密度要求是：5次或5次以上苯甲酸测试结果的相对标准偏差不大于0.20%。准确度要求是：标准煤样测试结果与标准值之差都在不确定度范围内；或将苯甲酸作为样品进行5次或5次以上的测试，其平均值与标准热值相差不超过50J/g。

[例16-1] 对某一厂家生产的自动量热仪鉴定测试精度和准确度。进行5次苯甲酸测试（苯甲酸标准热值为26458J/g），数据见表16-1，判断该仪器是否可用。

表16-1　5次苯甲酸测试数据

x	$x-\bar{x}$	$(x-\bar{x})^2$
11833	15	225
11825	7	49
11810	−8	64
11798	−20	400
11826	8	64
$\bar{x}=11818$		总和＝802

解：

$$s=\sqrt{\frac{(11833-11818)^2+(11825-11818)^2+\cdots+(11826-11818)^2}{5-1}}=14.16$$

$$\mathrm{RSD}=\frac{s}{\bar{x}}\times 100\%=\frac{14.16}{11818}\times 100\%=0.12\%<0.20\%$$

因此，该仪器的测试精度符合要求。然后用国家一级标准物质—标准煤样进行准确度的测定。用11111a和11102d两个标样进行测定。标样11111a标准数据$Q_{gr,d}$是32.06MJ/kg，不确定度为0.15MJ/kg。11102d标准数据$Q_{gr,d}$是21.22MJ/kg，不确定度为0.15MJ/kg。

实测结果：11111a标样的$Q_{gr,d}$为32.17MJ/kg，11102d标样的$Q_{gr,d}$为21.10MJ/kg，与标准数据的差值分别为0.11MJ/kg和0.12MJ/kg，在不确定度0.15MJ/kg以内。因此，

准确度也符合要求，所以该仪器可以使用。

热量计包括氧弹、内筒、外筒、搅拌器等主件和附件。

(1) 氧弹　氧弹由耐热、耐腐蚀的镍铬或镍铬钼合金钢制成，需要具备三个主要性能：

① 不受燃烧过程中出现的高温和腐蚀性产物的影响而产生热效应。

② 能承受充氧压力和燃烧过程中产生的瞬时高压。

③ 试验过程中能保持完全气密。

弹筒容积为 250～350mL，弹盖上应装有供充氧和排气的阀门以及点火电源的接线电极。

新氧弹和新换部件（杯体、弹盖、连接环）的氧弹应经 20.0MPa 的水压试验，证明无问题后方能使用。此外，应经常注意观察与氧弹强度有关的结构，如杯体和连接环的螺纹、氧气阀、出气阀和电极同弹盖的连接处等，如发现显著磨损或松动，应进行修理，并经水压试验后再用。

另外，还应定期对氧弹进行水压试验，每次水压试验后，氧弹的使用时间不能超过 2 年。

(2) 内筒　内筒用紫铜、黄铜和不锈钢制成，断面可为圆形、菱形或其他适当形状。筒内装水 2000～3000mL，以能浸没氧弹（进、出气阀和电极除外）为准。内筒外面应电镀抛光，以减少与外筒间的辐射作用。

(3) 外筒　外筒为金属制成的双壁容器，有上盖，外壁为圆形，内壁形状则依内筒的形状而定，原则上要保持两者之间有 10～12mm 的间隙。外筒底部有绝缘支架，以便放置内筒。

① 恒温式外筒：恒温式热量计配置恒温式外筒。盛满水的外筒的热容量应不小于热量计热容量的 5 倍，以便保持试验过程中外筒温度基本恒定。外筒外面可加绝缘保护层，以减少室温波动的影响。用于外筒的温度计应有 0.1K 的最小分度值。

② 绝热式外筒：绝热式热量计配置绝热式外筒。外筒中装有加热装置，通过自动控温装置，外筒水温能紧密跟踪内筒的温度。外筒的水还应在特制的双层盖中循环。

自动控温装置的灵敏度应能达到点火前和终点后内筒温度保持稳定（5min 内温度变化平均不超过 0.0005K/min），在一次试验的升温过程中，内外筒间热交换量应不超过 20J。

(4) 搅拌器　搅拌器有螺旋桨式或其他形式，转速以 400～600r/min 为宜，并保持稳定。搅拌效率应能使热容量标定中，由点火到终点的时间不超过 10min，同时又要避免产生过多的搅拌热（当内、外筒温度和室温一致时，连续搅拌 10min 所产生的热量不应超过 120J）。

2. 燃烧皿

用铂制的燃烧皿最理想，但一般可采用镍铬钢制得的。燃烧皿的一般规格为高 17～18mm、底部直径 19～20mm、上部直径 25～26mm、厚 0.5mm。其他合金钢或石英制的燃烧皿也可使用，但以能保证试样燃烧完全而本身又不受腐蚀和产生热效应为原则。

3. 压力表和氧气导管

压力表由两个表头组成，一个指示氧气瓶中的压力，另一个指示充氧时氧弹内的压力。表头上应装有减压阀和保险阀。压力表每两年应经计量机关检定一次，以保证指示正确和操作安全。

压力表通过内径 1～2mm 的无缝铜管与氧弹连接，或通过高强度尼龙管与充氧装置连接，以便导入氧气。

压力表和各连接部分禁止与油脂接触或使用润滑油。如不慎沾污，必须依次用苯和乙醇清洗，并待风干后再用。

4. 点火装置

点火采用12～24V的电源，可由220V交流电源经变压器供给。线路中应串接一个调节电压的变阻器和一个指示点火情况的指示灯或电流计。

点火电压应预先试验确定，方法是：接好点火丝，在空气中通电试验。在熔断式点火的情况下，调节电压使点火丝在1～2s内达到亮红；在棉线点火的情况下，调节电压使点火丝在4～5s内达到暗红。电压和时间确定后，应准确测出电压、电流和通电时间，以便计算电能产生的热量。

如采用棉线点火，则在遮火罩以上的两电极柱间连接一段直径约0.3mm的镍铬丝，丝的中部预先绕成螺旋数圈，以便发热集中。根据试样点火的难易，调节棉线搭接的多少。

5. 压饼机

压饼机分为螺旋式和杠杆式两种，能压制直径10mm的煤饼和苯甲酸饼。模具及压杆应用硬质钢制成，表面光洁，易于擦拭。

6. 天平

（1）分析天平　感量0.1mg。

（2）工业天平　载量4～5kg，感量1g。

7. 量热温度计

发热量实际上是通过测定内筒水温温升计算出来的，所以测准水温特别重要。常用的测温温度计有两种：

（1）玻璃水银温度计　常用的是量程可变的贝克曼温度计，其最小分度值为0.01K。贝克曼温度计须经计量检定部门检定合格，并在规定使用时效内方可使用。

（2）数字式量热温度计　常用的数字式量热温度计系统由铂电阻、热敏电阻等组成，其最小可测值准确到0.001K。铂电阻使用前应进行校正。工业上常用标准铂电阻温度计和被测铂电阻温度计进行比较来校验。

8. 微机

微机和量热探头一套，内带自动点火装置，具有自动测试、冷却校正计算和结果计算、打印输出等功能。

第二节　发热量的测定过程和结果计算

一、测定过程

下面以恒温式热量计法介绍发热量的测定过程。

① 在燃烧皿中精确称取空气干燥煤样（粒度小于0.2mm）0.9～1.1g（称准到0.0002g）。

燃烧时易于飞溅的试样，先用已知质量的擦镜纸包紧再进行测试，或先在压饼机中压成饼并切成2～4mm的小块使用。不易燃烧完全的试样，可先在燃烧皿底铺上一个石棉垫，或用石棉绒作衬垫（先在皿底铺上一层石棉绒，然后用手压实以防煤样掺入）。如加衬垫仍燃烧不完全，可提高充氧压力至3.2MPa，或用已知质量和热值的擦镜纸包裹称好的试样并用手压紧，然后放入燃烧皿中。

② 取一段已知质量的点火丝，把两端分别接在两个电极柱上，注意与试样保持良好接触或保持微小的距离（对易飞溅和易燃的煤），并注意勿使点火丝接触燃烧皿，以免形成短路而导致点火失败，甚至烧毁燃烧皿。同时还应注意防止两电极间以及燃烧皿与另一电极之间的短路。当用棉线点火时，把棉线的一端固定在已连接到两电极柱上的点火丝上（最好夹紧在点火丝的螺旋中），另一端搭接在试样上，根据试样点火的难易，调节搭接的程度。对于易飞溅的煤样，应保持微小的距离。

往氧弹中加入10mL蒸馏水，小心拧紧氧弹盖，注意避免燃烧皿和点火丝的位置因受震动而改变。接通氧气导管，往氧弹中缓缓充入氧气，直到压力到2.8～3.0MPa，充氧时间不得小于15s。如果充氧压力超过3.3MPa，应停止试验，放掉氧气后，重新充氧至3.2MPa以下。当钢瓶中氧气压力降到5.0MPa以下时，充氧时间应酌量延长；压力降到4.0MPa以下时，应更换新的氧气钢瓶。

③ 往内筒中加入足够的蒸馏水，使氧弹盖的顶面（不包括突出的氧气阀和电极）淹没在水面下10～20mm。每次试验时用水量应与标定热容量时一致（相差1g以内）。

水量最好用称量法测定。如用容量法测定时，则需对温度变化进行修正。注意恰当调节内筒水温，使终点时内筒比外筒温度高1K左右，以使到达终点时内筒温度出现明显下降。外筒温度应尽量接近室温，相差不得超过1.5K。

④ 把氧弹放入装好水的内筒中，如氧弹中无气泡漏出，则表明气密性良好，即可把内筒放在外筒的绝缘架上；如有气泡出现，则表明漏气，应找出原因，加以纠正，重新充氧。然后接上点火电极插头，装上搅拌器和量热温度计，并盖上外筒的盖子。温度计的水银球对准氧弹主体的中部，温度计和搅拌器均不得接触氧弹和内筒。靠近量热温度计的露出水银柱的部分，应另悬一支普通温度计，用以测定露出柱的温度。

⑤ 开动搅拌器，5min后开始计时和读取内筒温度（t_0）并立即通电点火，随后记下外筒温度（t_j）和露出柱温度（t_e）。外筒温度至少读到0.05K，内筒温度读到0.001K。

⑥ 观察内筒温度（注意：点火后20s内不要把身体的任何部位伸到热量计上方）。如在30s内温度急剧上升，则表明点火成功。点火后1min 40s时读取一次内筒温度（$t_{1'40''}$），读到0.01K即可。

⑦ 接近终点时，开始按1min间隔读取内筒温度，要读到0.001K，并以第一个下降温度作为终点温度（t_n）。试验主要阶段至此结束。

注意：一般热量计由点火到终点的时间为8～10min，对一台具体热量计，可根据经验恰当掌握。

⑧ 停止搅拌，取出内筒和氧弹，开启放气阀，放出燃烧废气。放气完毕后，打开氧弹，仔细观察弹筒和燃烧皿内部，如果有试样燃烧不完全的迹象（如试样有飞溅）或有炭黑存在，试验应作废。

量出未烧完的点火丝长度，以便计算点火丝的实际消耗量。

用蒸馏水充分冲洗弹内各部分、放气阀、燃烧皿内外和燃烧残渣。把全部洗液（共约100mL）收集在一个烧杯中，供测硫使用。

二、校正

1. 冷却校正

恒温式热量计的内筒在试验过程中与外筒间始终发生热交换，在测定初期，内筒水温低于外筒水温，因而是吸热过程；点火以后，煤样热量释放，内筒水温不断上升，很快高于外筒水温，因而是放热过程。内筒的放热大于吸热，故测出的内筒温度是偏低的。对此散失的热量应校正，办法是在温升中加上一个校正值 C，这个校正值称为冷却校正值。

根据牛顿冷却定律，即一个物体的冷却速度与该物体的温度及所处的环境温度成正比：

$$v=K(t-t_{\mathrm{j}})$$

对热量计来说，还应考虑搅拌热等因素，所以要在上述公式中加入常数 A 予以修正，故热量计冷却校正值的计算公式是

$$v=K(t-t_{\mathrm{j}})+A$$

式中 v——内筒温度下降速度，K/min；

t——内筒温度，K；

t_{j}——外筒温度，K；

K——比例常数，通常称为冷却常数，min^{-1}；

A——搅拌热常数，K/min。

根据点火时和终点时的内外筒温差（t_0-t_{j}）和（$t_{\mathrm{n}}-t_{\mathrm{j}}$），从 v-($t-t_{\mathrm{j}}$）关系曲线中查出相应的 v_0 和 v_{n}，或根据预先标定出的公式计算出 v_0 和 v_{n}

$$v_0=K(t_0-t_{\mathrm{j}})+A$$

$$v_{\mathrm{n}}=K(t_{\mathrm{n}}-t_{\mathrm{j}})+A$$

式中 v_0——点火时内外筒温差的影响下，造成的内筒降温速度，K/min；

v_{n}——终点时内外筒温差的影响下，造成的内筒降温速度，K/min；

t_0——点火时的内筒温度；

t_{n}——终点时的内筒温度；

t_{j}——外筒温度。

然后按下式计算冷却校正值

$$C=(n-a)v_{\mathrm{n}}+av_0$$

式中 C——冷却校正值，K；

n——由点火到终点的时间，min；

a——当 $\frac{\Delta}{\Delta_{1'40''}}\leqslant 1.20$ 时，$a=\frac{\Delta}{\Delta_{1'40''}}-0.10$；当 $\frac{\Delta}{\Delta_{1'40''}}>1.20$ 时，$a=\frac{\Delta}{\Delta_{1'40''}}$。其中 Δ 为主期内总温升（$\Delta=t_{\mathrm{n}}-t_0$）；$\Delta_{1'40''}$ 为点火后 1min 40s 时的温升（$\Delta_{1'40''}=t_{1'40''}-t_0$）。

2. 点火丝热量校正

在熔断式点火法中，应由点火丝的实际消耗量（原用量减去残余量）和点火丝的燃烧热，计算出试验中点火丝放出的热量。

[例 16-2] 取 20 根 90mm 长的镍铬丝，在天平上称得质量为 0.1667g，测定完煤样热值后，镍铬丝残余量平均为 20mm，求每根点火丝放出的热量？

解： 一根点火丝的热值＝6000×0.1667÷20＝50(J)

$$实际放出的热值=50\times\frac{90-20}{90}=39(J)$$

如用棉线点火时，必须算出所用一根棉线的热值。方法如下：

剪取一定数量长度一致的棉线，称出质量，求出这些棉线的热值，然后求出一根棉线的热值，再测定每次消耗的电能热。[电能产生的热值=电压(V)×电流(A)×时间(s)]。

三、发热量测定结果计算

（一）弹筒发热量

弹筒发热量的计算公式如下：

$$Q_{b,ad}=\frac{EH[(t_n+h_n)-(t_0+h_0)+C]-(q_1+q_2)}{m}$$

式中　$Q_{b,ad}$——分析试样的弹筒发热量，J/g；

E——热量计的热容量，J/K；

q_1——点火热，J；

q_2——添加物和包纸等产生的总热量，J；

h_0、h_n——孔径修正值；

m——试样质量，g；

H——贝克曼温度计的平均分度值；

C——冷却校正值，绝热式热量计法中 C 取零。

（二）恒容高位发热量

煤的恒容高位发热量是由弹筒发热量减去硝酸生成热和硫酸校正热后得到的发热量，计算公式如下：

$$Q_{gr,v,ad}=Q_{b,ad}-(94.1S_b+\alpha Q_{b,ad})$$

式中　$Q_{gr,v,ad}$——分析试样的空气干燥基恒容高位发热量，J/g；

$Q_{b,ad}$——分析试样的弹筒发热量，J/g；

S_b——由弹筒洗液测得的煤的含硫量，%，当全硫的含量低于4%时，或发热量大于14.60MJ/kg时，可用全硫或可燃硫代替 S_b；

94.1——煤中每1%硫的校正值，J；

α——硝酸校正系数，当 $Q_b\leqslant16.70$MJ/kg，$\alpha=0.001$；当 16.70MJ/kg$<Q_b\leqslant$25.10MJ/kg，$\alpha=0.0012$；当 $Q_b>25.10$MJ/kg，$\alpha=0.0016$。

在需要用弹筒洗液测定 S_b 的情况下，把洗液煮沸1～2min，取下稍冷后，以甲基红（或相应的混合指示剂）为指示剂，用氢氧化钠标准溶液滴定，以求出洗液中的总酸量，然后计算出 S_b（%）：

$$S_b=(c\times V/m-\alpha Q_{b,ad}/60)\times1.6$$

式中　c——氢氧化钠溶液的物质的量浓度，约为0.1mol/L；

V——滴定用去的氢氧化钠溶液体积，mL；

60——相当1mmol硝酸的生成热，J；

1.6——将 H_2SO_4 转换为S的换算因子。

其余符号意义同前。

注意，这里规定的对硫的校正方法中，略去了对煤样中硫酸盐的考虑，这对绝大多数煤来说影响不大，因煤的硫酸盐含量一般很低。但有些特殊煤样，硫含量可达 0.5%以上。根据实际经验，煤样燃烧后，由于灰的飞溅，一部分硫酸盐硫也随之落入弹筒，因此无法利用弹筒洗液来分别测定硫酸盐硫和其他硫。遇此情况，为求高位发热量的准确，只有另行测定煤中的硫酸盐硫或可燃硫，然后做相应的校正。关于发热量大于 14.60MJ/kg 的规定在用包纸或掺苯甲酸的情况下，应按包纸或添加物放出的总热量来掌握。

（三）恒容低位发热量

煤的恒容低位发热量是由恒容高位发热量减去水（煤中原有的水和煤中氢燃烧生成的水）的汽化热后得到的发热量。

1. 收到基恒容低位发热量的计算

工业上多根据收到基煤的低位发热量进行计算和设计。收到基煤的恒容低位发热量的计算公式如下：

$$Q_{net,v,ar}=(Q_{gr,V,ad}-206H_{ad})\times\frac{100-M_{ar}}{100-M_{ad}}-23M_{ar}$$

式中 $Q_{net,v,ar}$——分析试样的收到基恒容低位发热量，J/g；

$Q_{gr,v,ad}$——分析试样的空气干燥基恒容高位发热量，J/g；

H_{ad}——分析试样的空气干燥基氢含量，%；

M_{ar}——分析试样的收到基全水分，%；

M_{ad}——分析试样的空气干燥基水分，%；

206——对应于空气干燥基试样中，每 1%氢的汽化热校正值（恒容），J/g；

23——对应于收到基试样中，每 1%水分的汽化热校正值（恒容），J/g。

[例 16-3] 已知某一原煤煤样：$M_{ar}=6.5\%$，$M_{ad}=2.52\%$，$Q_{b,ad}=23854$J/g，$S_{t,ad}=0.64\%$，$H_{ad}=2.95\%$，求该煤样的 $Q_{gr,v,ad}$ 和 $Q_{net,v,ar}$。

解：

$$\begin{aligned}Q_{gr,v,ad}&=Q_{b,ad}-(94.1S_b+\alpha Q_{b,ad})\\&=23854-(94.1\times0.64+0.0012\times23854)\\&=23765(J/g)\approx23.76(MJ/kg)\end{aligned}$$

$$\begin{aligned}Q_{net,v,ar}&=(Q_{gr,V,ad}-206H_{ad})\times\frac{100-M_{ar}}{100M_{ad}}-23M_{ar}\\&=(23765-206\times2.95)\times[(100-6.5)/(100-2.52)]-23\times6.5\\&=22062(J/g)\\&\approx22.06(MJ/kg)\end{aligned}$$

[例 16-4] 例 16-3 中如把全水分由 6.5%改换为 7.5%，其他数据不变，求该煤样的收到基恒容低位发热量。

解：

$$\begin{aligned}Q_{net,v,ar}&=(Q_{gr,v,ad}-206\,H_{ad})\times\frac{100-M_{ar}}{100-M_{ad}}-23\,M_{ar}\\&=(23765-206\times2.95)\times[(100-7.5)/(100-2.52)]-23\times7.5\\&=21802(J/g)\end{aligned}$$

由以上计算可知，增加 1%的全水分，收到基低位发热量降低了 260J/g，可以看出煤中全水分对收到基低位发热量产生明显的影响。故《商品煤质量抽查和验收方法》中规定，以空气干燥基高位发热量作为签订合同及计价的指标。

2. 空气干燥基恒容低位发热量的计算

煤的空气干燥基恒容低位发热量按下式计算：

$$Q_{net,v,ad}=(Q_{gr,v,ad}-206H_{ad})-23M_{ad}$$

式中 $Q_{net,v,ad}$——空气干燥基恒容低位发热量，J/g。

其余符号同前。

［例 16-5］如例 16-3 中参数不变，求该煤样的空气干燥基恒容低位发热量。

解：

$$\begin{aligned}Q_{net,v,ad}&=(23765-206\times2.95)-23\times2.52\\&=23099(J/g)\end{aligned}$$

3. 干燥基恒容低位发热量的计算

① 若已知煤的空气干燥基恒容高位发热量，则其干燥基恒容低位发热量按下式计算：

$$Q_{net,v,d}=(Q_{gr,v,ad}-206H_{ad})\times\frac{100}{100-M_{ad}}$$

式中 $Q_{net,v,d}$——干燥基恒容低位发热量，J/g。

其余符号同前。

［例 16-6］如例 16-3 中参数不变，求该煤样的干燥基恒容低位发热量。

解：

$$\begin{aligned}Q_{net,v,d}&=(23765-206\times2.95)\times\frac{100}{100-2.52}\\&=23157\times1.0259\\&=23756(J/g)\end{aligned}$$

② 若已知煤的空气干燥基恒容低位发热量，则其干燥基恒容低位发热量按下式计算：

$$Q_{net,v,d}=(Q_{net,v,ad}+23M_{ad})\times\frac{100}{100-M_{ad}}$$

［例 16-7］如例 16-3 中参数不变，求该煤样的干燥基恒容低位发热量。

解：

$$\begin{aligned}Q_{net,v,d}&=(23099+23\times2.52)\times\frac{100}{100-2.52}\\&=23756(J/g)\end{aligned}$$

可见，两种方法换算的干燥基恒容低位发热量结果相同。

第三节 热容量和仪器常数标定

① 计算发热量所需热容量 E 和恒温式热量计法中计算冷却校正值所需的 v-$(t-t_j)$ 关系曲线或仪器常数 K 和 A，通过同一试验进行标定。

② 在不加衬垫的燃烧皿中称取经过干燥和压片的苯甲酸，片的质量以 0.9～1.1g 为宜。苯甲酸应预先研细并在盛有浓硫酸的干燥器中干燥 3d，或在 60～70℃烘箱中干燥 3～4h，冷却后压片。

苯甲酸也可在燃烧皿中熔融后使用，熔融物可在121～126℃的烘箱中放置1h，或在乙醇灯的小火焰上进行，放入干燥器中冷却后使用。熔体表面出现的针状结晶应用小刷刷掉，以防燃烧不完全；也可放在已升温到200～250℃的马弗炉的门口，熔融数分钟后立即取出，并把一根已称重的棉线的一头放入苯甲酸中。冷却后棉线凝固在苯甲酸中，称重时减去棉线重，则为苯甲酸质量。

③ 按照发热量测定的相应步骤，准备氧弹和内、外筒，然后点火和测量温升。在使用恒温式热量计情况下，开始搅拌5min后准确读取一次内筒温度（T_0），经10min后再读取一次内筒温度（t_0）。随后即按发热量测定步骤点火，记下外筒温度（t_j）和露出柱温度（t_e），并继续进行到得出终点温度（t_n）。然后继续搅拌10min并记下内筒温度（T_n），试验即告结束。打开氧弹，注意检查内部，如发现有炭黑存在，试验应作废。热容量和仪器常数由计算机求出。

④ 根据观察数据，计算出v_0、v_n和对应的内、外筒温差（$t-t_j$），见表16-2。

表16-2 v_0、v_n和（$t-t_j$）计算公式

v	$t-t_j$
$v_0=\dfrac{T_0-t_0}{10}$	$\dfrac{t_0+T_0}{2}-t_j$
$v_n=\dfrac{t_n-T_n}{10}$	$\dfrac{t_0+T_n}{2}$

上述的t_j为实测的外筒温度数值。热容量标定试验结束之后，列出v_0、v_n及对应的内、外筒温差：

$$\begin{array}{cc} v & (t-t_j) \\ \vdots & \vdots \end{array}$$

以v为纵坐标，以（$t-t_j$）为横坐标，作出v-($t-t_j$)关系曲线如图16-1所示，或用一元线性回归的方法计算出K和A。

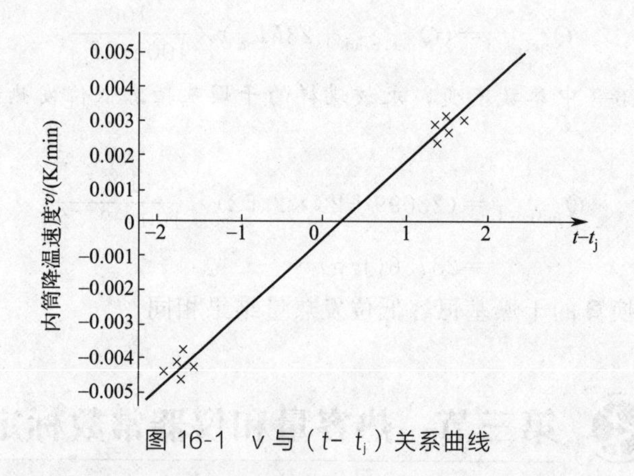

图16-1 v与（$t-t_j$）关系曲线

⑤ 热容量标定中硝酸生成热可按下式求得

$$q_n=Qm\times0.0015$$

式中 q_n——硝酸生成热，J；

Q——苯甲酸热值，J/g；

m——苯甲酸用量，g；

0.0015——硝酸校正系数。

⑥ 按照标准进行各种必要的校正。

⑦ 热容量 E 按下式计算

$$E=\frac{Qm+q_1+q_n}{H[(t_n+h_n)-(t_0+h_0)+C]}$$

式中符号意义同前。

计算 C 所用的 v_0 和 v_n，应是根据每次试验中实测的（t_0-t_j）、（t_n-t_j）从 v-($t-t_j$）关系图中查得的值，或是按公式

$$v_0=K(t_0-t_j)+A$$
$$v_n=K(t_n-t_j)+A$$

计算而来，然后代入冷却校正公式求出 C 值，其相对标准偏差不超过 0.2%。

⑧ 热容量标定一般应进行 5 次重复试验，其相对标准偏差不超过 0.20%，取 5 次结果的平均值（修整到 1J/K）作为仪器的热容量。否则，再做一次或两次试验，取符合要求的 5 次结果平均值。如果任何 5 次结果的相对标准差都超过 0.2%，则应舍弃已有的全部结果，对试验条件和操作技术进行仔细检查，并纠正存在问题后，再重新进行标定。

⑨ 热容量标定值的有效期为 3 个月，超过此期限时应重新标定。在下列情况下，热容量标定值应重新测定：

a. 更换量热温度计；

b. 更换热量计大部件，如氧弹盖、连接环等（由厂家供给的或自制的相同规格的小部件，如氧弹的密封圈、电极柱、螺母等不在此列）；

c. 标定热容量和测定发热量时的内筒温度相差超过 5K；

d. 热量计经过较大的搬动之后。

如果热量计量热系统没有显著改变，重新标定的热容量值与前一次的热容量值相差不应大于 0.25%。否则，应检查试验程序，解决问题后再重新进行标定。

⑩ 在使用新型热量计前，需确定其热容量的有效工作范围。具体方法如下：

用苯甲酸进行至少 8 次热容量标定试验，苯甲酸片的质量一般为 0.7～1.3g，或根据被测样品可能涉及的热值（温升）范围确定苯甲酸片的质量。在两个端点处，至少分别做 2 次重复测定。然后，以温升 Δt（即 t_n-t_o）为横坐标，以热容量 E 为纵坐标，绘制温升与热容量的关系图。如果从图中观察到的热容量在整个范围内没有明显的系统变化，该热量计的热容量可视为常数。如果从图中观察到的热容量与温升有明显的相关性，除绘制出 E 和 Δt 的相关图外，还可用一元线性回归的方法求得 E 和 Δt 的关系式：$E=a+b\Delta t$，并计算方程的标准方差 s^2。在测定试样的发热量时，根据实际的温升 Δt 确定所用的热容量值（查图或公式计算）。

⑪ 结果的表述。弹筒发热量和高位发热量的结果计算到 1J/g，取高位发热量的两次重复测定的平均值，按数字修约规则修约到最接近的 10J/g 的倍数，按 J/g 或 MJ/kg 的形式报出。

⑫ 精密度。发热量测定的重复性和再现性见表 16-3。

表 16-3 发热量测定精密度

项目	重复性/(J/g)	再现性/(J/g)
高位发热量 $Q_{gr,ad}$(折算到同一水分基)	120	300

第四节 发热量测定仪器维护与常见故障处理

一、氧弹的维护

① 每天正式试验前，应将空氧弹充足氧气，浸入水中数分钟，观察氧弹的密封性能是否良好，以保证测试结果的准确性。

② 若发现氧弹漏气，则应当检查氧弹漏气部位，换上备用密封圈。

③ 若氧弹螺纹已经滑丝，则禁止使用。

④ 每次试验完毕后，务必将氧弹的各部位用水冲洗干净，并用毛巾擦干。

二、充氧仪的维护

① 充氧仪必须放在平稳的工作台面上。

② 充氧仪严禁与各种油脂接触。

③ 充氧仪上的导管应避免弯折、扭曲和碰伤。

④ 充氧仪周围严禁明火存在。

三、其他部件的维护

① 热量仪必须接地。

② 每年必须定期更换一次外筒水。

四、常见问题的解决

在发热量测定中，最常见的问题是点火失败，可以从以下几个方面来分析解决。

① 氧弹接触不良。主要是氧弹经多次试验后，两根接点火丝的接线柱被氧化，使得点火丝与氧弹接触不良，造成点火失败。解决的办法是用砂布擦去接线柱的氧化层，重新接上点火丝即可。

② 氧弹内电极短路。氧弹内两电极靠得太近，放入坩埚后，使得两电极短路造成点火失败，或点火成功后却烧毁坩埚。解决的办法是调整两电极的距离。

③ 点火丝与煤样接触不好。特别是用棉线点火时，棉线与点火丝接触不好或与煤样接触不好，都能造成点火失败。解决的办法是把棉线压在煤样里，这样可避免充氧时把棉线吹开而造成的接触不良。

第五节 发热量测定中的有关注意事项

① 注意苯甲酸的纯度，在压片及操作过程中不要将其沾污。从商家购买的已压制成片的苯甲酸，买来后应放入干燥器中，以免吸水。因为片状的苯甲酸吸水后，比粉状的干燥更困难。

② 根据所测定煤样的灰分，可算出煤样的大概热值。根据煤样的热值，可调节好内筒的初始温度。例如，某煤样预测热值为23000J，热容量为10000J，外筒温度为20℃，那么

此煤样燃烧后大约使内筒水温升高 2.3K，由于终点时内筒温度要比外筒温度高 1K 左右，因此内筒水温应为 18.7℃。两个重复样测定时，内筒初始水温应尽量保持一致。

③ 发热量测定中，要保持室温在 15～30℃，而且室内不应有强烈的热源和风扇等。为了保持室温，许多化验室都使用空调，需要注意的是空调不能对着热量仪吹，而且要等到室温稳定后才能测定。一般空调开启半小时后，调整外筒水温与室温温差在 1.5K 以内，方可进行发热量测定。

④ 对易飞溅的煤样，在测定中氧弹内可以不加 10mL 水，这样易于煤样燃烧完全，用这个方法测定标准煤样，误差符合规定要求。

⑤ 对不易燃烧完全的矸石和其他低热值煤，除加擦镜纸和掺苯甲酸外，也可掺入标准煤样或者才测出热值不久的高热值煤样，在最后结果计算时减去掺入的煤样热值即可。在微机热量仪中，只要在添加物热值一栏填上掺入煤样的热值，并在煤样质量处输入被测煤样质量即可。掺入煤样的热值计算如下

掺入煤样的热值＝掺入煤样的弹筒热值×掺入煤样的质量

也可以在微机热量仪上这样计算：如称取被测煤样 0.6100g，掺入已知 $Q_{b,ad}$＝28000J/g 的煤样 0.4100g，最后结果计算时，输入煤样质量为 1.0200g，得到弹筒发热量为 14000J/g，则被测煤样热值计算如下

$$Q_{b,ad}=\frac{14000\times1.0200-28000\times0.4100}{0.6100}=4590(J/g)$$

⑥ 测完热值后，氧弹内的气体一定要排出室外。

⑦ 目前所使用的微机热量计，都是采用由厂家配套供应的铂电阻（或热敏电阻）温度计。但经过一定的使用周期，任何精密的测量仪器，都会因使用方式、传导材质性能变化、部件磨损等原因造成精度允许误差超值，使用中如长期不进行校验，将会影响测定精度。因此，如何对温度计进行选择与校验，是微机热量仪使用中的重要问题。

温度计精度的检查与校验可以按以下程序进行操作：

使用不同热值的标准煤样来标定热量计，使筒内温升约为 1K、2K、3K 等。通过标准煤样测试结果与标准值之差是否在不确定范围内，来检验铂电阻随温度变化是否成线性关系。

⑧ 自动热量仪的内筒水是从外筒注入的，有个别仪器内筒水量会发生变化，造成煤样热值测定出现明显差错。应经常用标准煤样或已知热值煤样检查仪器的热容量。

第十七章　煤的密度测定

密度是反映物质性质和结构的重要参数，密度的大小取决于分子结构和分子排列的紧密程度。煤的密度随煤化程度的变化有一定的规律，利用密度还可以用统计法对煤进行结构解析。由于煤具有高度不均匀性，且煤的体积在不同情况下有不同含义，故煤的密度也有不同定义。

一、煤的密度表示方法

1. 煤的真相对密度

煤的真相对密度是指在20℃时，煤的质量（不包括煤的所有孔隙）与同温度同体积水的质量之比，用符号TRD表示。

煤的真相对密度是研究煤的性质和计算煤层平均质量的重要指标之一。

2. 煤的视相对密度

煤的视相对密度是指在20℃时，煤的质量（不包括煤粒间的空隙，但包括煤粒内的孔隙）与同温度同体积水的质量之比，用符号ARD表示。

在涉及煤的埋藏量计算、储煤仓的设计以及煤的运输、磨碎、燃烧等过程的计算时，都需要用煤的视相对密度指标。

3. 煤的堆密度

煤的堆密度是指单位体积（包括煤粒间的空隙和煤粒内的孔隙）煤的质量，即单位体积散装煤的质量，又叫煤的散密度。

在设计煤仓、计算焦炉装煤量和火车、汽车、轮船装载量时，要用到煤的堆密度指标。

4. 纯煤真密度

纯煤真密度是指除去矿物质和水分后，煤中有机质的真密度。

在高变质煤中，纯煤真密度可作为煤分类的一项参数，有些国家用来作为划分无烟煤的依据。

二、影响煤密度的因素

1. 煤的成因类型

不同成因类型的煤，其密度是不同的。腐植煤的真密度大于腐泥煤。如腐植煤的真相对密度最小为1.25，而腐泥煤的真相对密度一般小于1.2。主要是由于成煤的原始物质不同以及煤有机质的分子结构不同引起的。

2. 煤化程度

随着煤化程度的增高，煤的真密度逐渐增大。煤化程度较低时，真密度增加较慢，当接近无烟煤时，真密度增加很快。

3. 煤岩成分

对于同一煤化程度的煤，煤岩成分不同，其真密度也不同。在同一煤化程度的四种宏观煤岩成分中，丝炭的真密度最大，暗煤次之，亮煤和镜煤最小。

4. 煤中矿物质

煤中矿物质对煤的密度影响很大，因为矿物质的密度比煤中的有机质的密度大得多。因此，煤中矿物质含量越多，煤的密度越大。一般认为，煤的灰分每增加1%，煤的真相对密度要增加0.01。

三、煤的真相对密度的测定

煤的真相对密度决定于煤的变质程度、煤岩组成和煤中矿物质的特征和含量。煤的变质程度越深，纯煤的真相对密度就越大，一般褐煤的真相对密度多小于1.3，烟煤为1.3～1.4，无烟煤为1.4～1.9。煤中矿物质的真相对密度比煤中的有机物大得多，如黏土为2.4～2.6，黄铁矿为5.0等。因此，煤的真相对密度随煤中灰分增加而增大。

（一）测定要点

测定煤的真相对密度用的是密度瓶法，以水作置换介质，根据阿基米德原理进行计算。该方法的基本要点是：在20℃下，以十二烷基硫酸钠溶液为浸润剂，在一定容积的密度瓶中放入一定量的水，使煤样在密度瓶中浸润沉降并排出吸附的气体，根据煤样的质量及其排出的同体积水的质量，计算煤的真相对密度。

（二）试剂

十二烷基硫酸钠（化学纯）溶液：20g/L。

（三）仪器设备

（1）分析天平　感量0.0001g。

（2）水浴。

（3）恒温器　控制范围为10～35℃，控制精度为±0.5℃。

（4）密度瓶　带磨口毛细管塞，容量为50mL。

（5）刻度移液管　容量为10mL。

（6）水银温度计　0～50℃，最小分度为0.2℃。

（四）测定过程

① 准确称取粒度小于0.2mm的空气干燥煤样2g（称准到0.0002g），通过无颈小漏斗全部移入密度瓶中。

② 用移液管向密度瓶中注入十二烷基硫酸钠溶液（浸润剂）3mL，并将瓶颈上附着的煤粒冲入瓶中，轻轻转动密度瓶，放置15min使煤样浸透，然后沿瓶壁加入15mL蒸馏水。

③ 将密度瓶移入沸水浴中加热20min，以排出煤样吸附的气体。

④ 取出密度瓶，加入新煮过的蒸馏水至水面低于瓶口约1cm处并冷却至室温，然后于

(20±0.5)℃的恒温器（根据室温情况可适当调整恒温器的温度）中保持1h（也可在室温下保持3h以上，最好放置过夜），并记下室温温度。

⑤ 用吸管沿瓶颈滴加新煮沸过并冷却到20℃（或室温）的蒸馏水至瓶口，盖上瓶塞，使过剩的水从瓶塞上的毛细管溢出（这时瓶口和毛细管内不得有气泡存在，否则应重新加水、盖塞）。

⑥ 迅速擦干密度瓶，立即称出密度瓶加煤、浸润剂和水的质量为m_1。

⑦ 空白值的测定：按上述方法，但不加煤样，不在沸水浴中加热，测出密度瓶加浸润剂、水的质量为m_2。在恒温条件下，应每月测空白值一次；在室温条件下，应同时测定空白值。同一密度瓶重复测定的差值不得超过0.0015g。

（五）结果计算

真相对密度按下式计算

$$TRD_{20}^{20}=\frac{m_d}{m_2+m_d-m_1}$$

式中 TRD_{20}^{20}——干燥煤的真相对密度；

m_d——干燥煤样的质量，g；

m_1——密度瓶、煤样、浸润剂和水的质量，g；

m_2——密度瓶、浸润剂和水的质量，g。

干燥煤样质量按下式计算

$$m_d=m\times\frac{100-M_{ad}}{100}$$

式中 m——空气干燥煤样的质量，g；

M_{ad}——空气干燥煤样水分，%。

在室温下，真相对密度按下式计算

$$TRD_{20}^{20}=K_t\times\frac{m_d}{m_2+m_d-m_1}$$

$$K_t=d_t/d_{20}$$

式中 K_t——t℃下温度校正系数，K_t值可由表17-1查出；

d_t——水在t℃时的真相对密度；

d_{20}——水在20℃时的真相对密度。

表17-1 温度校正系数K_t表

温度/℃	校正系数K_t	温度/℃	校正系数K_t
6	1.00174	16	1.00074
7	1.00170	17	1.00057
8	1.00165	18	1.00039
9	1.00158	19	1.00020
10	1.00150	20	1.00000
11	1.00140	21	0.99979
12	1.00129	22	0.99956
13	1.00117	23	0.99953
14	1.00100	24	0.99909
15	1.00090	25	0.99883

续表

温度/℃	校正系数 K_t	温度/℃	校正系数 K_t
26	0.99857	31	0.99713
27	0.99831	32	0.99682
28	0.99803	33	0.99649
29	0.99773	34	0.99616
30	0.99743	35	0.99582

（六）真相对密度测定的精密度

真相对密度测定的重复性和再现性见表 17-2 的规定。

表 17-2 真相对密度测定允许差

重复性(绝对值)	再现性(绝对值)
0.02	0.04

［**例 17-1**］ 测定某煤样的真相对密度，数据见表 17-3，室温 21℃，M_{ad} 为 1.00%，求 TRD。

表 17-3 某煤样真相对密度测定结果

m/g	2.0000	2.0005
m_1/g	78.6502	79.1315
m_2/g	78.0025	78.4829

解：

$$m_{d_1}=2.0000\times\frac{100-1.00}{100}=1.9800\text{g}$$

$$m_{d_2}=2.005\times\frac{100-1.00}{100}=1.9805\text{g}$$

$$\text{TRD}_1=\frac{1.9800}{78.0025+1.9800-78.6502}\times0.99979=1.49$$

$$\text{TRD}_2=\frac{1.9805}{78.4829+1.9805-79.1315}\times0.99979=1.49$$

答：煤样的真相对密度的平均值为 1.49。

（七）真相对密度测定中的注意事项

① 加入十二烷基硫酸钠溶液时，要充分振荡使煤粒不附着气泡。

② 擦去毛细管表面的水时，注意不要吸掉毛细管内的水分。

③ 取出密度瓶后，应立即称重，最好一个一个地取出，一个一个地称重，避免室温的影响。若在室温下测定，需换算成 20℃下的密度。

④ 以水为介质时，水对煤的浸润性较差，测定时需要煮较长时间，才能将煤样完全浸湿，而十二烷基硫酸钠是无挥发性的表面活性剂，可以促使煤与水浸润而下沉。

第十八章　煤的黏结性与结焦性测定

煤炭的用途十分广泛，根据使用目的不同，可分为三大类：动力煤、炼焦煤、煤化工用煤。其中，炼焦煤的主要用途是炼焦炭。焦炭多用于炼钢，是钢铁行业的主要生产原料，被誉为钢铁工业的“基本食粮”，其质量好坏直接影响到钢铁的质量。煤的黏结性和结焦性是炼焦用煤的重要工艺性质。

煤的黏结性是指煤在隔绝空气条件下加热时，黏结其本身或外加惰性物质的能力，是煤干馏时形成胶质体所显示的一种特性，是结焦的必要条件。炼焦煤中以气肥煤和肥煤的黏结性最好。

煤的结焦性是指煤在工业条件下，形成焦炭的能力。

煤的黏结性和结焦性关系密切，结焦性包括保证结焦过程能够顺利进行的所有性质，黏结性是结焦性的前提和必要条件。黏结性好的煤，结焦性不一定好（如肥煤）；但结焦性好的煤，其黏结性一定好。炼焦用煤必须具有较好的黏结性和结焦性，才能炼出优质的冶金焦。因此，为了选择合适的炼焦用煤和确定合理的配煤方案，必须测定煤的黏结性和结焦性。

测定煤黏结性和结焦性的方法很多，大体可以分为以下三类：

① 根据胶质体的数量和性质进行测定，如胶质层厚度、基氏流动度、奥亚膨胀度等。

② 根据煤黏结惰性物料的能力进行测定，如罗加指数、黏结指数等。

③ 根据所得焦块的外形进行测定，如坩埚膨胀序数和葛金指数等。

测定煤的黏结性与结焦性时，煤样的制备与保存十分重要。一般应在制样后立即分析，以防止煤样氧化带来不利影响。

下面主要介绍煤的黏结指数和胶质层指数的测定。

第一节　煤的黏结指数测定

黏结指数是中国煤炭科学研究院北京煤化学研究所，分析了罗加指数测定的优缺点以后，经过大量实验提出的表征烟煤黏结性的一种指标。

烟煤黏结指数是判别烟煤的黏结性、结焦性的一个重要指标。在中国煤炭分类中，将黏结指数作为表征烟煤黏结性的主要参数，是煤炭分类中的主要指标。在炼焦过程中，常用黏结指数和挥发分来指导炼焦配煤。该指标的测定方法是按 1∶5 或 3∶3 的配比使烟煤和标准无烟煤混合后焦化，测定其所得焦块的黏结强度。

一、测定要点

将一定质量的试验煤样和专用无烟煤，在规定条件下混合，快速加热成焦，所得焦块在一定规格的转鼓内进行强度检验，用规定的公式计算黏结指数，以表示试验煤样的黏结能力。

二、基本原理

以一定质量的试验煤样和一定质量的专用无烟煤混合均匀，在干馏过程中煤样生成的胶质体将无烟煤黏结在一起，然后用转鼓试验来测定焦块的耐磨强度，以此来判别试验煤样的黏结能力。

三、专用无烟煤

测定黏结指数的无烟煤采用宁夏汝箕沟西沟平硐二层煤，其主要指标是：M_{ad}＜2.5％，A_d＜4.0％，V_{daf}＜8.0％，粒度为0.1～0.2mm（粒度小于0.1mm的筛下物不大于6％，粒度大于0.2mm的筛上物不大于4％）。

四、仪器设备和工具

（1）分析天平　感量1mg。

（2）马弗炉带控温仪　其恒温区[(850±10)℃]长度不小于120mm。

（3）黏结指数仪　要求转鼓转速必须保证（50±2)r/min，转鼓内径为200mm，深70mm，壁上铆有两块相距180°、厚为3mm的挡板。

（4）压力器　以6kg质量压紧试验煤样与专用无烟煤混合物的仪器。

（5）坩埚　瓷质，专用。

（6）搅拌丝　由ϕ1～1.5mm硬质金属丝制成。

（7）压块　由镍铬钢制成，质量为110～115g。

（8）圆孔筛　筛孔ϕ1mm。

（9）坩埚架　4孔或6孔，由ϕ3～4mm镍铬丝制成。

（10）带手柄平铲或夹子。

五、煤样

试验煤样按规定制备成粒度小于0.2mm的空气干燥煤样，其中0.1～0.2mm的煤粒占全部煤样的20％～35％，煤样在试验前先混合均匀。

煤样应装在密封的容器中，制样后到试验时间不应超过一星期。如超过一星期，则应在报告中注明制样和试验时间。

六、测定过程

先称取5g专用无烟煤，再称取1g试验煤样放入坩埚，质量应称准到0.001g。用搅拌丝将坩埚内的混合物搅拌2min。

搅拌方法是：坩埚倾斜45°左右，逆时针方向转动，每分钟约15r，搅拌丝按同样倾角作顺时针方向转动，每分钟约150r。搅拌时，搅拌丝的圆环接触坩埚壁与底相连接的圆弧部分。约经1min 45s后，一边继续搅拌，一边将坩埚与搅拌丝逐渐转到垂直位置，约2min时，搅拌结束，亦可用达到同样搅拌效果的机械装置进行搅拌。搅拌时，应防止煤样外溅。

搅拌后，将坩埚壁上煤粉用刷子轻轻扫下，用搅拌丝将混合物小心地拨平，并使沿坩埚壁的层面略低1～2mm，以便压块将混合物压紧后，使煤样表面处于同一层面。

用镊子夹压块于坩埚中央，然后将其置于压力器下，将压杆轻轻放下，静压30s。加压结束后，压块仍留在混合物上，加上坩埚盖。注意从搅拌开始，带有混合物的坩埚应轻拿轻放，避免受到撞击与振动。

将带盖的坩埚放在坩埚架上，用带手柄的平铲或夹子托起坩埚架，放入预先升温到850℃的马弗炉内的恒温区。要求6min内，炉温应恢复到850℃，以后炉温应保持在（850±10)℃。从放入坩埚开始计时，焦化15min之后，将坩埚从马弗炉中取出，放置冷却到室温。若不立即进行转鼓试验，则将坩埚放入干燥器中。马弗炉温度测量点，应在两行坩埚中央。炉温应定期校正。

从冷却后的坩埚中取出压块。当压块上附有焦屑时，应刷入坩埚内。称量焦渣总质量，然后将其放入转鼓内，进行第一次转鼓试验，转鼓试验后的焦块用1mm圆孔筛进行筛分，再称量筛上物质量。然后，将其放入转鼓进行第二次转鼓试验，重复筛分、称量操作。每次转鼓试验进行5min，即250r。质量均称准到0.01g。

七、结果计算

黏结指数按下式计算

$$G=10+\frac{30m_1+70m_2}{m}$$

式中 m_1——第一次转鼓试验后，筛上物的质量，g；

m_2——第二次转鼓试验后，筛上物的质量，g；

m——焦化处理后焦渣总质量，g。

计算结果取到小数点后第一位。

八、补充试验

当测得G小于18时，需重做试验。此时，试验煤样和专用无烟煤的比例改为3∶3，即3g试验煤样和3g专用无烟煤，结果按下式计算

$$G=\frac{30m_1+70m_2}{5m}$$

九、精密度及结果报出

黏结指数测定结果的精密度见表18-1。

表18-1 黏结指数测定的精密度

黏结指数(G值)	重复性(G值)	再现性(G值)
≥18	≤3	≤4
<18	≤1	≤2

以重复试验结果的算术平均值作为最终结果，报出结果取整数。

[例 18-1] 下面是测定某一煤样黏结指数的一组数据，试样与专用无烟煤之比为 1∶5，求 G 值。

$$\begin{array}{lrr} & 35.62 & 34.28 \\ \text{焦渣重} & -30.17 & -28.84 \\ \hline & 5.45 & 5.44 \end{array}$$

$$\begin{array}{lrr} & 34.16 & 32.74 \\ \text{第一次转鼓} & -30.17 & -28.84 \\ \hline & 3.99 & 3.90 \end{array}$$

$$\begin{array}{lrr} & 33.51 & 32.11 \\ \text{第二次转鼓} & -30.17 & -28.84 \\ \hline & 3.34 & 3.27 \end{array}$$

解：$G_1=10+\dfrac{30m_1+70m_2}{m}$

$$=10+\frac{30\times 3.99+70\times 3.34}{5.45}$$

$$=74.9$$

$$G_2=10+\frac{30m_1+70m_2}{m}$$

$$=10+\frac{30\times 3.90+70\times 3.27}{5.44}$$

$$=73.6$$

$$G=\frac{G_1+G_2}{2}=\frac{74.9+73.6}{2}=74.25\approx 74$$

该煤样黏结指数为 74。

十、注意事项

黏结指数测定是一个规范性很强的方法，其试验结果随试验条件变化而变化，因此，只有严格遵守测定标准的各项规定，才能获得准确的结果。

① 将煤样和无烟煤混合均匀是获得可靠结果的首要条件，如果没混合均匀，以后的操作做得再好，误差还是很大。因此，试验中应遵照搅拌煤样的方法，将煤样充分搅拌均匀。

② 为了保证煤样的粒度，最好采用手工制样。如用密封式粉碎机破碎煤样，煤样粒度太细，达不到测定规范对煤样的要求，使得结果不准确。

③ 炼焦煤选煤厂，特别是选外来煤的选煤厂，需确定原煤牌号来测定 G 时，往往根据规定用 1.4 的密度液浮沉原煤，取浮煤来测定 G。这里要注意的是，生产选出来的精煤 G 值要比 1.4 密度液浮出来的精煤 G 值要低。因为生产选出来的精煤灰分要高一点。例如 1.4 密度液的浮煤灰分在 5%左右，那么选十级精煤的灰分是 9.51%～10.00%，灰分增加，G 值就减小。

④ 焦化温度。当煤样放入马弗炉后，在 6min 内炉温应恢复到 850℃，如没有达到规定，必须重做。

第二节 煤的胶质层指数测定

煤的胶质层指数测定采用单向加热法，可测定胶质层最大厚度 Y、最终收缩度 X 和体积曲线类型，并可了解焦块特征。其中，胶质层最大厚度直接反映了煤的胶质体特性和数量，是煤的结焦性能好坏的重要标志，是中国煤炭分类和评价炼焦及配煤炼焦的主要指标。此外，通过对煤杯中焦炭的观察和描述，还可得到焦炭技术特征等资料。

一、基本原理

煤的胶质层指数测定方法是模拟工业焦炉的炼焦条件，在恒压条件下，对装入煤杯中的煤样从下部进行单侧加热，在煤杯内的煤样中形成一系列的等温层面，其温度自下而上递减，这样形成了半焦层、胶质层和未软化的煤样层。随着温度的升高，煤样逐渐减少，胶质体先增厚，然后又逐渐减薄，同时半焦层逐渐增厚至最后全部固化为半焦。

二、方法要点

称取 100g 煤样，按规定的方法装入煤杯中，煤杯放在炉孔内，恒压后，以规定的升温方法进行单侧加热，煤样则相应形成半焦层、胶质层和未软化的煤样层三个等温面。用探针按规定测量，即可得到胶质层最大厚度 Y；测量其试验结束后的体积收缩度，即可得到最终收缩度 X；按国标规定的类型，对试验形成的不同体积曲线进行鉴别，即可确定体积曲线类型。

三、仪器设备

（1）胶质层测定仪　分为带平衡砣和不带平衡砣的两种类型，除了平衡砣外，其余构造相同。我国常用的是不带平衡砣的。

（2）程序控温仪　温度低于 250℃时，升温速度约为 8℃/min；温度在 250℃以上时，升温速度为 3℃/min。在 350～600℃期间，显示温度与应达到的温度差值不超过 5℃，其余时间内不应超过 10℃。也可用电位差计（0.5 级）和调压器来控温。

（3）煤杯　煤杯由 45 号钢制成，其规格为：外径 70mm，杯底内径 59mm，从距杯底 50mm 处至杯口的内径 60mm；从杯底到杯口的高度 110mm。煤杯使用部分的杯壁应当光滑，不应有条痕和缺凹。每使用 50 次后应检查一次使用部分的直径。检查时，沿其高度每隔 10mm 测量一点，共测 6 点，测得结果的平均数与平均直径（59.5mm）相差不得超过 0.5mm，杯底与杯体之间的间隙也不应超过 0.5mm。

（4）探针　探针由钢针和铝制刻度尺组成。钢针直径为 1mm，下端是钝头。刻度尺上刻度的单位为 1mm，刻度线应平直清晰，线粗 0.1～0.2mm，对于已装好煤样而尚未进行试验的煤杯，用探针测量其纸管底部位置时，指针应指在刻度尺的零点上。

（5）加热炉　由上部砖垛、下部砖垛和电加热元件组成。

上、下部炉砖的物理化学性能应能保证对煤样的测定结果与用标准炉砖的测定结果一致。炉砖可同时放两个煤杯，称前杯和后杯。

电加热元件为硅碳棒，其规格和要求为：电阻 6～8Ω；使用部分长度 150mm，直径

8mm；冷端长度 60mm，直径 16mm；灼热部分温度极限为 1200～1400℃，硅碳棒的灼热强度能在距冷端 15mm 处降下来。每个煤杯下面串联两支电阻值相近的硅碳棒，也可使用镍铬丝加热盘，但必须加热均匀，并确保满足本标准的升温速度和最终的温度要求。

(6) 架盘天平　最大称量 500g，感量 0.5g。

(7) 测定时，煤样横断面上所承受的压强 p 应为 9.8×10^4Pa。

不带平衡砣的仪器用下式检查压强：

$$Lm=L_1(Ap-m_1)-L_2m_2$$

式中　L——活轴轴心与杠杆上砝码挂钩的刻痕间的距离，cm；

m——砝码和挂钩的总质量，kg；

L_1——从活轴轴心到压力盘与杠杆连接的轴心的距离，等于 20cm；

m_1——压力盘的质量，kg；

L_2——从活轴轴心到杠杆（包括记录笔部件）的重心的距离，该重心用实测方法求出，cm；

m_2——杠杆及记录笔部件的质量，kg；

p——煤样上承受的压强，等于 9.8×10^4Pa；

A——煤样横断面的面积，约等于 27.4cm^2，可按下式计算：

$$A=\frac{3.14(D^2-d^2)}{4}$$

式中　D——煤杯使用部分的平均直径，等于 59.5cm；

d——热电偶铁管的外径，cm。

(8) 热电偶　镍铬-镍铝热电偶，每半年校准一次。在更换或重焊热电偶后应重新校准。

四、煤样

胶质层测定用的煤样的缩制方法应符合《煤样的制备方法》，应用对辊式破碎机破碎到全部通过 1.5mm 的圆孔筛，但不得过度破碎，防止煤样粒度过细。

为了确定煤的牌号，进行煤分类的煤样应按煤分类方案的要求进行减灰，即用 1.4 密度的氯化锌溶液洗选。对洗精煤和直接用于生产的商品煤样，不再减灰。为了防止煤样的氧化对测定结果的影响，试样应装在磨口玻璃瓶或其他密闭容器中，且放在阴凉处。试验应在制样后不超过半个月内完成。

五、试验前的准备工作

① 每次试验前，应仔细将煤杯内壁、杯底、热电偶管及压力盘上所附着的焦屑、炭黑等清理干净，可用 $1\frac{1}{2}$ 号金刚砂布人工进行清除，也可用机械方法清除。

② 在一根细钢棍上用香烟纸粘制成直径为 2.5～3mm、高度为 60mm 的纸管。装煤杯时将钢棍插入纸管，纸管下端折约 2mm，纸管上端与钢棍贴紧，防止煤样进入纸管。

③ 滤纸条：将大张定性滤纸裁剪成宽约 60mm，长约 190～200mm 的纸条。

④ 石棉圆垫：用厚度为 0.5～1.0mm 的石棉纸作直径为 59mm 的圆垫，在上下部圆垫上都有供热电偶铁管穿过的圆孔，在上部还有纸管穿过的小孔。

⑤ 用毫米方格纸作体积曲线记录纸，其高度与记录转筒的高度相同，其长度略大于转筒圆周。

⑥ 装煤杯：将杯底放入煤杯，使其下部凸出部分进入煤杯底部圆孔中，杯底上放置热电偶，铁管的凹槽中心点与压力盘上放热电偶的孔洞中心点对准。将石棉垫铺在杯底上，石棉垫上圆孔应对准杯底上的凹槽，在杯底内下部沿壁围一条滤纸条。将热电偶铁管插入杯底凹槽，把带有香烟纸管的钢棍放在下部石棉圆垫的探测孔标志处，用压板把热电偶铁管和钢棍固定，并使它们都保持垂直状态。将全部试样倒在缩分板上，掺和均匀，摊成厚约10mm的方块。用直尺将方块划分为许多个30mm×30mm左右的小块，用长方形小铲，按棋盘式取样法隔块分别取出两份试样，每份试样质量为（100±0.5）g。

⑦ 将每份试样用堆锥四分法分为四部分，分四次装入杯中。每装25g之后，用金属针将煤样摊平，但不得捣固。试样装完后，将压板暂时取下，把上部石棉圆垫小心地平铺在煤样上，并将露出的滤纸边缘折复于石棉圆垫之上，放入压力盘，再用压板固定热电偶铁管。将煤杯放入上部砖垛的炉孔中，把压力盘与杠杆连接起来，挂上砝码，调节杠杆到水平。

⑧ 如试样在试验中生成流动性很大的胶质体并溢出压力盘，则应重新装样试验。重新装样时，须在折叠滤纸后，用压力盘压平，再用直径2～3mm的石棉绳在滤纸和石棉垫上方，沿杯壁和热电偶铁管外壁围一圈，再放上压力盘，使石棉绳把压力盘与煤杯、压力盘与热电偶铁管之间的缝隙严密地堵起来。

⑨ 在整个装样过程中香烟纸管应保持垂直状态。当压力盘与压力杠杆连接好后，在杠杆上挂上砝码，把细钢棍小心地由纸管中抽出来（可轻轻旋转），务必使纸管留在原有位置。如纸管被拔出，或煤粒进入了纸管（可用探针试出），须重新装样。

⑩ 用探针测量纸管底部时，将刻度尺放在压板上，检查指针是否指在刻度尺的零点，如不在零点，则有煤粒进入纸管内，应重新装样。

⑪ 将热电偶置于热电偶铁管中，检查前杯和后杯热电偶连接是否正确。

⑫ 把毫米方格纸装在记录转筒上，并使纸上的水平线始、末端彼此衔接起来。调节记录转筒的高低，使其能同时记录前、后杯两个体积曲线。

⑬ 检查活轴轴心到记录笔尖的距离，并将其调整为600mm，将记录笔充好墨水。

⑭ 加热前按下式求出煤样的装填高度

$$h=H-(a+b)$$

式中 h——煤样的装填高度，mm；

H——由杯底上表面到杯口的高度，mm；

a——由压力盘上表面到杯口的距离，mm；

b——压力盘和两个石棉圆垫的总厚度，mm。

测量 a 值时，顺煤杯周围在四个不同地方共量4次，取平均值。每次装样前应实测 H 值，b 值可用卡尺实测。

⑮ 同一煤样重复测定时装煤高度的允许差为1mm，超过允许差时应重新装样。报告结果时应将煤样的装填高度的平均值附注于 X 值之后。

六、试验步骤

① 当上述准备工作就绪后，打开程序控温仪开关，通电加热，并控制两煤杯杯底升温速度如下：250℃以前为8℃/min，并要求30min内升到250℃；250℃以后为3℃/min。每

10min记录1次温度。在350～600℃期间，实际温度与应达到的温度差不应超过5℃，在其余时间内不应超过10℃。否则，试验作废。

在试验中应按时间记录“时间”和“温度”。“时间”从250℃起开始计算，以min为单位。

② 温度到达250℃时，调节记录笔尖，使之接触到记录转筒上，固定其位置，并旋转记录转筒一周，画出一条“零点线”，再将笔尖对准起点，开始记录体积曲线。

③ 对一般煤样，测量胶质层层面是在体积曲线开始下降后几分钟开始，到温升至650℃时停止。当试样的体积曲线呈山形或生成流动性很大的胶质体时，其胶质层层面的测定可适当提前停止。一般可在胶质层最大厚度出现后，再对上、下部层面各测2～4次即可停止，并立即用石棉绳或石棉绒把压力盘上探测孔严密地堵起来，以免胶质体溢出。

④ 测量胶质层上部层面时，将探针刻度尺放在压板上，使探针通过压板和压力盘上的专用小孔小心地插入纸管中，轻轻往下探测，直到探针下端接触到胶质层层面（手感有阻力了为上部层面）。读取探针刻度毫米数（为层面到杯底的距离），将读数填入记录表中“胶质层上部层面”栏内，并同时记录测量层面的时间。

⑤ 测量胶质层下部层面时，用探针首先测出上部层面，然后轻轻穿透胶质体到半焦表面（手感阻力明显加大为下部层面），将读数填入记录表中“胶质层下部层面”栏内，同时记录测量层面的时间。探针穿透胶质层和从胶质层中抽出时，均应小心缓慢进行。抽出时还应轻轻转动，防止带出胶质体或使胶质层内积存的煤气突然逸出，以免破坏体积曲线形状和影响层面位置。

⑥ 根据转筒所记录的体积曲线形状及胶质体特性，来确定测量胶质层上、下部层面的频率。

a. 当曲线呈“之"字形或波形时，在体积曲线上升到最高点时，测量上部层面；在体积曲线下降到最低点时，测量上部层面和下部层面（但下部层面的测量不应太频繁，约每8～10min测量1次）。如果曲线起伏非常频繁，可间隔1次或2次起伏，在体积曲线的最高点和最低点测量上部层面，并每隔8～10min在体积曲线的最低点测量1次下部层面。

b. 当体积曲线呈山形、平滑下降形或微波形时，上部层面每5min测量1次，下部层面每10min测量1次。

c. 当体积曲线分阶段符合上述典型情况时，上、下部层面测量应分阶段按其特点依上述规定进行。

d. 当体积曲线呈平滑斜降形时（属结焦性不好的煤，Y值一般在7mm以下），胶质层上、下部层面往往不明显，总是一穿即达杯底。遇此种情况时，可暂停20～25min，使层面恢复，然后以每15min不多于1次的频率测量上部和下部层面。并力求准确探测出下部层面位置。

e. 如果煤在试验时形成流动性很大的胶质体，下部层面的测定可稍晚开始，然后每隔7～8min测量1次，到620℃也应堵孔。在测量这种煤的上、下部胶质层层面时，应特别注意，以免探针带出胶质体或胶质体溢出。

f. 当温度到达730℃时，试验结束，此时调节记录笔使之离开转筒，关闭电源，卸下砝码，使仪器冷却。

g. 胶质层测定结束后，必须等上部砖垛完全冷却，或更换上部砖垛方可进行下一次试验。

h. 试验过程中，当煤气大量从杯底析出时，应不时地向电加热元件吹风，使从杯底析出的煤气和炭黑烧去，以免发生短路，烧坏硅碳棒、镍铬线，或影响热电偶正常工作。

i. 试验时，若煤的胶质体溢出到压力盘上，或在香烟纸管中的胶质层层面骤然高起，则试验应作废。

七、曲线的加工及胶质层测定结果的确定

① 取下记录转筒上的毫米方格纸，在体积曲线上方水平方向标出温度，在下方水平方向标出“时间”作为横坐标。在体积曲线下方、温度和时间坐标之间留一适当位置，在其左侧标出层面距杯底的距离作为纵坐标。根据记录表上所记录的各个上、下部层面位置和相应的“时间”数据，按坐标在图纸上标出“上部层面”和“下部层面”的各点，分别以平滑的线加以连接，得出上、下部层面曲线。如按上面方法连成的层面曲线呈“之”字形，则应通过“之”字形部分各线段的中部连成平滑曲线作为最终的层面曲线，如图 18-1 所示。

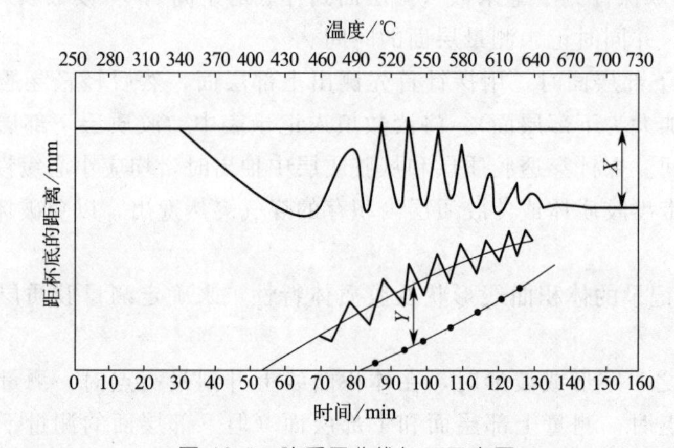

图 18-1 胶质层曲线加工示意图

② 取胶质层上、下部层面曲线之间沿纵坐标方向的最大距离（读准到 0.5mm）作为胶质层最大厚度 Y（图 18-1）。

③ 取 730℃时体积曲线与零点线间的距离（读准到 0.5mm）作为最终收缩度 X（图 18-1）。

④ 将整理完毕的曲线图，标明试样的编号，贴在记录表上一并保存。

⑤ 胶质层体积曲线类型如图 18-2 所示。

⑥ 按本节后续内容“焦块技术特征的鉴定”鉴定焦块的技术特征，并记入试验记录表中。

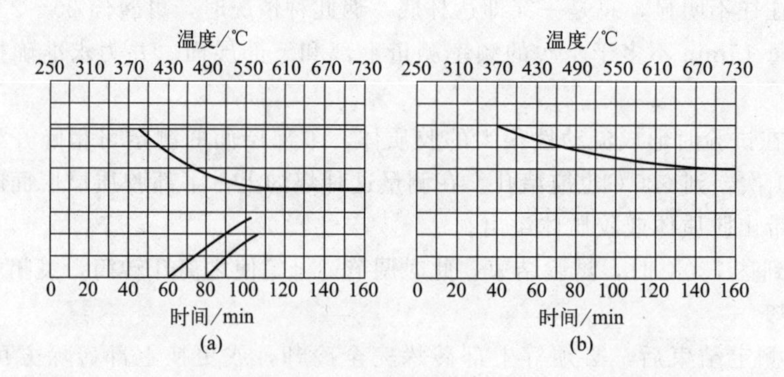

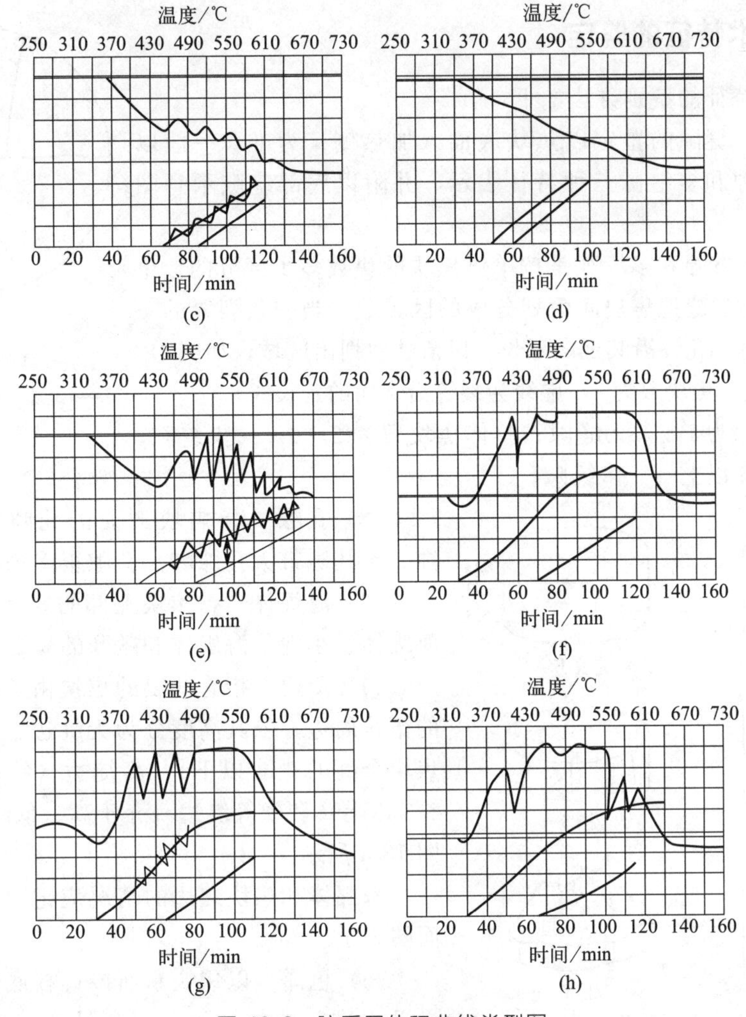

图 18-2　胶质层体积曲线类型图

(a) 平滑下降形；(b) 平滑斜降形；(c) 波形；(d) 微波形；(e) “之”字形；(f) 山形；(g)、(h) “之山”混合形

⑦ 在报告 X 值时，应按标准的规定注明试样装填高度。如果测得的胶质层厚度为零，则在报告 Y 值时应注明焦块的熔合状况。必要时，应将体积曲线及上、下部层面曲线的复制图附在结果报告上。

⑧ 取前杯和后杯重复测定的算术平均值，计算到小数点后一位，然后修约到 0.5mm，作为试验结果报出。

八、胶质层指数测定的精密度

烟煤胶质层指数测定方法的重复性限见表 18-2 的规定。

表 18-2　烟煤胶质层指数测定精密度

参数/mm	重复性限/mm
$Y \leqslant 20$	1
$Y > 20$	2
X	3

九、焦块技术特征的鉴定

焦块技术特征的鉴别方法如下：

(1) 缝隙　缝隙的鉴定以焦块底面（加热侧）为准，一般以无缝隙、少缝隙和多缝隙三种特征表示，并附以底部缝隙示意图（图 18-3）。

无缝隙、少缝隙和多缝隙是按单体焦块的块数多少区分的。单体焦块块数是指裂缝把焦块底面划分成的区域数（当一条裂缝的一小部分不完全时，允许沿其走向延长，以清楚地划出区域，如图 18-3 所示焦块的单体焦块数为 8，虚线为裂缝沿走向的延长线）。

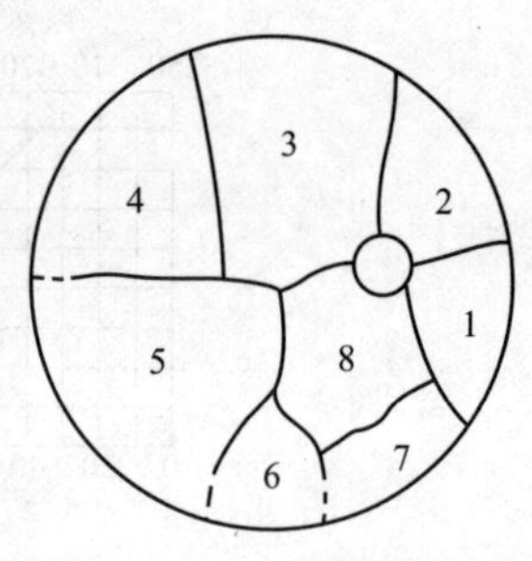

图 18-3　单体焦块和缝隙示意图

——缝隙；---不完全缝隙

单体焦块数为 1——无缝隙；单体焦块数为 2～6——少缝隙；单体焦块数为 6 以上——多缝隙。

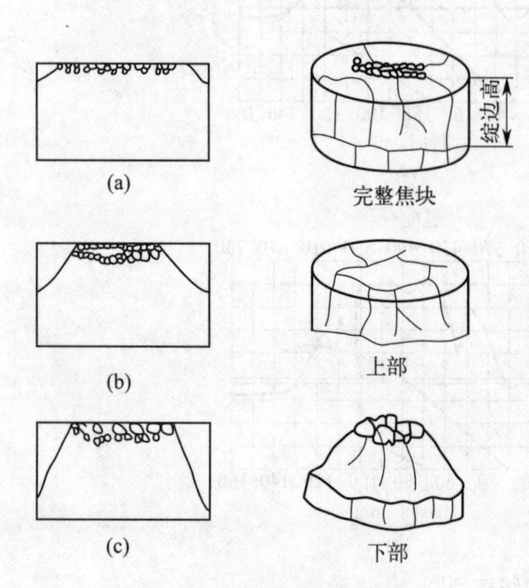

图 18-4　焦块绽边示意图

(a)低绽边；(b)中等绽边；(c)高绽边

(2) 孔隙　指焦块剖面的孔隙情况，以小孔隙、小孔隙带大孔隙和大孔隙很多来表示。

(3) 海绵体　指焦块上部的蜂焦部分，分为无海绵体、小泡状海绵体和敞开的海绵体。

(4) 绽边　指有些煤的焦块由于收缩应力裂成的裙状周边，依其高度分为无绽边、低绽边（约占焦块全高的 1/3 以下）、高绽边（约占焦块全高的 2/3 以上）和中等绽边（介于高、低绽边之间），如图 18-4 所示。

海绵体和焦块绽边的情况应记录在表上，以剖面图表示。

(5) 色泽　以焦块断面接近杯底部分的颜色和光泽为准。焦色分黑色（不结焦或凝结的焦块）、深灰色、银灰色等。

(6) 熔合情况　分为粉状（不结焦）、凝结、部分熔合、完全熔合等。

[例 18-2] 有一煤样测定胶质层指数，体积曲线呈“之”字形，测定数据见表 18-3，请作图求 Y、X 值。

表 18-3　某煤样胶质层指数测定数据

时间/min	上部/mm	下部/mm	时间/min	上部/mm	下部/mm
45	4.5		83	22	8
50	9		85	32	
55	15	2	87	23	8.5
60	20		89	32	
65	15	4	91	25	9
70	29		92	32	
75	18	6	93	28	11
77	31		94	33	
79	21	7	95	30	13
81	32				

解：按点在体积曲线表格点出数据，按曲线加工方法画出上下部曲线（图 18-5），得出 Y 值为 20mm，X 值为 38mm。

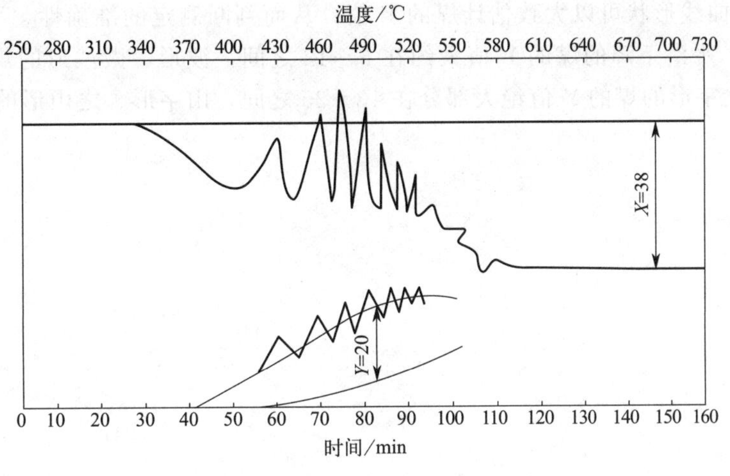

图 18-5 体积曲线

十、注意事项

① 胶质层指数测定是一个规范性很强的试验方法，特别是胶质层测定仪，仪器上炉砖的材质、煤杯的材质及直径、硅碳棒的电阻等，直接影响胶质层指数的数值大小及其正确程度，更何况各厂家生产的仪器很难做到统一。因此，国标中规定了重复性限，而没有规定再现性限。

② 胶质层指数的主要指标 Y 值是用探针凭人的手指感觉来测定的，因此带有主观性，人为因素太多。如一实验室有多个化验员测定体积曲线为"之"字形的煤样时，Y 值相差竟达到 5mm。

③ 胶质层指数测定中 Y 值是用探针来测定的。因此，准确测定胶质层上、下部层面，是保证测定结果准确度和精密度的关键。测定上、下部层面，全要靠经验和手感。

测定上部层面时，探针插入测孔中感觉到有阻力即可，否则会将上部层面扎凹而使结果偏低。

测定下部层面时，则要使探针穿透胶质面达到半焦表面。由于胶质体黏度不同，所以刺穿胶质体的用力也不相同，但只要碰到比较硬的半焦面，就是下部层面了。对于弱黏结的煤种来说，Y 值一般在 6 以下，测定时手感很差，不易测准，测定的准确度和精密度都很差。

④ 升温速度要达到国标中的规定。升温速度过快，会使 X 值减小，使 Y 值因为煤种不同而增大或减小。

⑤ 煤中水分对 X 值有明显影响，因此，煤样一定要达到空气干燥状态。

⑥ 煤样在生成胶质体时，同时还生成气体。若胶质层透气性好，煤的热分解在形成半焦后进行，则挥发性气体可以穿透胶质体逸散出去，形成平滑下降形体积曲线；若挥发分含量很少，胶质体数量也少，就形成了平滑斜降形的体积曲线。若透气性不好，那么气体就被裹在胶质体内，促使胶质体膨胀，如果这些气体没有出路，胶质体的体积就会较长时间地不断膨胀，使得体积曲线呈山形。如果半焦层有裂缝，那么气体膨胀到一定程度，就会从裂缝

中逸散出去，使体积收缩。这样一时膨胀一时收缩，就形成了“之”字形体积曲线。如果膨胀不大，气体逸出也慢，就形成了“波”形或“微波”形。如果“之”字形和“山”字形混在一起就形成了“之山”形。

⑦ 从体积曲线形状可以大致估计煤的 Y 值，从而判断测定的准确性。平滑斜降的煤的 Y 值在 6 以下，平滑下降的煤的 Y 值大约在 6～12 之间，波形、微波形的煤的 Y 值大约在 8～15 之间，之字形的煤的 Y 值绝大部分在 13～25 之间，山字形、之山形的煤的 Y 值在 25 以上。

第十九章　煤的其他性质分析

 第一节　煤的化学反应性测定

煤的化学反应性又称煤的化学活性，是指在一定温度下，煤与不同气体介质（如二氧化碳、氧或水蒸气等）相互作用的反应能力。反应性强的煤，在气化和燃烧过程中，反应速率快、效率高。特别是当采用一些高效能的新型气化工艺（如沸腾床、悬浮床气化等）时，反应性的强弱直接影响到煤在炉中反应的情况、耗氧量、耗煤量及煤气中的有效成分等，一般要求用反应性强的煤，以保证在气化和燃烧过程中反应速率快、效率高。

在流化燃烧过程中，煤的化学反应性与其燃烧速率也有密切关系。因此煤的化学反应性是一项重要的气化和燃烧特性指标。随着气化、燃烧技术的发展，这项指标在生产中的应用日益广泛。

煤的化学反应性表示方式很多，主要有以下几种：

① 直接以反应速率表示（包括比速率及反应速率常数）；

② 以反应物分解率或还原率表示；

③ 以活化能表示；

④ 以同一温度下产物的最大浓度或浓度与时间关系作图表示；

⑤ 以着火点或平均燃烧速率表示；

⑥ 以挥发物的热值表示等。

中国目前采用二氧化碳的还原率衡量煤的化学反应性。

煤对二氧化碳化学反应性的测定是以 CO_2 作为气体介质，在一定温度下 CO_2 气体与煤中的碳进行反应，以被还原成 CO 的 CO_2 量占通入 CO_2 总量的百分数，也就是二氧化碳的还原率 α（%）作为煤对二氧化碳化学反应性的指标。

一、测定要点

先将煤样干馏，除去挥发物（如试样为焦炭，则不需要干馏处理）。然后将其筛分并选取一定粒度的焦渣装入反应管中加热。加热到一定温度后，以一定的流量通入二氧化碳与试样反应。测定反应后气体中二氧化碳的含量，以被还原成一氧化碳的二氧化碳含量占通入的二氧化碳量的百分数，即二氧化碳还原率 α（%），作为煤或焦炭对二氧化碳化学反应性的指标。

二、测定准备

1. 试样的制备与处理

① 按煤样制备方法的规定制备 3～6mm 粒度的试样约 300g。

② 用橡皮塞把热电偶套管固定在干馏管中，并使其顶端位于干馏管的中心。将干馏管直立，加入粒度为 6～8mm 的碎瓷片或碎刚玉片至热电偶套管露出瓷片约 100mm，然后加入试样至试样层的厚度达 200mm，再用碎瓷片或碎刚玉片充填干馏管的其余部分。

③ 将装好试样的干馏管放入管式干馏炉中，使试样部分位于恒温区内，将镍铬-镍硅热电偶插入热电偶套管中。

④ 接通管式干馏炉电源，以 15～20℃/min 的速度升温到 900℃时，在此温度下保持 1h，切断电源，放置冷却到室温，取出试样，用 6mm 和 3mm 的圆孔筛叠加在一起筛分试样，留取 3～6mm 粒度的试样作测定用。黏结性煤处理后，其中大于 6mm 的焦块必须破碎使之全部通过 6mm 的筛子。

2. 反应性测定仪的安装

① 按图 19-1 连接各部件并使各连接处不漏气。

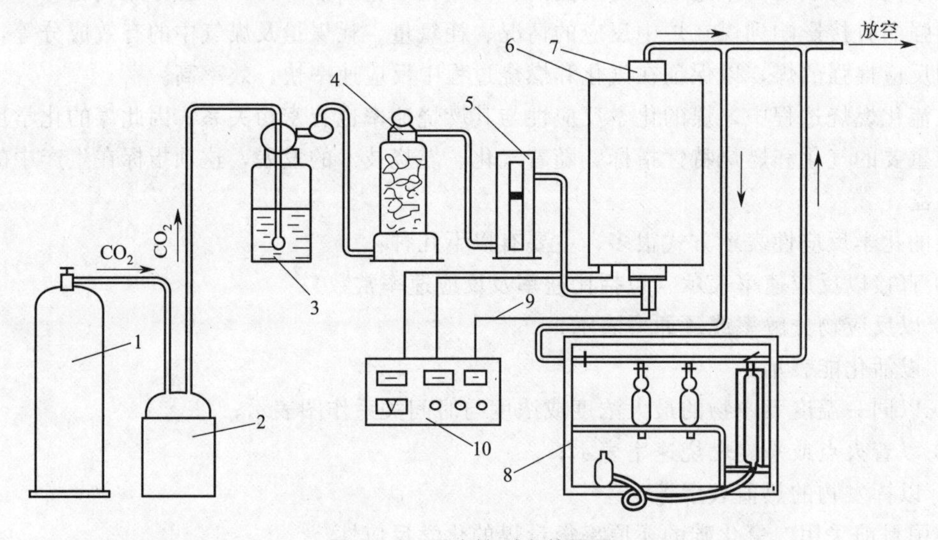

图 19-1 反应性测定装置图

1—二氧化碳瓶；2—贮气筒；3—洗气瓶；4—气体干燥塔；5—气体流量计；6—反应炉；7—反应管；8—奥氏气体分析器；9—热电偶；10—温度控制器

② 用橡皮塞将热电偶套管固定在反应管中，使套管顶端位于反应管恒温区中心。将反应管直立，加入粒度为 6～8mm 的碎刚玉片或碎瓷片至热电偶套管露出碎刚玉片或碎瓷片约 50mm。

三、测定步骤

① 将热处理后 3～6mm 粒度的试样加入反应管，使料层高度达 100mm，并使热电偶套管顶端位于料层的中央，再用碎刚玉片或碎瓷片充填其余部分。

② 将装好试样的反应管插入反应炉内，用带有导出管的橡皮塞塞紧反应管上端，把铂

铑-铂热电偶插入热电偶套管中。

③ 通入二氧化碳气体，检查系统有无漏气现象，确认不漏气后继续通二氧化碳 2～3min 以赶净系统内的空气。

④ 接通电源，以 20～25℃/min 速度升温，并在 30min 左右将炉温升到 750℃（褐煤）或 800℃（烟煤、无烟煤），在此温度下保持 5min。当气压在（101.33±1.33）kPa（760mmHg±10mmHg）、室温在 12～28℃时，以 500mL/min 的流量通入二氧化碳，通气 2.5min 时用奥氏气体分析器在 1min 内抽气清洗系统并取样。停止通入二氧化碳，分析气样中二氧化碳的浓度（若用仪器分析，应在通二氧化碳 3min 时记录仪器所显示的二氧化碳浓度）。

⑤ 在分析气体的同时，继续以 20～25℃/min 的速度升高炉温。每升高 50℃按上述规定保温、通二氧化碳并取气样，分析反应后气体中二氧化碳的浓度，直至温度达到 1100℃时为止。特殊需要时，可测定到 1300℃，将各级残焦指标的平均值按数据修约规则修约到小数点后一位，作为最后结果报告。

四、数据处理及结果计算

① 根据以下关系式绘制二氧化碳还原率与反应后气体中二氧化碳含量的关系曲线：

$$\alpha=\frac{100\%\times(100\%-a-V)}{(100\%-a)(100\%+V)}$$

式中 α——二氧化碳还原率，%；

a——钢瓶二氧化碳气体中杂质气体的含量，%；

V——反应后气体中二氧化碳的含量，%。

注：当钢瓶中二氧化碳的纯度改变时，必须重新绘制 α 与 V 的关系曲线。

② 根据测得的反应后气体中二氧化碳含量 V，从 α-V 曲线上查得相应的二氧化碳还原率 α。

③ 结果报告。每个试样做两次重复测定，按数据修约规则，将测得的反应后气体中二氧化碳的含量 V 修约到小数点后一位，从 α-V 曲线上查得相应的二氧化碳还原率 α，将测定结果填入表中。在以温度为横坐标、α 值为纵坐标的图上，标出两次测定的各试验结果点，通过各点按最小二乘法原理绘制一条平滑的曲线——反应性曲线。

将测定结果表和反应性曲线一并报出。

五、测定的精密度

任一温度下两次测定的 α 值与反应性曲线上相应温度下 α 值的差值，应不超过±3%。

第二节 煤的热稳定性测定

煤的热稳定性是指煤在高温燃烧或气化过程中对热的稳定性程度，也就是煤块在高温下保持原来粒度的能力。热稳定性好的煤，在燃烧或气化过程中不破碎或破碎较少；热稳定性差的煤，在燃烧或气化过程中迅速裂成小块或爆裂成煤粉。细粒度煤的增多，对煤的利用过程会产生不利影响，轻则增加炉内的阻力和带出物，降低气化和燃烧效率；重则破坏整个气化过程，甚至造成停炉事故。使用块煤作为气化原料时，应预先测定其热稳定性，以便选择合适的煤种或改变操作条件，以尽量减少因煤的热稳定性差而对气化过程的影响，确保运转正常。因此煤的热稳定性是生产、科研及设计单位确定气化工艺、技术、经济指标的重要依据之一。

煤的热稳定性测定条件：依据煤加入煤气发生炉内首先进入干燥层表面，煤突然受热而发生不同程度的破裂；干燥层以下是干馏层，其表面温度一般在800～900℃，煤主要在干馏层受热破裂。经过反复试验后，确定试验温度为850℃，受热时间为30min。

一、测定要点

量取6～13mm粒度的煤样，在（850±15)℃的马弗炉中隔绝空气加热30min，称量，筛分，以粒度大于6mm的残焦质量占各级残焦质量之和的百分数作为热稳定性指标TS_{+6}；以3～6mm和小于3mm的残焦质量分别占各级残焦质量之和的百分数作为热稳定性辅助指标$TS_{3\sim6}$、TS_{-3}。

二、测定过程

① 按煤样制备方法的规定制备6～13mm粒度的空气干燥煤样约1.5kg，仔细筛去小于6mm的粉煤，然后混合均匀，分成两份。

② 用坩埚从两份煤样中各量取500cm^3煤样，称量（称准到0.01g）并使两份质量一致（±1g)。将每份煤样分别装入5个坩埚，盖好坩埚盖并将坩埚放在坩埚架上。

③ 迅速将装有坩埚的架子送入已升温到900℃的马弗炉恒温区内，关好炉门，将炉温调到（850±15)℃，使煤样在此温度下加热30min。煤样刚送入马弗炉时，炉温可能下降，此时要求在8min内炉温恢复到（850±15)℃，否则测定作废。

④ 从马弗炉中取出坩埚，冷却到室温，称量每份残焦的总质量（称准到0.01g)。

⑤ 将孔径6mm和3mm的筛子与筛底盘叠放在振筛机上，把称量后的一份残焦倒入6mm筛子内，盖好筛盖并将其固定。

⑥ 开动振筛机，筛分10min。

⑦ 分别称量筛分后粒度大于6mm、3～6mm及粒度小于3mm的各级残焦的质量（称准到0.01g)。

⑧ 将各级残焦的质量相加，与筛分前的总残焦质量相比，二者之差不应超过±1g，否则测定作废。

三、结果计算

煤的热稳定性指标及其辅助指标分别按以下各式计算：

$$TS_{+6}=\frac{m_{+6}}{m}\times100\%$$

$$TS_{3\sim6}=\frac{m_{3\sim6}}{m}\times100\%$$

$$TS_{-3}=\frac{m_{-3}}{m}\times100\%$$

式中 TS_{+6}——煤的热稳定性指标，%；

$TS_{3\sim6}$、TS_{-3}——煤的热稳定性辅助指标，%；

m——各级残焦质量之和，g；

m_{+6}——粒度大于 6mm 的残焦质量，g；

$m_{3\sim6}$——粒度为 3～6mm 的残焦质量，g；

m_{-3}——粒度小于 3mm 的残焦质量，g。

计算两次重复测定各级残焦指标的平均值。

将各级残焦指标的平均值按数据修约规则修约到小数点后一位，作为最后结果报出。

四、测定的精密度

各项指标的两次重复性测定差值均不超过 3%。

第三节 煤的结渣性测定

煤的结渣性是指煤在气化或燃烧过程中，灰渣是否结块以及结块的程度，一般用煤灰的结渣率表示，以在规定条件下，一定粒度的煤样燃烧后，大于 6mm 的渣块占全部残渣的质量分数来计算，是煤灰受热软化、熔融而结渣的性能的度量。

煤的结渣性是反映煤灰在气化和燃烧过程中成渣的特性。

在气化、燃烧过程中，煤中的碳与氧反应，放出热量产生高温使煤中的灰分熔融成渣。一方面渣的形成使气流分布不均匀，易产生风洞，造成局部过热，给操作带来一定的困难，结渣严重时还会导致停产；另一方面由于结渣后煤块被熔渣包裹，煤中碳未完全燃烧就排出炉外，增加了碳的损失。为了使生产正常运行，避免结渣，往往通入适量的水蒸气，但这样又会降低反应层的温度，使煤气质量和气化效率下降。因此，煤的结渣性对于用煤单位和设计部门都是不可忽视的重要指标。煤的结渣性测定方法是模拟工业发生炉的氧化层反应条件。煤在氧化层的反应方程式如下：

$$C+O_2 \longrightarrow CO_2+393kJ/mol$$

此时煤中的灰在反应所产生的高温作用下发生软化和局部熔融而结渣。实验室以大于 6mm 的渣块占总灰渣的质量分数来评价煤的结渣性的强弱。

一、测定要点

将 3～6mm 粒度的试样装入特制的气化装置中，用木炭引燃，在规定鼓风强度下使其气化（燃烧）。待试样燃尽后停止鼓风，冷却，将残渣称量，筛分，以大于 6mm 的渣块质量分数表示煤的结渣性。

二、试样的制备

① 按煤样制备方法的规定，制备粒度为 3～6mm 的空气干燥试样 4kg 左右。

② 挥发分焦渣特征小于或等于 3 的煤样以及焦炭不需要经过破黏处理。

③ 挥发分焦渣特征大于 3 的煤，按下列方法进行破黏处理。

a. 将马弗炉预先升温到300℃ 。

b. 量取煤样800cm^3（同一鼓风强度重复测定用样量）放入铁盘内，摊平，使其厚度不超过铁盘高的2/3。

c. 打开炉门，迅速将铁盘放入炉内，立即关闭炉门。

d. 待炉温回升到300℃以后，恒温30min。然后将温度调到350℃ ，并在此温度下加热到挥发物逸散完为止。

e. 打开炉门，取出铁盘，趁热用铁丝搅动煤样，使之松动，并倒在振筛机上过筛。遇有大于6mm的焦块时，轻轻压碎，使其全部通过6mm的筛子。取3～6mm粒度煤样备用。

三、测定过程

① 取试样400cm^3，并称量（称准到0.01g）。

② 将试样倒入气化套内，摊平，将垫圈装在空气室和烟气室之间，用锁紧螺筒固紧。

③ 称取约15g木炭，放在带孔铁铲内，在电炉上加热至灼红。

④ 开动鼓风机，调节空气针形阀，使空气流量不超过2m^3/h。将铁漏斗放在仪器顶盖位置处，把灼红的木炭从顶部倒在试样表面上，取下铁漏斗，摊平，拧紧顶盖，再仔细调节空气流量，使其达到规定值，开始计时。

⑤ 测定过程中，随时观察空气流量是否偏离规定值，并及时调节，从与测压孔相接的压力计读出料层最大阻力，并记录。

⑥ 从观测孔观察到试样燃尽后，关闭鼓风机，记录反应时间。

⑦ 气化套冷却后取出全部灰渣，称其质量。

⑧ 将6mm筛子和筛底盘叠放在振筛机上，把称量后的灰渣全部转移到6mm筛子上，盖好筛盖。

⑨ 开动振筛机，运行30s，然后称出粒度大于6mm渣块的质量。

⑩ 每个试样在0.1m/s、0.2m/s和0.3m/s（相应于空气流量分别为2m^3/h、4m^3/h、6m^3/h）三种鼓风强度下分别进行重复测定。

以鼓风强度为0.2m/s和0.3m/s进行测定时，应先使风量在2m^3/h保持3min，然后调节到规定值。

四、结果计算

煤的结渣率按下式计算：

$$C_{lin}=\frac{m_1}{m}\times100\%$$

式中 C_{lin}——结渣率，%；

m_1——粒度大于6mm渣块的质量，g；

m——总灰渣质量，g；

五、精密度

每一试样按0.1m/s、0.2m/s、0.3m/s三种鼓风强度进行重复测定，两次重复测定结果的差值不得超过±5.0%。

第四节　煤的可磨性测定

煤的可磨性是指煤在规定条件下，研磨成粉的难易程度，用可磨性指数 HGI 表示。煤的可磨性指数越大，煤越容易磨碎；否则，就难磨碎。

煤的可磨性是动力用煤和高炉喷吹用煤的重要特性，它是表征燃煤制粉的难易程度，特别是火力发电厂中，煤的可磨性指数是煤粉制备工艺和设备的设计及预测磨煤机出率和电厂内部能源消耗中必不可少的依据。由于火力电厂锅炉绝大部分燃料用粉煤，电厂必须配备各类磨煤机来制取煤粉，所以煤的可磨性指数已成为电力用煤的一个重要指标。

我国和多数国家一样，采用哈德格罗夫法（简称哈氏法）作为测定煤的可磨性的标准方法，该方法适用于大多数煤种，并且结构简单，结果重现性好，其测定值用哈氏可磨性指数（HGI）来表示。

HGI 是一个无量纲物理量，其大小表示煤磨制成粉的难易程度，一般来说，HGI 为 50～60，属于较易磨煤。我国绝大多数煤种的 HGI 值在 30～120 之间。哈氏法只适合于烟煤和无烟煤。

一、测定原理和方法

将一定量的空气干燥煤样和标准煤样，经哈氏可磨性测定仪（简称哈氏仪）研磨后，在规定条件下筛分，称量筛上煤样的质量。由研磨前的煤样质量减去筛上煤样质量，得到筛下煤样的质量，再从由标准煤样绘制的校准图上查得哈氏可磨性指数。

二、仪器设备

（1）哈氏可磨性测定仪　如图 19-2 所示。工作时，电动机通过蜗轮、蜗杆和一对齿轮减速后，带动主轴和研磨环以（20±1）r/min 的速度运转。研磨环驱动研磨碗内的 8 个钢球转动，钢球直径为 25.4mm，由垂块、齿轮、主轴和研磨环施加在钢球上的总垂直力为（284±2）N。在用于可磨性指数测定之前，应用标准煤样对哈氏仪进行校准。

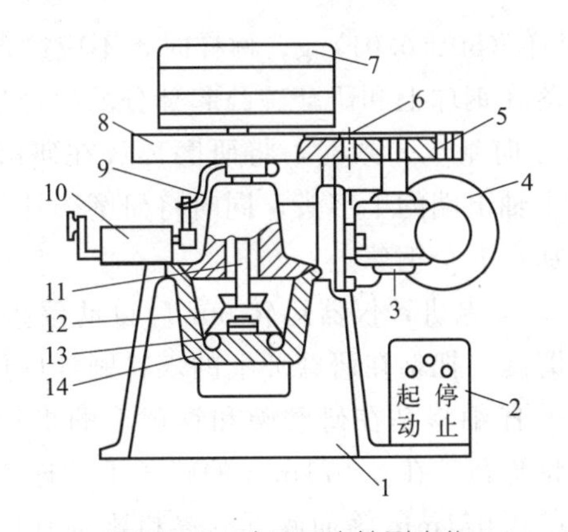

图 19-2　哈氏可磨性测定仪

1—基座；2—电气控制盒；3—涡轮盒；4—电机；5—小齿轮；6—大齿轮；7—垂块；8—护罩；9—拨杆；10—计数器；11—主轴；12—研磨环；13—钢球；14—研磨碗

（2）试验筛　孔径为 0.071mm、0.63mm、1.25mm，直径为 200mm，并配有筛盖和筛底盘。

（3）保护筛　能套在试验筛上的圆孔筛或方孔筛，孔径范围为 13～19mm。

（4）振筛机　可以容纳外径为 200mm 的一组垂直套叠并加盖和筛底盘的筛子。垂直振击频率为 149r/min，水平回转频率为 221r/min，回转半径为 12.5mm。

（5）天平　最大称量 100g，感量 0.01g。

（6）托盘天平　最大称量 100g，感量 1g。

（7）破碎机　对辊破碎机，辊的间距可调，能将粒度 6mm 的煤样破碎到 1.25mm，而且只生成最小量的小于 0.63mm 的煤粉。

三、煤样的制备

① 将已破碎至粒度小于 6mm 的煤样，用二分器缩分出约 1000g，放入盘内摊开至层厚不超过 10mm，使其达到空气干燥状态（约需 1～2d），称量（称准到 1g）。

② 把 1.25mm 的筛子套在 0.63mm 筛子的上面，分批过筛上述煤样，每批约 200g。把大于 1.25mm 的煤样再送入破碎机破碎，不断调节破碎机对辊的间距，使其只能破碎大的颗粒，直至煤样全部通过 1.25mm 的筛子。留取 0.63～1.25mm 的煤样，称量（称准到 1g）。如其质量少于原空气干燥煤样质量的 45%，则该煤样作废，再从粒度小于 6mm 的煤样中缩分出 1000g，重新制样。

四、测定过程

① 将 0.63～1.25mm 的煤样混合均匀，用二分器缩分出 120g，用 0.63mm 筛子在振筛机上筛 5min，除去小于 0.63mm 的煤粉，再用二分器缩分出每份不少于 50g 的两份煤样备用。

② 运转哈氏仪，检查仪器是否正常，然后将计数器调到合适的位置，使仪器能在运转 (60±0.25) r 时自动停止。彻底清扫研磨碗、研磨环和钢球，将钢球尽可能均匀地分放在研磨碗的凹槽内。

③ 称取已除去煤粉的煤样（50±0.01）g，称样时，不应搅拌煤样。将煤样均匀倒入研磨碗内，平整其表面，并将落在钢球上和研磨碗凸起部分的煤样清扫到钢球周围，使研磨环的十字槽与主轴下端十字头方向基本一致时，将研磨环放在研磨碗内。把研磨碗移入机座内，使研磨环的十字槽对准主轴下端的十字头，同时将研磨碗挂在机座两侧的螺栓上，拧紧固定，确保总垂直力均匀施加在 8 个钢球上。

④ 将计数器调到零位，启动电机，仪器运转 60r 后自动停止。把保护筛、0.071mm 筛子和筛底盘套叠好，卸下研磨碗，把粘在研磨环上的煤粉刷到保护筛上，然后将磨过的煤样连同钢球一起倒入保护筛，并仔细将粘在研磨碗和钢球上的煤粉刷到保护筛上。取下保护筛，把钢球放回研磨碗内，将筛盖盖在 0.071mm 的筛子上，连筛底盘一起放在振筛机上振筛 10min。取下筛子，将粘在 0.071mm 筛面底下的煤粉刷到筛底盘内，重新放到振筛机上再振筛 2 次，每次 5min。为了防止筛子筛网堵塞，每次振筛后，都要刷筛底下表面 1 次。

⑤ 称量筛上和筛下的煤样，称准至 0.01g。筛上和筛下煤样质量之和与研磨前煤样质量相差不得大于 0.5g，否则测定结果作废，应重做试验。

五、结果计算

① 按下式计算出 0.071mm 筛下煤样的质量：

$$m_2=m-m_1$$

式中 m——煤样质量，g；

m_1——筛上物质量，g；

m_2——筛下物质量，g。

② 根据筛下煤样的质量，查校准图，得出可磨性指数值。

绘制校准图，要使用可磨性指数标准值约为 40、60、80、110 的 4 个一组的标准煤样。每个标准煤样由同一操作者用同一台哈氏仪按可磨性指数的测定步骤重复测定 4 次，计算出 0.071mm 筛下煤样的质量，取其算术平均值。

在直角坐标纸上，以标准煤样筛下物质量的平均值为纵坐标，以标准煤样的可磨性指数标准值为横坐标，绘制出校准曲线图。

例如，某化验室使用一组标准煤样，可磨性指数以两次重复测定的算术平均值修约到整数报出，测得数据见表 19-1。

表 19-1 标准煤样的测定结果

哈氏可磨性指数 HGI 标准值	0.071mm 筛下煤样质量的平均值/g
36	3.75
63	7.68
85	10.70
111	14.45

根据上表结果绘出校准图，如图 19-3 所示。

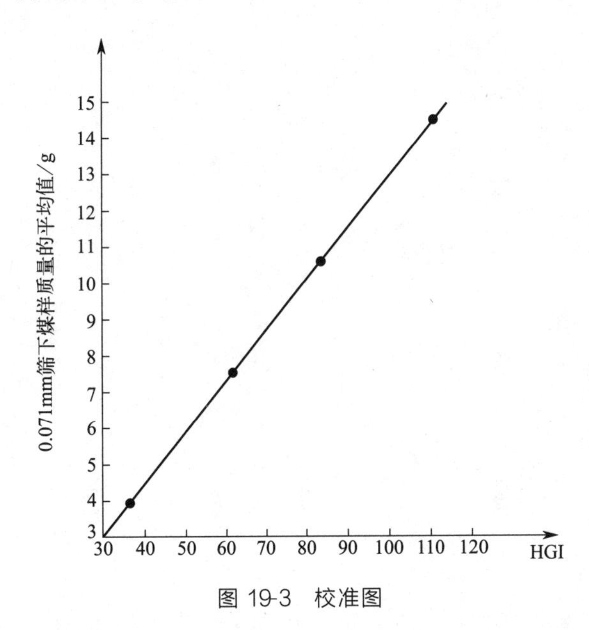

图 19-3 校准图

若测得煤样的筛下物质量，可在校准图上查出相应的哈氏可磨性指数。

例如，某煤样测定其 0.071mm 筛下煤样质量为 11.50g，在图中查得该煤样的哈氏可磨性指数为 91。

六、测定的精密度

可磨性指数测定的精密度见表 19-2。

表 19-2　可磨性指数测定的精密度

重复性 HGI	再现性 HGI
2	4

七、仪器校准

每年至少用可磨性标准煤样校准一次哈氏仪。另外，在下列情况下，应用标准煤样进行校准：

①更换操作人员；②仪器部件更换或修理；③更换试验筛；④怀疑哈氏仪有问题。

八、注意事项

① 煤中水分对测定结果有很大影响，因此，煤样必须达到空气干燥状态。如果急需制样，可以把煤样放在 60℃以下的干燥箱内干燥，然后把煤样摊平放在室内干燥 2h 即可。标准煤样在测定前，也应放在室内摊平干燥 2h，使其达到空气干燥状态。

② 计算煤样筛下物质量时，采用煤样总质量减去 0.071mm 筛上物质量。这是因为筛下物煤样粒度细，容易损失，会使测定结果偏低，所以没有采用直接称量所得筛下物质量的方法，而是采用减量法来计算煤样的筛下物质量。

第二十章　煤灰成分测定

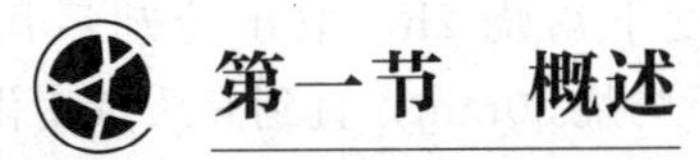

第一节　概述

规定条件下，煤在空气中完全燃烧后，生成的残留物叫煤灰。煤灰的组成比较复杂，主要由 SiO_2、Fe_2O_3、Al_2O_3、CaO、MgO、SO_3、TiO_2、K_2O 和 Na_2O 等组成，还有一些盐类和稀有元素。

根据煤灰的组成可以初步判断煤灰熔融温度。根据煤灰中碱性氧化物的高低，可以大致判断煤在燃烧时对锅炉燃烧室的腐蚀情况。此外，煤灰的组成还是建筑材料配方的依据等。测定煤灰的组成对环境保护有很大的作用。

一、煤灰成分分析方法

煤灰成分分析的项目一般有 SiO_2、Fe_2O_3、Al_2O_3、TiO_2、CaO、MgO、SO_3、K_2O 和 Na_2O 等。煤灰成分分析方法有许多种，例如 SiO_2 的测定有硅钼蓝比色法、氟硅酸钾容量法和动物胶凝聚重量法等。国标中有两种方法，即常量法（图 20-1）和半微量法（图 20-2），常量法用于 SiO_2、Fe_2O_3、Al_2O_3、CaO、MgO 和 TiO_2 的测定。SO_3 的测定和煤中全硫的测定基本相同，这里不再叙述。

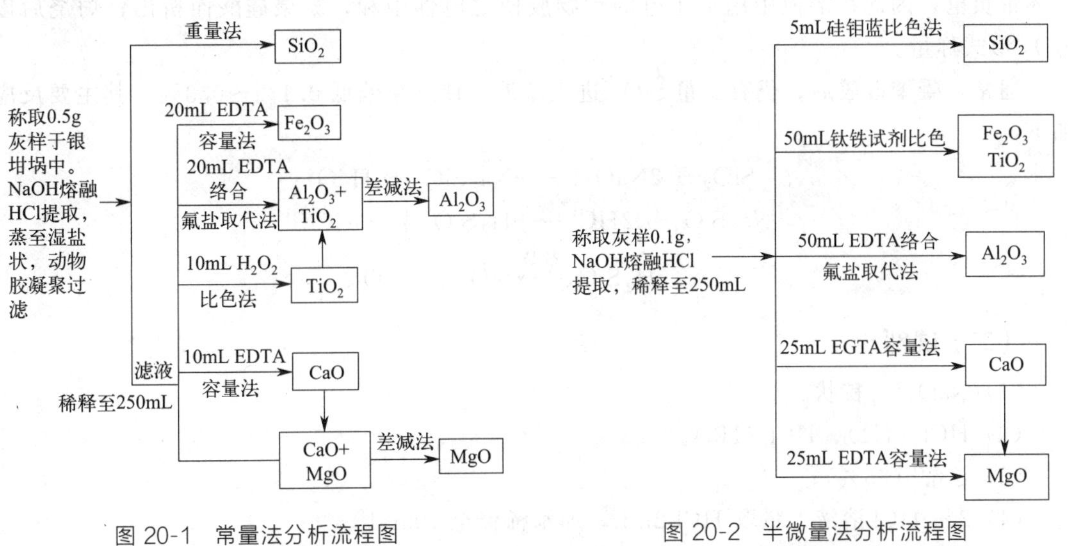

图 20-1　常量法分析流程图　　　图 20-2　半微量法分析流程图

1. Na_2O 和 K_2O 的测定

称取 0.2g 灰样，加 HF 和 H_2SO_4 分解，再用火焰光度法测定 Na_2O 和 K_2O。

2. SO_3 的测定

① 称取灰样 0.2～0.5g，用 HCl 萃取，再采用 $BaSO_4$ 重量法测定。

② 称取灰样 0.1g，经高温分解，用 NaOH 滴定法测定。

③ 称取灰样 0.05g，经高温分解，用库仑滴定法测定。

二、灰样的制备

称取一定量的空气干燥煤样于灰皿中，铺平后使其小于 0.15g/cm^2，按照慢速灰化法升温至（815±10）℃后，在此温度下灼烧 2h，取出冷却后用玛瑙研钵将煤灰研细到小于 0.1mm，然后在（815±10）℃下灼烧 30min，直到其质量变化不超过灰样质量的千分之一为止，即为恒重，冷却后，放入干燥器中。称样前，应在（815±10）℃下灼烧 30min。

三、试剂

① 所用试剂除规定外均为分析纯。

② 所用溶液，除指明溶剂的外，均为水溶液。未指明浓度的试剂均为浓溶液。

③ 提到的水均为蒸馏水。

第二节　煤灰中氧化物的常量分析法

一、 SiO_2 的测定——动物胶凝聚重量法

（一）测定原理

灰样经碱熔分解后，用 HCl 酸化，并蒸发至湿润状。在浓 HCl 溶液中，亲水性的硅酸胶体带负电，因此在溶液中用带正电的动物胶使之电性中和，凝聚硅酸而析出，灼烧后以 SiO_2 形式称量。

通常，凝聚硅胶后，仍有少量 SiO_2 进入滤液，使结果偏低 0.1%～0.3%。其主要反应如下：

$$SiO_2 + 2NaOH \longrightarrow Na_2SiO_3 + H_2O$$

$$Na_2SiO_3 + 2HCl \longrightarrow H_2SiO_3\downarrow + 2NaCl$$

$$H_2SiO_3 \xrightarrow{\text{灼烧}} SiO_2 + H_2O$$

（二）试剂

（1）NaOH　粒状。

（2）HCl（H1）、HCl（H3）。

（3）乙醇（95%）。

（4）2% HCl 溶液　量取 HCl 2mL，加水稀释至 100mL。

（5）动物胶溶液　称取动物胶 1g 溶于 100mL 70～80℃的水中，现用现配。

（三）测定过程

称取灰样（0.50±0.02）g（精确至0.0002g），装于银坩埚中，用几滴乙醇润湿，加氢氧化钠4g，盖上坩埚盖，放入马弗炉中，在1～1.5h内将炉温从室温缓慢升至650～700℃，熔融15～20min。取出坩埚，用水激冷后，擦净坩埚外壁，平放于250mL烧杯中，加1mL乙醇和适量沸水，立即盖上表面皿，待剧烈反应停止后，用少量盐酸（1+1）和热水交替洗净坩埚和坩埚盖，再加盐酸20mL搅匀。

将烧杯置于电热板上，缓慢蒸干（带黄色颗粒），取下，稍冷，加盐酸20mL，盖上表面皿，加热至约80℃，加70～80℃的动物胶溶液10mL，剧烈搅拌1min，保温10min后取下，稍冷，加热水约50mL，搅拌，使盐类完全溶解。用中速定量滤纸过滤于250mL容量瓶中。将沉淀先用盐酸（1+3）洗涤4～5次，再用带橡皮头的玻璃棒以热盐酸（2%）擦净杯壁和玻璃棒，并洗涤沉淀3～5次，再用热水洗10次左右。

将滤纸和沉淀移入已恒重的瓷坩埚中，先在低温下灰化滤纸，然后在马弗炉内以（1000±20)℃的高温灼烧1h，取出稍冷后放入干燥器内，冷至室温，称重。

将滤液冷至室温，用水稀释至刻度，摇匀，此溶液名为溶液C，作为测定其他项目之用。

空白溶液的制备：操作同上，只是不加灰样，此溶液名为溶液D。

（四）结果计算

二氧化硅含量（%）按下式计算

$$w(SiO_2)=\frac{m_1-m_2}{m}\times 100\%$$

式中 m_1——二氧化硅的质量，g；

m_2——空白测定时二氧化硅的质量，g；

m——分析灰样的质量，g。

（五）测定的精密度

二氧化硅测定精密度见表20-1。

表20-1 SiO_2 测定的精密度

含量/%	重复性/%	再现性/%
≤60	0.50	0.80
>60	0.60	1.00

[例20-1] 称取煤灰样0.5000g，用重量法测定 SiO_2，得到沉淀重0.2040g和0.2060g，空白重0.0018g和0.0022g，计算 SiO_2 的含量（滤液作其他项目用）。

解：

$$空白=\frac{0.0018+0.0022}{2}=0.0020(g)$$

$$w(SiO_2)=\frac{0.2040-0.0020}{0.5000}\times 100\%=40.40\%$$

$$w(SiO_2)=\frac{0.2060-0.0020}{0.5000}\times 100\%=40.80\%$$

$$w(SiO_2)=\frac{40.40+40.80}{2}=40.60\%$$

所以 SiO_2 的含量应为 40.60%。

（六）注意事项

① 熔样温度不能超过700℃，因为银的熔点很低（950℃）。熔融时间也不宜过长，否则银熔下来很多，将影响 SiO_2 的测定。

② 用动物胶凝聚硅酸须注意以下条件：溶液中盐酸浓度应在8mol/L 以上；加动物胶时溶液的温度应控制在60～70℃，高于80℃时，动物胶被破坏而降低凝聚作用；动物胶加入量过多或不足，均不能使硅酸较好凝聚，过多时不仅对硅酸溶胶失去作用，甚至会保护水溶胶。

③ 蒸发过程中，应经常用玻璃棒搅动溶液。

④ 灰化时温度不宜过高，开始灼烧时空气应充足，否则易产生难以烧白的碳化硅，影响结果的准确度。

⑤ 如需精确分析，应将所得滤液用硅钼蓝比色法测定后，对结果加以校正。

二、 Fe_2O_3 和 Al_2O_3 的连续测定——EDTA 滴定法

（一）测定原理

在 pH＝1.8～2.0 的条件下，以磺基水杨酸为指示剂，用 EDTA 标准溶液滴定。

其反应如下：

$$Fe^{3+}+HIn^{-}(\text{无色})\rightleftharpoons FeIn^{+}(\text{紫红色})+H^{+}$$

$$Fe^{3+}+H_2Y^{2-}\rightleftharpoons FeY^{-}+2H^{+}$$

终点时

$$H_2Y^{2-}+FeIn^{+}(\text{紫红色})\longrightarrow FeY^{-}(\text{亮黄色})+HIn^{-}(\text{无色})+H^{+}$$

其中 HIn^- 代表磺基水杨酸根离子，H_2Y^{2-} 代表 EDTA 离子。

磺基水杨酸与 Fe^{3+} 络合使溶液呈紫红色。用 EDTA 滴定时，由于 $FeIn^+$ 的稳定性小于 FeY^- 的稳定性，到终点时，使指示剂呈原来的颜色。

在测定 Fe_2O_3 的溶液中，加入过量的 EDTA，再加入缓冲溶液调整溶液 pH 值至 5.9，使 Al、Cu、Zn 等离子与 EDTA 完全络合后，用锌盐溶液回滴过量的 EDTA，然后用过量 KF 置换 Al-EDTA 络合物，再用锌盐标准溶液滴定释放出的 EDTA。KF 同样置换 Ti-EDTA 络合物并释放出 EDTA，可用 H_2O_2 比色法测得钛后减去其含量即可，其反应如下：

$$H_2Y^{2-}+Al^{3+}\longrightarrow AlY^{-}+2H^{+}$$

$$2H^{+}+AlY^{-}+6F^{-}\longrightarrow AlF_6^{3-}+H_2Y^{2-}$$

$$Zn^{2+}+H_2Y^{2-}\longrightarrow ZnY^{2-}+2H^{+}$$

$$Zn^{2+}+HIn^{-}\longrightarrow ZnIn+H^{+}$$

（二）试剂

（1）$NH_3\cdot H_2O(1+1)$ 溶液。

（2）HCl $c(HCl)=2mol/L$，量取约 17mL 浓 HCl，稀释至 100mL。

(3) EDTA　称取 EDTA 1.1g 溶于水中，并稀释至 100mL。

(4) 缓冲溶液（pH = 5.9）　称取 $CH_3COONa \cdot 3H_2O$ 200g 或无水乙酸钠（CH_3COONa）120.6g 溶于水中，加冰醋酸 6.0mL，用水稀释至 1L。

(5) 乙酸锌溶液　称取乙酸锌[$Zn(CH_3COO)_2 \cdot 2H_2O$] 2g 溶于水中，并用水稀释至 100mL。

(6) KF 溶液　称取氟化钾（$KF \cdot 2H_2O$）10g 溶于水中，并用水稀释至 100mL，贮于聚乙烯瓶中。

(7) 醋酸(1+3) 溶液。

(8) Fe_2O_3 标准溶液　准确称取已在 105～110℃干燥 1h 的优级纯三氧化二铁 1.0000g。(精确至 0.0002g)，装于 400mL 烧杯中，加入盐酸（优级纯）50mL，盖上表面皿，加热溶解后冷却至室温，移入 1L 容量瓶中，并用水稀释至刻度，摇匀。此溶液 1mL 相当于三氧化二铁 1mg。

(9) EDTA 标准溶液　$c(C_{10}H_{14}N_2O_8Na_2 \cdot 2H_2O)=0.004mol/L$。

称取 EDTA 1.5g 于 200mL 烧杯中，用水溶解，加数粒固体氢氧化钠调节溶液 pH 值至 5 左右，移入 1L 容量瓶中，并用水稀释至刻度，摇匀。

标定方法如下：用移液管吸取 10mL Fe_2O_3 标准溶液于 300mL 烧杯中，加水稀释至约 100mL，加磺基水杨酸指示剂 0.5mL，滴加氨水（1+1）至溶液由紫色恰变为黄色，再加入盐酸（c=2mol/L）调节溶液 pH 值至 1.8～2.0（用精密 pH 试纸检验）。将溶液加热至约 70℃，取下，立即以 EDTA 标准溶液滴定至亮黄色（铁低时为无色，终点时温度应在 60℃左右）。EDTA 标准溶液对三氧化二铁的滴定度按下式计算：

$$T_{Fe_2O_3}=\frac{10c}{V_1}$$

式中　c——三氧化二铁的标准溶液的浓度，mg/mL；

V_1——标定时所耗 EDTA 标准溶液的体积，mL。

(10) Al_2O_3 标准溶液　将光谱纯铝片放入烧杯中，用盐酸（1+9）浸溶几分钟，使表面氧化层溶解，用倾斜法倒去盐酸溶液，以水洗涤数次后，用无水乙醇洗涤数次，放入干燥器中干燥 4h。准确称取处理后的铝片 0.5293g（精确至 0.0002g），放于 150mL 烧杯中，加盐酸（1+1）50mL，在电炉上低温加热溶解，待溶解后，将溶液移入 1L 容量瓶中，并用水稀释至刻度，摇匀。此溶液 1mL 相当于三氧化二铝 1mg。

(11) 乙酸锌标准溶液　称取乙酸锌[$Zn(CH_3COO)_2 \cdot 2H_2O$] 2.3g 或无水乙酸锌[$Zn(CH_3COO)_2$] 1.9g 于 250mL 烧杯中，加冰醋酸 1mL，以水溶解，移入 1L 容量瓶中，并用水稀释至刻度，摇匀。

标定方法如下：用移液管吸取 10mL Al_2O_3 标准溶液于 250mL 烧杯中，加入水稀释至约 100mL，加 EDTA（1.1%）溶液 10mL，加二甲酚橙指示剂 1 滴，用氨水（1+1）中和至刚出现浅藕荷色，再加冰醋酸至浅藕荷色消失，然后加缓冲溶液 10mL，于电炉上微沸 3～5min，取下冷至室温。

加入二甲酚橙指示剂 4～5 滴，立即用 2%乙酸锌溶液滴定至近终点时，再用乙酸锌标准溶液滴定至橙红色（或紫红色）。加入氟化钾溶液 10mL，煮沸 2～3min，冷至室温，补加二甲酚橙指示剂 2 滴，用乙酸锌标准溶液滴定至橙红（或紫红）色，即为终点。

乙酸锌标准溶液对三氧化二铝的滴定度 $T_{Al_2O_3}$ 按下式计算：

$$T_{Al_2O_3}=\frac{10c}{V_2}$$

式中 c——三氧化二铝标准溶液的浓度，mg/mL；

V_2——标定时所耗乙酸锌标准溶液的体积，mL。

（12）磺基水杨酸指示剂　称取磺基水杨酸100g溶于水中，并用水稀释至1L。

（13）二甲酚橙指示剂　称取二甲酚橙1g溶于pH＝5.9的缓冲溶液中，并将该缓冲溶液稀释至1L，存放期不超过两周。

（三）测定过程

用移液管吸取20mL溶液C于250mL烧杯中，加水稀释至约50mL，再按上面（9）的标定方法进行操作。在滴定铁的溶液中，加入20mL EDTA溶液，再按（11）中的标定方法进行操作。

（四）结果计算

1. 三氧化二铁含量（%）按下式计算

$$w(Fe_2O_3)=\frac{1.25T_{Fe_2O_3}V_3}{m}$$

式中 $T_{Fe_2O_3}$——EDTA标准溶液对三氧化二铁的滴定度，mg/mL；

V_3——试液所耗EDTA标准溶液的体积，mL；

m——分析灰样的质量，g。

2. 三氧化二铝含量（%）按下式计算

$$w(Al_2O_3)=\frac{1.25T_{Al_2O_3}V_4}{m}-0.638\times TiO_2$$

式中 $T_{Al_2O_3}$——乙酸锌标准溶液对三氧化二铝的滴定度，mg/mL；

V_4——试液所耗乙酸锌标准溶液的体积，mL；

m——分析灰样的质量，g；

0.638——由二氧化钛换算成三氧化二铝的系数。

（五）Fe_2O_3 测定的精密度

三氧化二铁测定的精密度见表20-2。

表20-2　Fe_2O_3 测定的精密度

含量/%	重复性/%	再现性/%
≤5	0.30	0.60
5～10	0.40	0.80
＞10	0.50	1.00

（六）Al_2O_3 测定的精密度

三氧化二铝测定的精密度见表20-3。

表20-3　Al_2O_3 测定的精密度

含量/%	重复性/%	再现性/%
≤20	0.40	0.80
＞20	0.50	1.00

[例 20-2] 用 Al_2O_3 标液标定乙酸锌溶液，吸取 Al_2O_3 标液（1mL 中含 1.0000mg Al_2O_3）10mL，用去乙酸锌溶液 20mL，求乙酸锌对 Al_2O_3 的滴定度。

解：

$$T_{Al_2O_3}=\frac{10\times1.000}{20}=0.5000(mg/mL)$$

[例 20-3] 称取灰样 0.5000g，将用重量法测定 SiO_2 后的滤液，稀释至 250mL，测定 Al_2O_3，吸取 20mL 滤液，稀释至大约 50mL，用 $T_{Al_2O_3}=0.5000mg/mL$ 的乙酸锌标准溶液滴定，用去 20mL，求 Al_2O_3 的含量？（已知 TiO_2 的含量为 1.00%）

解：

$$w(Al_2O_3)=\frac{1.25\times0.5000\times20.00}{0.5000}-0.638\times1.00=24.36\%$$

（七）注意事项

① 滴定体积不宜过大，宜保持在 70mL 左右，体积过大终点突跃较差，必须加以浓缩。

② 加 EDTA 络合铝后，调整酸度时，如出现浑浊，是由于加入 EDTA 量不足造成的，应重新将溶液调至酸性，补加 EDTA 后，再行调整。

③ 加入 10% KF 10mL 可定量置换近 80mg Al_2O_3，置换率约 97%。

④ 若所用的 EDTA 质量不好，会导致滴定终点突变不明显，遇此情况应更换质量好的 EDTA。

⑤ 1 个 Al_2O_3 分子中有 2 个 Al 原子，所以 1 个分子的 Al_2O_3 和 2 个分子的 EDTA 络合，而 1 个分子的 TiO_2 和 1 个分子的 EDTA 络合，

因此，它们的质量比 $m(Al_2O_3)/2m(TiO_2)=0.638$。

所以，应从测得铝、钛含量中减去 0.638 倍的钛含量，才能得到铝含量。

三、 CaO 的测定——EDTA 滴定法

（一）测定原理

测定钙常用的容量法主要为络合滴定法，所用的络合剂有 EDTA、EGTA 等，本方法用 EDTA，其原理是 EDTA 与钙离子在一定的 pH 值下能形成稳定的络合物。其反应如下：

$$H_2Y^{2-}+Ca^{2+}\longrightarrow CaY^{2-}+2H^+$$

Ca 的络合滴定在溶液 pH≥12.5 的条件下进行，以钙黄绿素-百里酚酞为指示剂，用 EDTA 标准溶液滴定。

（二）测定要点

以三乙醇胺掩蔽铁、铝、锰等金属离子，在 pH≥12.5 的条件下，以钙黄绿素-百里酚酞为指示剂，用 EDTA 标准溶液滴定。

（三）试剂

（1）KOH 溶液　称取 KOH 25g 溶于水中，并用水稀释至 100mL，贮于聚乙烯瓶中。

（2）三乙醇胺(1+4）溶液。

（3）氧化钙标准工作液　准确称取预先在 120℃干燥 2h 的优级纯碳酸钙 0.8924g（精确至 0.0002g)，放于 250mL 烧杯中，用水润湿，盖上表面皿，沿杯口慢慢滴加盐酸（1+1）

5mL，待溶解完毕，煮沸驱尽二氧化碳，用水冲洗表面皿和杯壁，取下冷却，移入1L容量瓶中，并用水稀释至刻度，摇匀。此溶液1mL相当于氧化钙0.5mg。

(4) EDTA标准溶液 $c(C_{10}H_{14}N_2O_8Na_2 \cdot 2H_2O)=0.004mol/L$。

称取EDTA 1.5g放于200mL烧杯中，用水溶解，加数粒固体氢氧化钠调节溶液pH值至5左右，移入1L容量瓶中，用水稀释至刻度并摇匀。

标定方法如下：用移液管吸取15mL CaO标准溶液于250mL烧杯中，加水稀释至约100mL，加三乙醇胺溶液2mL、氢氧化钾溶液10mL、钙黄绿素-百里酚酞混合指示剂少许，每加一种试剂，均应搅匀。于黑色底板上，立即用EDTA标准溶液滴定至绿色荧光完全消失，即为终点，同时做空白试验。EDTA标准溶液对氧化钙的滴定度 T_{CaO} 按下式计算：

$$T_{CaO}=\frac{15c}{V_1-V_2}$$

式中 c——氧化钙标准工作液的浓度，mg/mL；

V_1——标定时所耗EDTA标准溶液的体积，mL；

V_2——空白测定时所耗EDTA标准溶液的体积，mL。

(5) 钙黄绿素-百里酚酞混合指示剂：称取钙黄绿素0.20g、百里酚酞0.16g，与预先在约110℃干燥过的10g氯化钾，研磨混合均匀，装入磨口瓶中，存放于干燥器中。

（四）测定过程

用移液管吸取10mL溶液C和10mL溶液D，分别注入250mL烧杯中，加水稀释至约100mL。再按标定方法进行操作。

（五）结果计算

氧化钙含量（%）按下式计算

$$w(CaO)=\frac{2.5T_{CaO}(V_3-V_4)}{m}$$

式中 T_{CaO}——EDTA标准溶液对氧化钙的滴定度，mg/mL；

V_3——试剂测定时所耗EDTA标准溶液的体积，mL；

V_4——空白测定时所耗EDTA标准溶液的体积，mL；

m——分析灰样的质量，g。

（六）测定的精密度

CaO测定的精密度见表20-4。

表20-4 CaO测定的精密度

含量/%	重复性/%	再现性/%
≤5	0.20	0.50
5～10	0.30	0.60
>10	0.40	0.80

[例20-4] 称取灰样0.5000g吸取测定 SiO_2 后的滤液和空白滤液各10mL，分别稀释至100mL，加三乙醇胺，加KOH调节酸度后，用EDTA标准溶液（$T_{CaO}=0.2300mg/mL$）滴定，用去EDTA标准溶液8.10mL，空白滤液用去EDTA 0.10mL，求CaO的含量。

解：

$$w(CaO)=\frac{2.5\times0.2300\times(8.10-0.10)}{0.5000}=9.20\%$$

（七）注意事项

① 滴定 Ca^{2+} 时，所加试剂的顺序不能颠倒，否则高价金属离子（如 Fe^{3+}）将不与三乙醇胺形成络合物而呈 Fe^{3+} 的颜色，严重影响滴定终点观察效果。

② 在加入 KOH 溶液后，应立即滴定，否则钙将被 $Mg(OH)_2$ 沉淀吸附，导致结果偏低。如果成批测定时，最好加入三乙醇胺后，加一个 KOH 溶液后，立即滴定，滴定完一个后，再加一个，依次进行。

③ 当滴定接近终点时，应缓慢滴定，一滴一滴地滴入标准溶液。

④ 指示剂亦可用钙指示剂等。

四、 MgO 的测定——EDTA 滴定法

（一）测定原理

测定 Mg^{2+} 常用的容量法主要是以 EDTA 为络合剂的络合滴定法。其原理是基于 EDTA 与 Mg^{2+} 在一定的 pH 值下能形成稳定的络合物。反应如下：

$$H_2Y^{2-}+Mg^{2+}\longrightarrow MgY^{2-}+2H^+$$

镁的络合滴定在溶液 pH＝10～11 时进行，此时指示剂与钙、镁离子生成有色络合物，但是此络合物不如钙、镁的 EDTA 络合物稳定，因此当滴定至化学计量点时，钙、镁离子全部被 EDTA 所夺取，溶液呈现指示剂本身的颜色。

（二）方法要点

以三乙醇胺、铜试剂掩蔽铁、铝、钛、铜、锰等金属离子，在 pH≥10 的氨性溶液中，以酸性铬蓝 K-萘酚绿 B 为指示剂，以 EDTA 标准溶液滴定钙、镁总量，减去钙的含量，则为镁的含量。

（三）试剂

（1）三乙醇胺(1＋4) 溶液。

（2）氨水(1＋1) 溶液。

（3）二乙基二硫代氨基甲酸钠（简称铜试剂）溶液　称取铜试剂 2.5g 溶于水中，加氨水 5 滴，用水稀释至 50mL，以快速滤纸过滤后，贮于深色瓶中。

（4）酒石酸钾钠溶液　称取酒石酸钾钠 10g 溶于水中，并用水稀释至 100mL。

（5）EDTA 标准溶液　同钙测定用的 EDTA 标准溶液，其对氧化镁的滴定度 T_{MgO} 按下式换算：

$$T_{MgO}=0.7187T_{CaO}$$

式中　T_{CaO}——EDTA 标准溶液对氧化钙的滴定度，mg/mL；

0.7187——由氧化钙换算成氧化镁的系数。

（6）酸性铬蓝 K-萘酚绿 B 混合指示剂　称取酸性铬蓝 K 0.50g、萘酚绿 B 1.25g，与预先在约 110℃干燥过的 10g 氯化钾研磨均匀，装入磨口瓶，存放于干燥器中。或分别配成水

溶液，即称取酸性铬蓝 K 0.04g 和萘酚绿 B 0.08g 分别溶于 20mL 水中，使用前应先经试验确定其合适的混合比例。酸性铬蓝 K 水溶液不稳定，需现用现配。

（四）测定过程

用移液管吸取 10mL 溶液 C 和 10mL 溶液 D 分别注入 250mL 烧杯中，用水稀释至约 100mL，加三乙醇胺 10mL（若二氧化钛大于 4%，可先加酒石酸钾钠溶液 5mL）、氨水（1+1）10mL 和铜试剂 1 滴（每加入一种试剂均应搅匀），再滴加稍少于滴定钙时所耗 EDTA 标准溶液的量，然后加酸性铬蓝 K-萘酚绿 B 混合指示剂少许，继续用 EDTA 标准溶液滴定，临近终点时，应缓慢滴定至纯蓝色。

（五）分析结果的计算

氧化镁含量（%）按下式计算：

$$w(\mathrm{MgO})=\frac{2.5T_{\mathrm{MgO}}(V_1-V_2)}{m}$$

式中 T_{MgO}——EDTA 标准溶液对氧化镁的滴定度，mg/mL；

V_1——滴定试液所耗 EDTA 标准溶液的体积，mL；

V_2——滴定氧化钙时所耗 EDTA 标准溶液的体积，mL；

m——分析灰样的质量，g。

（六）测定的精密度

MgO 测定的精密度见表 20-5。

表 20-5 MgO 测定的精密度

含量/%	重复性/%	再现性/%
≤2	0.30	0.60
>2	0.40	0.80

（七）注意事项

① 因采用较大量的掩蔽剂，在 pH =10 的缓冲溶液中滴定钙、镁含量时，经实验证实回收率略微偏低，因此应提高至 pH =10.7 时滴定。

② 滴定钙、镁含量，指示剂若用铬黑 T，则容易被铝封闭。当滴定溶液中含 Al_2O_3 15mg 时，滴至终点后，指示剂很快被铝封闭，甚至看不到清晰的终点。所以用酸性铬蓝 K-萘酚绿 B 混合指示剂。

五、 TiO_2 的测定——H_2O_2 分光光度法

（一）测定原理

此方法基于在 5%～10%硫酸溶液中，钛与过氧化氢反应生成黄色络合物，以此进行比色测定，其反应式如下：

$$TiO^{2+}+H_2O_2\longrightarrow[TiO(H_2O_2)]^{2+}$$

钛浓度在 50μg/mL 以下符合朗伯-比尔定律。

铁离子的黄色可加磷酸掩蔽。方法适合于 0.01%～3%的 TiO_2 测定。

（二）测定要点

在硫酸介质中，以磷酸掩蔽铁离子，钛与过氧化氢形成过钛酸黄色络合物，以分光光度法测定。

（三）试剂

（1）磷酸(1+1)溶液。

（2）硫酸(1+1)溶液。

（3）过氧化氢溶液　量取过氧化氢 10mL，以水稀释至 100mL，贮于聚乙烯瓶中。

（4）5%硫酸溶液　量取硫酸 5mL，缓慢加入水中，并用水稀释至 100mL。

（5）二氧化钛标准工作液　准确称取已在 1000℃下灼烧 30min 的优级纯二氧化钛 0.1000g（精确至 0.0002g），放于 30mL 瓷坩埚中，加入焦硫酸钾 8g，置于马弗炉中，逐渐升温至 800℃，并在此温度下保温 30min，使熔融物呈透明状。取出坩埚冷却后，放入 250mL 烧杯中，加入 5%硫酸溶液 150mL 浸取，待熔融物脱落后，以 5%硫酸溶液洗净坩埚，在低温下加热至溶液清澈透明，冷却至室温，移入至 1L 容量瓶中，并用 5%硫酸溶液稀释至刻度并摇匀。此溶液 1mL 相当于二氧化钛 0.1mg。

（四）工作曲线的绘制

用 10mL 滴定管，取 TiO_2 标准工作液 0mL、2mL、4mL、6mL、8mL，分别注入 50mL 容量瓶中，用水稀释至约 40mL，加入磷酸（1+1）2mL、硫酸（1+1）5mL（若出现浑浊，可于水浴上加热澄清，冷却），再加过氧化氢溶液 3mL，用水稀释至刻度并摇匀。放置 30min 后，在分光光度计上，用 3cm 的比色皿，以标准空白溶液作参比，于波长 430nm 处，测定其吸光度。

以二氧化钛的质量（mg）为横坐标，吸光度为纵坐标，绘制工作曲线。

（五）测定步骤

用移液管吸取 10mL 溶液 C 和 10mL 溶液 D 分别注入 50mL 容量瓶中，再按上述（四）中的方法进行操作。测得灰样溶液的吸光度扣除空白溶液的吸光度后，在工作曲线上查得相应的二氧化钛的质量。

（六）分析结果的计算

二氧化钛含量（%）按下式计算

$$w(TiO_2)=\frac{2.5m_{TiO_2}}{m}$$

式中　m_{TiO_2}——由工作曲线上查得二氧化钛的质量，mg；

m——分析灰样的质量，g。

（七）测定的精密度

TiO_2 测定的精密度见表 20-6。

表 20-6　TiO_2 测定的精密度

含量/%	重复性/%	再现性/%
≤1	0.10	0.20
>1	0.20	0.30

（八）注意事项

① 少量铁用磷酸掩蔽，但磷酸对钛与过氧化氢络合物的黄色起削弱作用，可以在标准溶液中加入一定量的铁盐和等量的磷酸以补偿其影响。

② 较大量的碱金属的硫酸盐能够降低比色溶液的颜色深度，增加标准溶液中硫酸浓度至10%时，可消除此影响。

③ 在20～25℃下，钛与过氧化氢形成的络合物在3min后，颜色可达到最大深度，稳定时间可达24h。

第三节　煤灰中氧化物的半微量分析法

本方法中 SiO_2 的测定用硅钼蓝比色法，Fe_2O_3 和 TiO_2 的测定用钛铁试剂比色法，Al_2O_3、CaO 和 MgO 的测定同常量法大同小异，在此不再重述。

一、试剂的制备

（一）试剂

（1）氢氧化钠　粒状。

（2）95%乙醇。

（3）盐酸(1+1) 溶液。

（二）试样溶液的制备

称取灰样（0.10±0.01）g，精确至0.0002g，放于银坩埚中，用几滴乙醇润湿。加氢氧化钠2g，盖上盖，放入马弗炉中，必须在1～1.5h内将炉温从室温缓慢升至650～700℃，熔融15～20min，取出坩埚，用水激冷后，擦净坩埚外壁，平放于250mL烧杯中，加入约150mL沸水，立即盖上表面皿，待剧烈反应停止后，用极少量盐酸（1+1）和热水交替洗净坩埚和坩埚盖，此时溶液体积约180mL。不断搅拌的同时，迅速加入盐酸20mL，在电炉上微沸约1min，取下，迅速冷至室温，移入250mL容量瓶中，用水稀释至刻度，摇匀。此溶液定名为溶液A，备用。

空白溶液的制备同上，只是不加灰样。此溶液定名为溶液B，备用。

二、 SiO_2 的测定——硅钼蓝分光光度法

（一）分析原理

在弱酸性溶液中，硅酸能与钼酸铵生成可溶性黄色硅钼杂多酸，此黄色硅钼杂多酸被抗坏血酸还原成硅钼蓝，然后进行比色测定。主要反应式如下：

$$H_4SiO_4 + 12H_2MoO_4 \rightleftharpoons H_4SiO_4 \cdot 12MoO_3 \cdot 2H_2O + 10H_2O$$

$$H_4SiO_4 \cdot 12MoO_3 \cdot 2H_2O + 2C_6H_8O_6 \rightleftharpoons$$
$$H_4SiO_4 \cdot 10MoO_3 \cdot 2MoO_2 + 2C_6H_6O_6 + 4H_2O$$

（二）测定要点

乙醇存在的条件下，在浓度为0.1mol/L的HCl介质中，正硅酸与钼酸生成稳定的硅钼

黄，提高酸度至2.0mol/L以上，以抗坏血酸还原硅钼黄为硅钼蓝，采用示差分光光度法测定SiO_2含量。

（三）试剂

（1）95%乙醇。

（2）盐酸(1+1）溶液。

（3）盐酸(1+9）溶液。

（4）盐酸(1+11）溶液，贮于聚乙烯瓶中。

（5）钼酸铵溶液　称取钼酸铵5g溶于水中，并用水稀释至100mL，过滤后，贮于聚乙烯瓶中。

（6）抗坏血酸溶液：称取抗坏血酸1g溶于水中，并用水稀释至100mL，现配现用。

（7）二氧化硅标准储备液　准确称取在（1000±10)℃下灼烧30min的光谱纯二氧化硅0.5000g，精确至0.0002g，与5g无水碳酸钠在铂坩埚中混匀，表面再覆盖无水碳酸钠1g，加盖置高温马弗炉中，由室温缓慢升至950～1000℃，熔融40min。取出坩埚，用蒸馏水激冷后，擦净坩埚外壁，平放于250mL塑料杯中，加沸水约100mL浸取，立即盖上表面皿，待剧烈反应停止后，用热水洗净坩埚和坩埚盖。熔块完全溶解后，冷至室温后移入500mL容量瓶中，用水稀释至刻度并摇匀，立即转入聚乙烯瓶中保存备用。此溶液1mL相当于二氧化硅1mg。

也可准确称取光谱纯二氧化硅0.5000g，精确至0.0002g，在银坩埚中加几滴乙醇润湿，加氢氧化钠4g，加盖，放入马弗炉中，由室温缓慢升至650～700℃，熔融15～20min。取出坩埚，用蒸馏水激冷后，擦净坩埚外壁，平放于250mL塑料杯中，加沸水约150mL浸取，立即盖上表面皿，待剧烈反应停止后，用热水洗净坩埚和坩埚盖。熔块完全溶解后，冷至室温后移入500mL容量瓶中，并用水稀释至刻度，摇匀，立即转入聚乙烯瓶中保存备用。此溶液1mL相当于二氧化硅1mg。

（8）二氧化硅标准工作液　用移液管吸取SiO_2标准储备液25mL，不断搅拌的同时放入内有盐酸（1+9）100mL的400mL烧杯中，加热煮沸约1min，取下立即冷至室温，移入500mL容量瓶中，并用水稀释至刻度，摇匀。此溶液1mL相当于二氧化硅0.05mg。

（四）工作曲线的绘制

用移液管吸取SiO_2标准工作液0mL、5mL、10mL、15mL、20mL、25mL、30mL分别注入100mL容量瓶中，依次加入盐酸（1+11）5mL、4mL、3mL、2mL、1mL、0mL，加水至27mL，加乙醇8mL；再用刻度吸管加入钼酸铵溶液5mL，并摇匀，在20～30℃下放置20min。

加盐酸（1+1）30mL，摇匀，放置1～5min，加入抗坏血酸溶液5mL并摇匀，用水稀释至刻度并摇匀；放置1h后，在分光光度计上，用1cm比色皿，选择适当的标准系列溶液作参比，于波长620nm处，测定其吸光度。

以二氧化硅的质量（mg）为横坐标，吸光度为纵坐标，绘制工作曲线。

（五）测定步骤

用移液管吸取5mL溶液A和溶液B，分别注入100mL容量瓶中，加乙醇8mL、水约20mL，再用刻度吸管加入钼酸铵溶液5mL，摇匀，在20～30℃下放置20min，再按上述

（四）中方法进行操作。测得灰样溶液的吸光度扣除空白溶液的吸光度后，在工作曲线上查得相应的二氧化硅的质量。

（六）分析结果的计算

二氧化硅含量（%）按下式计算

$$w(SiO_2)=\frac{5m_{SiO_2}}{m}$$

式中 m_{SiO_2}——由工作曲线上查得二氧化硅的质量，mg；

m——分析灰样的质量，g。

（七）测定的精密度

SiO_2 测定的精密度见表 20-7。

表 20-7 SiO_2 测定的精密度

含量/%	重复性/%	再现性/%
≤60	1.00	2.00
＞60	1.20	2.50

（八）注意事项

① 硅钼蓝络合物能稳定 24h。

② 为减少光度测量上的误差，测量较高含量的二氧化硅时，用示差分光光度法，可以用 0.25mg 和 0.5mg SiO_2 作为参比溶液，作三条工作曲线，以适应测定不同含量，所作的三条曲线符合比尔定律。本方法适用于 0.5%～50%二氧化硅的测定。

三、 Fe_2O_3 和 TiO_2 的连续测定——钛铁试剂分光光度法

（一）测定要点

在 pH＝4.7～4.9 的条件下，三价铁离子与钛铁试剂生成紫色络合物，在波长 570nm 处，分光光度法测定三氧化二铁。然后，加入适量的抗坏血酸还原三价铁离子，使溶液的紫色消失，四价钛离子与钛铁试剂生成黄色络合物，在波长 420nm 处，以分光光度法测定二氧化钛。

（二）试剂

（1）抗坏血酸。

（2）钛铁试剂溶液　称取钛铁试剂（$C_6H_4O_8S_2Na_2$）2g 溶于水，并用水稀释至 100mL。

（3）氨水(1＋6) 溶液。

（4）5%盐酸溶液　量取盐酸 5mL，加水稀释至 100mL。

（5）5%硫酸溶液　量取硫酸 5mL，缓缓加入水中，并稀释至 100mL。

（6）缓冲溶液（pH＝4.7）　称取无水乙酸钠（CH_3COONa）41g 于 400mL 烧杯中，加水溶解，加冰醋酸 29mL，并用水稀释至 1L。

（7）三氧化二铁标准储备液　准确称取已在 105～110℃ 干燥 1h 的优级纯三氧化二铁 1.0000g（精确至 0.0002g）于 400mL 烧杯中，加入盐酸（优级纯）50mL，盖上表面皿，加热溶解后冷却至室温，移入 1L 容量瓶中，并用水稀释至刻度，摇匀。此溶液 1mL 相当

于三氧化二铁1mg。

(8) 三氧化二铁标准工作液　用移液管吸取10mL储备液注入100mL容量瓶中，以5%盐酸溶液稀释至刻度，摇匀。此溶液1mL相当于三氧化二铁0.1mg。

(9) 二氧化钛标准储备液　准确称取已在1000℃下灼烧30min的优级纯二氧化钛0.5000g（精确至0.0002g）于30mL瓷坩埚中，加入焦硫酸钾8g，置于马弗炉中，逐渐升温至800℃，并在此温度下保温30min，使熔融物呈透明状。取出坩埚冷却后，放入250mL烧杯中，加入硫酸溶液（5%）150mL浸取，待熔融物脱落后，以硫酸溶液（5%）洗净坩埚，在低温下加热至溶液清澈透明，冷却至室温，移入500mL容量瓶中，并用硫酸溶液（5%）稀释至刻度，摇匀。此溶液1mL相当于二氧化钛1mg。

(10) 二氧化钛标准工作液　用移液管吸取10mL储备液，注入100mL容量瓶中，以硫酸溶液（5%）稀释至刻度，摇匀。此溶液1mL相当于二氧化钛0.1mg。

(11) 刚果红试纸。

（三）工作曲线的绘制

① 用10mL滴定管取Fe_2O_3标准工作液和TiO_2标准工作液0mL、2mL、4mL、6mL、8mL、10mL，分别注入50mL容量瓶中，用少量水冲洗瓶颈，加入钛铁试剂溶液10mL，摇匀。滴加氨水（1+6）至溶液恰好呈红色，加入缓冲溶液5mL，用水稀释至刻度，摇匀。放置1h后，在分光光度计上，用1cm的比色皿，以标准空白溶液作参比，在波长570nm处，测定其吸光度。

② 测完三氧化二铁后的试液中，加入少量抗坏血酸并摇动，直至溶液的紫色消失呈现黄色为止。放置片刻，在分光光度计上，用1cm的比色皿，以标准空白溶液作参比，在波长420nm处，测定其吸光度。

③ 以三氧化二铁和二氧化钛的质量（mg）为横坐标，吸光度为纵坐标，分别绘制三氧化二铁和二氧化钛的工作曲线。

（四）分析步骤

用移液管吸取5mL溶液A和5mL溶液B，分别注入50mL容量瓶中，加入钛铁试剂溶液10mL，摇匀。滴加氨水（1+6）至溶液恰好呈红色（如铁含量很低，可加入小块刚果红试纸，滴加氨水至试纸变为红色），加入缓冲溶液5mL，用水稀释至刻度并摇匀，放置1h后，在分光光度计上，用1cm的比色皿，以标准空白溶液作参比，在波长570nm处，测定其吸光度；再按上述（三）的②进行操作。测得灰样溶液的吸光度扣除空白溶液的吸光度后，在工作曲线上查得相应的三氧化二铁和二氧化钛的质量。

（五）分析结果的计算

1. 三氧化二铁含量（%）按下式计算

$$w(Fe_2O_3)=\frac{5m_{Fe_2O_3}}{m}$$

式中　$m_{Fe_2O_3}$——由工作曲线上查得三氧化二铁的质量，mg；

m——分析灰样的质量，g。

2. 二氧化钛含量（%）按下式计算

$$w(TiO_2)=\frac{5m_{TiO_2}}{m}$$

式中　m_{TiO_2}——由工作曲线上查得二氧化钛的质量，mg；

m——分析灰样的质量，g。

（六）精密度

① 三氧化二铁测定的精密度见表 20-8。

表 20-8　Fe_2O_3测定的精密度

含量/%	重复性/%	再现性/%
≤5	0.30	0.60
5～10	0.40	0.80
>10	0.60	1.20

② 二氧化钛测定的精密度见表 20-9。

表 20-9　TiO_2 测定的精密度

含量/%	重复性/%	再现性/%
≤1	0.15	0.20
>1	0.20	0.30

第四节　煤灰中 K_2O 和 Na_2O 的测定

本节介绍用火焰光度法测定煤灰中的 K_2O 和 Na_2O。

一、测定要点

灰样经氢氟酸、硫酸分解，制成稀硫酸溶液，用火焰光度法测定钾、钠的辐射强度，由工作曲线查得氧化钾和氧化钠的质量，并计算其含量。

二、试剂

（1）氢氟酸。

（2）硫酸溶液　$c(1/2H_2SO_4)=0.2mol/L$。

（3）氧化钾、氧化钠标准混合溶液　准确称取预先在 600℃灼烧 30min 的优级纯氯化钾 0.6332g 和优级纯氯化钠 0.7544g 并溶于水中，移入 1L 容量瓶中，并用水稀释至刻度，摇匀，置于聚乙烯瓶中。此溶液 1mL 相当于 0.4mg 氧化钾和 0.4mg 氧化钠。

（4）合成灰溶液　称取相当于 0.5g 氧化铁、1.0g 氧化铝、0.5g 氧化钙、0.2g 氧化镁、0.2g 三氧化硫、0.01g 五氧化二磷、0.05g 四氧化三锰和 0.05g 二氧化钛等相应的试剂，分别溶解后，移入 1L 容量瓶中，并用水稀释至刻度，摇匀，贮于聚乙烯瓶中。

（5）满度调节液　用移液管吸取氧化钾、氧化钠的标准混合溶液、合成灰溶液和硫酸溶液各 100mL，注入 1L 容量瓶中，用水稀释至刻度，摇匀，倒入 5L 聚乙烯瓶中，再重复上述操作 3 次（每次均应清洗容量瓶），将所得 4L 满度调节液充分摇匀，备用。

（6）零点调节液　用移液管吸取合成灰溶液和硫酸溶液各100mL，注入1L容量瓶中，用水稀释至刻度，摇匀，倒入5L聚乙烯瓶中，再重复上述操作1次（每次均应清洗容量瓶），将所得2L零点调节液充分摇匀，备用。

三、工作曲线的绘制

① 用移液管吸取氧化钾、氧化钠的标准混合溶液0mL、2mL、4mL、6mL、8mL、10mL分别注入100mL容量瓶中，各加硫酸溶液10mL、合成灰溶液10mL，并用水稀释至刻度。

② 预热火焰光度计15min，调节至最佳的空气压和燃气压，放入钾滤光镜。分别以零点调节液和满度调节液燃烧，调节光栅使检流计指针读数分别在“0”和满度的位置上，反复调节到稳定为止，然后依次将上述溶液分别雾化燃烧，记录钾的读数。

③ 换上钠滤光镜，分别以零点调节液和满度调节液雾化燃烧，重调光栅使检流计指针读数分别在“0”和“1/2”满度的位置上，反复调节到稳定为止，然后依次将上述溶液分别雾化燃烧，记录钠的读数。

④ 以氧化钾、氧化钠的质量（mg）为横坐标，检流计上的相应读数为纵坐标，分别绘制工作曲线。

四、测定过程

称取灰样（0.20±0.01）g，精确至0.0002g，放于30mL聚四氟乙烯坩埚中，加氢氟酸10mL、硫酸0.5mL，在通风橱内，置于电热板上，低温缓慢加热，蒸至近干，再用高温继续加热至白烟基本冒尽，溶液蒸至干涸但不焦黑为止。取下坩埚，冷却后，用热水将坩埚中的熔融物洗入100mL烧杯中，加$c(1/2H_2SO_4)=0.2mol/L$硫酸20mL和适量水，加热至盐类溶解，冷至室温，移入200mL容量瓶中，并用水稀释至刻度，摇匀，澄清后备用。

同上制备空白溶液。

分别取上述溶液按工作曲线绘制的方法进行操作，记录钾和钠的读数，并从工作曲线上查出氧化钾、氧化钠的质量。

五、结果计算

K_2O和Na_2O的含量（%）分别按下式计算：

$$w(K_2O)=\frac{0.2m_1}{m}$$

$$w(Na_2O)=\frac{0.2m_2}{m}$$

式中　m_1——查得的K_2O的质量，mg；

m_2——查得的Na_2O的质量，mg；

m——灰样的质量，g。

六、测定的精密度

K_2O和Na_2O测定的精密度见表20-10。

表 20-10 K_2O 和 Na_2O 测定的精密度

项目	含量/%	重复性/%	再现性/%
氧化钾	≤1	0.10	0.20
	>1	0.20	0.30
氧化钠	≤1	0.10	0.20
	>1	0.20	0.30

七、注意事项

① 使用仪器时，必须注意先打开空气阀门，后打开燃料阀门，测定完毕后，一定先关闭燃料阀门，后关空气阀门，以免回火引起爆炸。

② 测定试样和工作曲线的条件应保持一致，燃料压力及空气压力不能波动，否则影响测定结果。

③ 勿将手上的汗水带入测定容器中，以免影响结果。

第二十一章　煤灰熔融性的测定

煤炭是我国火力发电的主体燃料，电厂燃煤费用约占发电成本的70%～80%左右，通过对电力用煤特性指标进行严格控制，可以保证火电厂的安全稳定、经济运行。煤灰熔融性是发电用煤技术条件的重要特性指标之一，是指在规定条件下，随加热温度的变化，煤灰（试样）出现变形、软化、半球、流动等特征的物理状态。煤灰是由硅、铝、铁、钙和镁等多种元素的氧化物构成的复杂混合物，没有固定的熔点，当其加热到一定温度时就开始局部熔化。随着熔化过程的进行，煤灰试样呈现变形、软化、半球、流动等状态。通常以4个状态相应的温度来表征煤灰的熔融性。

煤灰熔融性是指导工业锅炉和窑炉设计和运行的一个重要参数。煤灰的变形温度与锅炉轻微结渣和其吸热表面轻微积灰的温度相对应；软化温度与锅炉大量结渣和大量积灰的温度相对应；流动温度则与锅炉中灰渣呈液态流动或从吸热表面滴下的温度相关联。在煤灰的4个特征温度中，软化温度用途较广，一般以此依据来选择合适的燃烧设备，或根据燃烧设备来选择具有合适软化温度的原燃料。在电厂锅炉燃烧中，通常以软化温度ST为1350℃作为分界线，对发电厂固态排渣来说，ST要大于1350℃，且越大越好。

煤灰熔融性是影响煤的燃烧和气化的重要因素，工业上对煤灰熔融性的要求各有不同，如固态排渣锅炉和固定床气化炉中一般使用高灰熔融性煤，液态排渣的锅炉和气化炉使用低灰熔融性煤，以免排渣困难。因此为了正确选择气化用煤和锅炉用煤，须进行煤灰熔融性的测定。

由于煤灰中有几十种元素，因而没有固定的熔点。煤灰是在一定的温度范围内熔融的，其熔融温度主要取决于煤灰的化学组成，同时也与测定时试样所处的试验条件有关。煤灰熔融性的测定采用弱还原性气氛下的角锥法。

一、测定要点

将煤灰制成一定尺寸的三角锥，以一定的升温速度加热，观察灰锥在受热过程中的形态变化，观测并记录它的4个特征熔融温度：变形温度、软化温度、半球温度和流动温度。

二、煤灰测定中的特征温度

（1）变形温度　灰锥尖端或棱开始变圆或弯曲时的温度，用符号DT表示。

（2）软化温度　灰锥弯曲至锥尖触及托板或灰锥变成球形时的温度，用符号ST表示。

（3）半球温度　灰锥形变至近似半球形，即高约等于底长一半时的温度，用符号HT

表示。

(4) 流动温度　灰锥熔化展开成高度在1.5mm以下薄层时的温度，用符号FT表示。

灰锥熔融性特征示意图如图21-1所示。

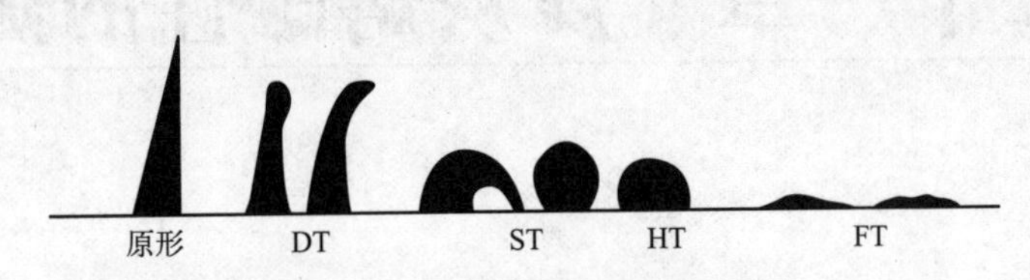

图21-1　灰锥熔融性特征示意图

三、材料和试剂

(1) 氧化镁　工业品，研细至粒度小于0.1mm。

(2) 糊精　化学纯，配成100g/L溶液。

(3) 碳物质　灰分低于15%、粒度小于1mm的无烟煤、石墨或其他碳物质。

(4) 参比灰　含三氧化二铁20%～30%的煤灰，预先在强还原性、弱还原性和氧化性气氛中分别测出其熔融特征温度，在日常测定中以它作为参比物来检定试验气氛性质。

(5) 二氧化碳。

(6) 氢气或一氧化碳。

(7) 刚玉舟　耐温1500℃以上，能盛足够量的碳物质。

(8) 灰锥托板　在1500℃下不变形，不与灰锥作用，不吸收灰样。

四、仪器和设备

(1) 高温炉（如图21-2所示）　凡能满足下列条件的高温炉都可使用：能加热到1500℃以上；有足够长的恒温带；能按规定的要求控制升温速度；炉内气氛可控制为弱还原性或氧化性；能在试验过程中随时观察灰锥受热过程中的形态变化。

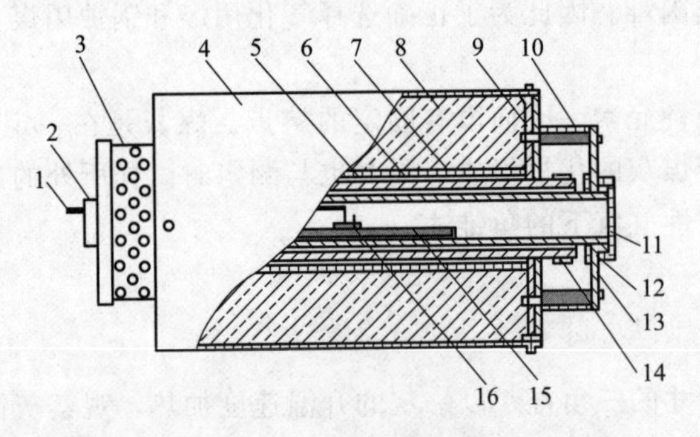

图21-2　硅碳管高温炉

1—热电偶；2—电偶插入口；3—散热罩；4—炉壳；5—刚玉内套管；6—硅碳管；7—刚玉外套管；8—扇形轻质耐火保温砖；9—氧化铝管；10—散热罩；11—观测管盖；12—水泥石棉板；13—炉外挡板；14—电极；15—刚玉舟；16—试样及托板

(2) 铂铑-铂热电偶及高温计　测量范围0～1500℃，最小分5K，加气密刚玉保护管使用。

（3）灰锥模子　由对称的两个半块构成的黄铜或不锈钢制品组成，如图 21-3 所示。

（4）常量气体分析仪　可测定一氧化碳、二氧化碳和氧气含量。

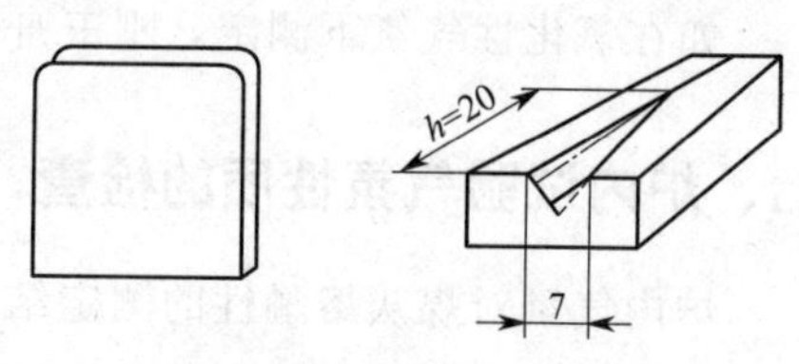

图 21-3　灰锥模具示意图

五、灰锥的制备

取粒度小于 0.2mm 的空气干燥煤样放在大灰皿中，按国标的慢速灰分测定方法灰化，然后用玛瑙研钵研细至 0.1mm 以下，灰越细，灰锥的成型越好。取研细的煤灰置于光滑的瓷板或玻璃板上，滴加糊精溶液数滴，搅拌并调成可塑状，用小刀铲入灰锥模中挤压成型后，再用小刀将制成的灰锥小心地推至瓷板或玻璃板上。加工好的灰锥应该锥尖完好，表面光滑平整，棱角分明，并在空气中干燥或在 60℃ 的干燥箱中干燥备用。灰锥为三角锥体，高 20mm，底为边长 7mm 的正三角形，锥体的一侧面垂直于底面。

用糊精溶液将少量氧化镁调成糊状或将少量待测煤灰调成糊状，把灰锥平稳地固定在灰锥托板三角形坑内，并使灰锥垂直于底面。

六、测定步骤

1. 炉内试验气氛及控制

煤灰熔融温度随测定时的气氛条件不同而不同。国标规定，煤灰熔融可在弱还原性气氛或氧化性气氛下测定。

氧化性气氛，炉内不放任何含碳物质，并使空气自由流通。弱还原性气氛，可用下面两种方法之一控制：

① 炉内通入 (50±10)%（体积分数）的氢气和 (50±10)%（体积分数）的二氧化碳混合气体，或 (40±5)%（体积分数）的一氧化碳和 (60±5)%（体积分数）的二氧化碳混合气体。

② 炉内封入碳物质。对气疏刚玉管炉膛，在刚玉舟中央放置石墨粉 15～20g，两端放置无烟煤 40～50g；对气密刚玉管，在刚玉舟中央放置石墨粉 5～6g 或放置木炭粉 3～4g。

现在测定煤灰熔融性，炉内气氛普遍为弱还原性气氛，国内一般采用封碳法来控制弱还原性气氛。

2. 操作要点

将带灰锥的托板置于刚玉舟上，舟内放入足够量的碳物质。打开高温炉炉盖，将刚玉舟徐徐推入炉内，至灰锥位于高温带并紧邻热电偶热端 2mm 左右（用手电筒照看）。

关上炉盖，开始加热并控制升温速度。在 900℃ 以前，升温速度可快些，为 15～20℃/min；900℃ 以后为 4～6℃/min。

如用通气法产生弱还原性气氛，则从 600℃ 开始通入少量 CO_2 来赶走空气，700℃ 开始通入 H_2 和 CO_2 的混合气或通入 CO 和 CO_2 的混合气体。

随时观察灰锥的形态变化（高温时，需戴上墨镜），记录灰锥的 4 个熔融特征温度：DT、ST、HT 和 FT。

待炉子冷却后，取出刚玉舟，解下托板，仔细检查其表面，如发现试样与托板作用，则另换一种托板重新试验。

如在氧化性气氛下测定，刚玉舟内不放任何含碳物质，并使空气在炉内自由流通。

七、炉内试验气氛性质的检查

炉内气氛对煤灰熔融性的测定结果有很大影响。一般来说，在弱还原性气氛下比氧化性气氛下所测数据要低，二者多差100～200℃，这种情况主要是煤灰中的铁造成的。在氧化性气氛下，铁为Fe_2O_3，熔点为1560℃；在弱还原气氛下，铁为FeO，熔点为1420℃。而铁氧化物是煤灰中的主要成分，所以在弱还原性气氛下测定的煤灰熔融温度较低。

炉内气氛检查可采取两种方法：

1. 参比灰锥法

用参比灰制成灰锥并测定其熔融特征温度（ST、HT、和FT），若其实际测定值与弱还原性气氛下的参比值相差超过50℃，则可根据它们与强还原性或氧化性气氛下的参比值的接近程度以及刚玉舟中碳物质的氧化情况来判断炉内气氛。

炉温冷却后，取出盛放含碳物的刚玉舟，若发现含碳物表面出现少量煤灰，而表层以下仍是未燃的含碳物，则大体可判断炉内为弱还原性气氛；若含碳物已基本烧成灰，则可大致判断为氧化性气氛。

2. 取气分析法

用一根比仪器刚玉管细的气密刚玉管从炉子高温带以6～7mL/min的速度取出气体并进行成分分析。在1000～1300℃范围内，若CO、H_2和CH_4的体积分数为10%～70%，同时1100℃以下它们的总体积和CO_2的体积比不大于1∶1，且O_2含量低于0.5%，则炉内气氛为弱还原性。

取气分析法很麻烦，还需要专门的集气装置与气体分析仪，检验人员要掌握其采样、分析技术，操作难度相当大，国内很少采用此方法来确定炉内气氛，多采用参比灰锥法来检查炉内气氛。

八、试验记录和报告

煤灰熔融性特征温度测定结果应修约到10℃报出，同时还应注明测定时的气氛条件及控制方法，还应记录试验过程中灰锥产生的烧结、收缩、膨胀和鼓泡等现象以及相应的温度。

九、煤灰熔融性测定的精密度

煤灰熔融性测定的精密度见表21-1。

表21-1　煤灰熔融性测定的精密度

煤灰熔融特征温度	精密度	
	重复性/℃	再现性临界差/℃
DT	≤60	
ST	≤40	≤80
HT	≤40	≤80
FT	≤40	≤81

十、注意事项

① 煤灰熔融性高温炉是以硅碳管为发热元件。常用的硅碳管为一端引线的双螺纹管，正常使用温度为1500℃以下，最高为1600℃，合理使用的情况下寿命较长。因此使用硅碳管应注意以下几方面：

a. 选用电阻值在7～8Ω的硅碳管较好。

b. 为了延长硅碳管的寿命，一般升温至1450℃后，不再升温。动力用煤的煤灰熔融性特征温度主要是看ST，故ST大于1350℃即可。

c. 当炉温升至1450℃后，不要立即断电，而要慢慢降低电流使炉温慢慢下降，可延长硅碳管的寿命。

d. 硅碳管很脆，要防止摔碰，特别是在安装时，更应多加小心。炉子处于高温时，不能移动炉子。

e. 测定时，要集中多个灰样一次测完。这是因为硅碳管从室温到1450℃升降1次，相当于连续使用数天，因此要集中灰样，一次最好做满7个单样，以减少升温次数。

② 在煤灰熔融性特征温度中变形温度DT较难判别，而且个人判断结果有可能差异很大，因此，在参比灰锥法确定炉内气氛和测定精密度的再现性限中没有DT的指标。

③ 新型煤灰熔融性测定仪采用电脑判别4个煤灰熔融性特征温度时，还应经常用人工观察法检查电脑判断结果的正确性。这是因为：煤灰熔融性测定中，各特征温度的判断不仅仅是根据灰锥的尺寸，还要看灰锥的形态，这给电脑自动判断特征温度带来了很大困难。

第二十二章　光电分析法

煤质分析中有些项目的测定会用到光电分析方法，比如煤中微量元素磷、砷的含量可用分光光度计测定，煤灰中的 Fe_2O_3、SiO_2、TiO_2 等氧化物可用分光光度计测定，而 K_2O、Na_2O 等氧化物可用火焰光度计测定。本章简单介绍比色分析法、火焰光度分析法的原理及其常用仪器。

第一节　比色分析法

一、比色分析概述

许多物质的溶液是有颜色的，如 $KMnO_4$ 水溶液呈深紫色，$Fe(SCN)_3$ 的水溶液呈血红色，$CuSO_4$ 的水溶液呈蓝色等。有些物质在水溶液中本身没有颜色，但加入某些试剂后可以生成有色化合物。这些有色物质颜色的深浅与浓度有关，溶液越浓，颜色越深；溶液越稀，颜色越浅。因此，可以用比较溶液颜色深浅的方法来测定溶液中有色物质的含量。这些基于比较溶液颜色深浅的分析方法称为比色分析。

比色分析同其他分析方法比较，主要有以下特点：

1. 灵敏度高

比色分析测定的溶液的浓度下限一般为 10^{-5}～10^{-6}mol/L，个别溶液的浓度还可以更低，这是重量分析和容量分析所不能及的。例如，对含铁量为 0.01%的试样，如用滴定法进行测定，称取试样 1g，仅含铁 0.1mg，若用 $c(K_2Cr_2O_7)=0.01$mol/L 的标准溶液来滴定，到达化学计量点时只消耗 0.2mL 标准溶液，很难准确测定。同样，也不能用重量法来进行测定。但是如果采用邻菲罗啉比色法测定，同样取样 1g，溶解后放在 50mL 容量瓶中，加入邻菲罗啉显色剂，能得到明显的颜色，因而可用比色法测定。

2. 分析程序简便快速

由于比色分析的操作过程主要是试样的溶解、待测组分的显色、颜色深度的测量等，因此不像重量分析需要很长的过程，而且干扰离子常常可以不用预先分离，而借加入掩蔽剂来消除，所以完成一个比色测定一般只需要几十分钟。

3. 适用范围广

由于有机显色剂的迅速发展，多数元素离子都可用显色剂进行显色，所以比色分析几乎可测定元素周期表中的所有元素，如二安替比林甲烷比色法测定钛，孔雀绿测定鸽，二苯胺磺酸钠测定钒等。

4. 仪器简单，便于掌握

随着现代工业的发展，尽管目前出现了多种微量组分的先进测定方法，如原子吸收光谱、极谱分析等，但由于比色分析应用的仪器较为简单，容易普及，而且易被广大化验人员掌握，所以比色分析仍是目前微量组分测定的主要手段。

二、光的吸收定律

物质的颜色是由于物质对光的选择吸收所引起的，各种物质都能不同程度地吸收光，但对不同波长的光吸收的程度也各不相同，这种现象称为光的选择吸收。

当一束单色光通过有色溶液时，溶液的质点吸收了光能，使光的强度降低，这种现象称为溶液对光的吸收作用。如果溶液的液层越深，则光的强度的降低就越显著。为了说明这个问题，以强度为 I_0 的单色光通过厚度为 l 的溶液时，可以把溶液厚度看成为 l 层，通过溶液的光的强度为 I_t，如图 22-1 所示。

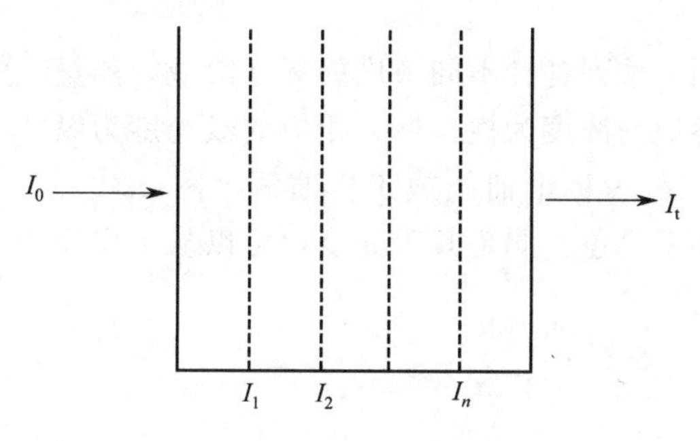

图 22-1　光的吸收定律

通过试验推导，得到数学关系为

$$\lg\frac{I_0}{I_t}=\mu cl$$

式中　μ——比例常数；

　　　c——溶液的浓度。

这个关系式说明，溶液对单色光的吸光度与溶液的浓度及溶液的厚度成正比，这就是光的吸收定律，也就是朗伯-比尔定律。

通过分析光通过有色溶液后被吸收的情况可知：如果光通过溶液后完全不吸收，即 $I_t=I_0$，则 $\lg\frac{I_0}{I_t}=0$；如果光被吸收的程度越大，即I_t 比I_0 越小，则 $\lg\frac{I_0}{I_t}$的数值越大，说明溶液的颜色比较深。因此，$\lg\frac{I_0}{I_t}$表示光通过溶液时被吸收的程度，叫作吸光度，用符号 A 来表示。

$$E=\lg\frac{I_0}{I_t}=\mu cl$$

在比色分析中，常把透光程度与入射光强度的比值$\frac{I_t}{I_0}$称为透光率，用 T 来表示。一般比色仪器中都有两个刻度，即吸光度及透光率两种数值，它们的刻度分别是：

吸光度 A	0	0.046	0.097…1…∞
透光率 T	100	90	80…10…0

三、光的吸收定律的应用

1. 等厚法

在相同条件下，配制标准溶液和待测溶液的有色溶液，在相同厚度的比色皿中测定它们的吸光度，可求出待测物质的含量。

因为 $A_{标}=c_{标}\ l\mu$ $\quad A_{试}=c_{试}\ l\mu$

所以 $$c_{试}=c_{标}\frac{A_{试}}{A_{标}}$$

这就是光电比色计设计的依据。

2. 工作曲线法

分析大批试样时，采用工作曲线法比较方便。具体做法如下：

在相同条件下，配制一系列各种不同浓度的标准溶液，测量它们的吸光度，以标准溶液的浓度为横坐标，相应的吸光度为纵坐标，就可获得一直线，称为标准曲线或工作曲线（图 22-2）。测定试样时，在相同条件下显色，测定其吸光度，可以从工作曲线上查出它的含量。

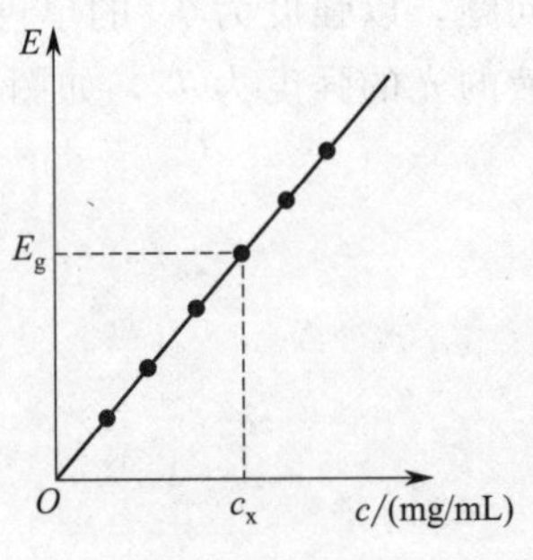

图 22-2　比色分析工作曲线

四、比色分析方法

比色分析方法分为目视比色法和光电比色法两种。

1. 目视比色法

用眼睛观察比较溶液颜色的深浅，以确定物质含量的方法叫作目视比色法。这种方法是把标准溶液和被测溶液在相同条件下进行比较。它是取一系列浓度逐渐增加的标准溶液和被测溶液，把它们分别置入比色管中，并加入相同体积的试剂，然后稀释到同一刻度，显色后，用被测溶液的比色管同标准溶液的比色管的颜色进行比较，当前者与后者的某一比色管颜色相同时，则二者的浓度相等。此方法称为标准系列法。

目视比色法的优点是：这种方法由于比色管较长，故对颜色很淡的溶液也能测出其含量，标准系列配好后，对分析同类样品是比较方便的。

这种方法的缺点是：制备标准溶液太多，费时间，不适于少量样品的分析，有色溶液不稳定，标准溶液不能长久保存。

2. 光电比色法

利用光电池或光电管来测量通过有色溶液后透过单色光的强度，从而求得被测物质含量的方法，叫作光电比色法和分光光度法。

光电比色法的基本原理是，当同一强度的入射光通过不同浓度的有色溶液时，光的强度有不同程度的减弱，光电池上便受到不同强度透过光的照射，便产生不同大小的光电流，根据光电流的大小以及标准比色溶液的浓度，即可计算出被测物质的浓度。

与目视比色法比较，光电比色法有下列优点：

① 采用滤光片（或单色器）将不被溶液吸收的光滤去，只让溶液最容易吸收的单色光参加测定，提高了灵敏度。

② 用光电池或光电管代替人眼进行测量，消除了人眼的主观误差，提高了准确度。

③ 若有其他有色物质共存时，可以采取适当波长的光和适当的空白溶液来消除干扰，提高选择性。

五、光电比色计和分光光度计的结构

用作光电比色测定的仪器有多种类型。例如，按其取得单色光的方法，可区分为滤光式和分光式。滤光式就是光电比色计，分光式就是分光光度计。如按其使用的单色光的波长范围区分，又可分为可见光分光光度计、紫外分光光度计或红外分光光度计。各种仪器虽然形式不同，但原理基本相同，主要部件也是一致或相似的。

光电比色计的构造大约分为以下几个部分：

1. 光源和聚光镜

对于可见光区的光电比色计和分光光度计，常用钨丝白炽灯作为光源，如 6～12V 的汽车灯灯泡。581-G 型光电比色计的光源灯是 6V 0.45A 的钨丝白炽灯。72 型分光光度计的光源灯使用 10V 7.5A 的钨丝白炽灯。

为了得到准确的结果，保持稳定的光源强度是非常重要的。因此，必须保持电源电压稳定不变。在比色计中的电源均附有稳压设备和稳压装置。581-G 型光电比色计和 72 型分光光度计装的都是磁饱和稳压器。

光电比色计都设有聚光镜，使从光源发出的光线都成为平行光线透过吸收池。为了调整光电池受光的大小，常使用光阑或光学劈板。

2. 单色器

只有一种波长，不能再分解的光叫单色光。单色光可以通过滤光片或色散棱镜获得。

（1）滤光片　在光源与光电池之间放置的滤光片，是最常用、最简单的单色器。常用的滤光片用有色玻璃制成。这种滤光片的颜色应与溶液的颜色互为补色。把两种适当颜色的光，按一定的强度比例混合时，若能得到白光，则这两种颜色的光就互称为补色光，例如黄光和蓝光互补等。滤光片的作用在于从含有各种波长的光源中选择一种近似的单色光通过有色溶液，其余光线被滤光片吸收。581-G 型光电比色计正是用的这类滤光片。表 22-1 是滤光片和测定波长选择表。

表 22-1　滤光片和测定波长选择

待测溶液颜色	选用滤光片颜色	选用分光波长范围/nm
绿	紫	400～420
绿带黄	青紫	430～440
黄	蓝	440～450
橙红	蓝带绿	450～480
红	绿带蓝	490～530
青紫	绿带黄	540～560
蓝	黄	570～600
蓝带绿	橙红	600～630
绿带蓝	红	630～760

（2）色散棱镜　有色玻璃滤光片的单色性能较差，为了提高单色性，单色器常用色散棱镜。72型分光光度计的单色器就是由色散棱镜和狭缝构成的。将光源灯光经过透镜成平行光束后，通过色散棱镜，得到色散后的光谱，改变光谱和出光狭缝的相对位置，就可以选择适当波长的有一定波长宽度的单色光。

3. 比色皿

使用仪器进行分析测定的溶液，需要一定的器皿盛放，盛放有色溶液的器皿叫比色皿。对比色皿的要求是无色透明，有严格平行的光学表面，对化学试剂的作用具有很强的稳定性。比色皿的大小随比色的要求而不同，以供不同浓度范围的溶液选用。但测定同一组分时，成套的比色皿的大小、形状应基本一致。

4. 光电池和光电管

（1）光电池　光电池和光电管是将光能转变成电能的部件。

光电池不需要外加电压，在光线直接照射下，便可产生电流。最常用的光电池是硒光电池。581-G型光电比色计和72型分光光度计用的是56-A型、直径为45mm的圆形硒光电池。

当光线照射到半导体硒的表面上时，半导体放出电子，由于氧化镉与硒片的阻挡层的存在，电子只能由半导体流向金属膜（硒的表面涂上一层薄而透明的金属膜，膜上有一金属环）而不能由金属膜流向半导体。因此，光照产生的电子都聚集于金属环上，在金属环与金属底板（把一层半导体硒涂在铁或铜的底板上，底板作通电之用）之间就形成了电位差，如果用导线将二者连接就有电流通过。如果光电池外面线路电阻较小（$<100\Omega$），其所产生的电流大小与光照强度成正比。

硒光电池的感光波长范围是400～800nm，而以544nm附近最灵敏。

（2）光电管　光电管又称发射光电管，是一个两极真空管，其阴极为一金属片，上面涂一层氧化铯。当光线照射到光电管阴极时，阴极就发射出电子。光电管的两极与一电池相连，由阴极发射出来的电子就流向阳极，于是在线路中就产生了光电流。这就是光电管的工作原理。

5. 检流计

光电比色计对所用的检流计要求很高，因为测量的电流范围一般在10μA左右，故要求检流计有很高的灵敏度。

581-G型和72型仪器的检流计都是悬镜张丝式检流计。用铜合金的吊丝悬吊一个可转动的线圈于永久磁铁的磁场中，当电流通过线圈时，则线圈在磁场中发生偏转。当线圈偏转到一定程度时，张丝的扭力矩与线圈在磁场中的偏转力矩相等，线圈就停在那里不再偏转。在其他条件不变时，线圈的偏转角与线圈中电流的大小成一定比例，反映在标尺上即是光点的移动。因此，标尺上光点移动的距离代表了线圈中电流的大小。

第二节　火焰光度分析法

一、基本原理

火焰光度分析属于发射光谱分析范畴，可以说是一种简单化的发射光谱分析。火焰光度计的结构如图 22-3 所示。

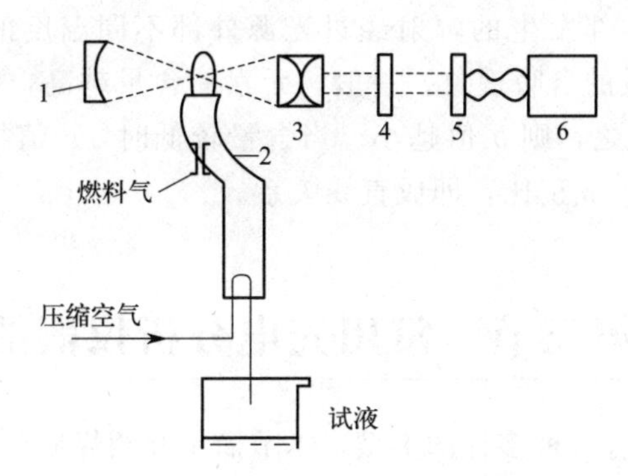

图 22-3 火焰光度计结构简图

1—凹镜；2—喷灯；3—透镜；4—滤光片；5—硒电池；6—检流计

利用火焰作为激发源，并应用光电系统来测量被激发元素所发射的辐射强度，因而设备比较简单，操作比较方便。图 22-3 中被测定的溶液经喷雾器分散在压缩空气中，成为细雾，然后和可燃气体（乙炔或煤气）混合，在喷灯上燃烧。产生的谱线经透镜作用呈平行光束经过滤光片，滤光片分离出被测元素的特征谱线，并投射到光电池上，产生的电流在检流计上指示出来。在煤质化验中，以煤气为燃料气，广泛地使用在煤灰中钾、钠的测定。

二、测定方法

进行火焰光度分析常用的是标准溶液加入法，它既简便易行，又能满足准确度的要求。下面介绍两种火焰光度分析的测定方法。

① 将分析试液分成 A、B 二等份，于 B 溶液中加入已知量的被测元素的标准溶液，加入的量应接近于被测元素的含量。然后将 A、B 两溶液稀释至相同的体积，分别进行测定，读出两溶液的读数。另外根据纯标准溶液系列制作一条工作曲线，从工作曲线上查出 A、B 两溶液所对应的浓度 c_A、c_B。加到 B 溶液中的标准溶液，稀释至与 B 同体积的浓度为 c_0，以 c_x 表示 A 溶液稀释后的被测元素离子浓度，则

$$c_0 : (c_B - c_A) = c_x : c_A$$

$$c_x = \frac{c_A c_0}{c_B - c_A}$$

② 将测 Na^+ 的试样先经过一次预测，约知其含量为多少，然后将试液稀释至浓度约为 50μg/mL。取 50mL 的容量瓶 5 个，各加上述稀释后的试液 1mL。除 1 瓶外，其他各瓶分别加入不同量的浓度为 50μg/mL 的标准溶液，使其加入的钠含量分别为 50μg、100μg、150μg、200μg。把容量瓶内溶液稀释至刻度，摇匀，然后将 5 只容量瓶的溶液从稀到浓，按次序送进火焰光度计测定钠。以检流计读数对钠含量作图，即可查得试液的钠含量，再根据稀释的程度，计算试样中的钠含量。

必须指出，试液中被测离子的浓度不能太大，一般以不超过 0.01mg/mL 为宜，否则就得不到读数与浓度的线性关系。元素发射光谱线的强度与元素含量的关系可用下式表示

$$I = ac^b$$

式中 I——谱线强度；

c——元素的含量；

a——常数，决定于一切外界条件因素；

b——常数。光源内部发生的辐射经过光源外部不同温度的气层时所发生的吸收现象，称为谱线的自吸现象。一般，元素的含量越高，自吸现象也越显著，此时 b 值越大；反之，则 b 值越小。当含量较低时，b 值接近于 1。如果 $b=1$，则 $I=ac$，I 与 c 成正比，即成直线关系。

第三节　常用光电分析仪器的使用

化验室光电分析仪器有多种多样的类型，本节简单介绍煤质分析中常用的 581 型光电比色计、72 型分光光度计和火焰光度计的使用。

一、581 型光电比色计的使用

① 仪器安放在稳固的工作台上，将选择开关和粗、细调整旋钮转至“0”位，检查电源的电压值符合仪器要求后，将电源线插头插入插座。交流电源插座应有接地端，对地电阻应小于 10Ω。

② 检流计调零：将选择开关拨至“1”处，此时检流计灯亮，转动零点调整旋钮，使检流计的光点恰好对在吸光度的“0”刻度上。

③ 空白溶液校正：在比色皿中放入蒸馏水（或空白溶液）和试液，选取合适的滤光片，将其插入滤光片插孔内。将盛有空白液及待测溶液的比色皿放入滑动板的槽内，同时用遮光盖盖上比色皿，以遮去杂光。选择开关拨至“2”处，此时有光通过溶液作用于光电池上，检流计光点即发生偏转，调节粗调整旋钮，使检流计光点接近透光率“100”，再用细调整旋钮调节，直至检流计光点恰在“100”上，粗、细调整旋钮在测定中不再转动。

④ 将试液推入光路，此时光点往回偏转，待静止后读出光点所指吸光度或透光率，即可得到试液或标液的吸光度，记录吸光度数据，如此依次测定。测定过程中应随时注意校正零点。

⑤ 测试结束后，选择开关拨至“0”位，粗、细调节旋钮转至“0”位，比色皿洗涤、擦干，拔下电源插头。

⑥ 按测定标准溶液的吸光度和浓度作出工作曲线，根据被测溶液的吸光度，求出试样中被测物质的含量。

⑦ 注意事项：

a. 仪器要在常温、干燥、无腐蚀性气体环境中使用。

b. 不能在无滤光片时接通光源。测定过程中暂不测定时，可将选择开关拨至“1”，使光电池不受光照。

c. 注意保护比色皿的透光度，不能用手触及透光面，若沾有污物时，用擦镜纸轻轻擦拭。用完后的比色皿要及时清洗，先用自来水、再用蒸馏水清洗，必要时用稀盐酸、稀硝酸及适当的溶剂清洗，切勿用清洁剂、强氧化剂（如 $K_2Cr_2O_7$ 洗液）及碱液洗。

d. 超过光电池的使用寿命或意外原因使光电池失效后，需进行更换。由于每个光电池的灵敏度有差异，所以更换后要重新作工作曲线。

e. 移动比色计时，要先将开关拨至“0”位（此时检流计呈短路状态）。

二、 72 型分光光度计的使用

72 型分光光度计由磁饱和稳压器、单色器和检流计三部分组成。

① 首先检查仪器的电源开关、稳压器开关、光源部分的开关是否在关的位置上，将电源插入 220V 插座上。把单色器的光路闸门扳到黑点位置上后，再将检流计电源开关打开，此时标尺上出现光点。用零位调节器将指示光点调到透光率标尺“0”上。

② 开启稳压器的电源开关和单色器的电源开关，把光路闸门扳到“红”点位置上，再以顺时针方向旋转光量调节器使光门适当打开，使检流计的指示光点达到标尺上限附近，让光源照射硒电池 2min，待它稳定后再行测定。

③ 将单色器上的光路闸门重新扳至“黑”点位置处，再一次把检流计指示光点校正于“0”位，立即将光路闸门扳至“红”点位置。

④ 将比色皿暗箱盖打开，取出比色皿架，将一只比色皿装入空白溶液或蒸馏水，其余三只装入待测溶液，把已放入比色皿的比色皿架重新置于暗箱内，正确地放置于定位拉杆上，随手将暗箱盖盖好。通常将盛有空白溶液或蒸馏水的比色皿放在比色架第一格内，以便光源打开时，光路即对准空白溶液。

⑤ 用波长调节器把所需波长调节至对准波长指示刻度的红线上，这时空白溶液的比色皿恰好在光路上，调节光量调节器使指示光点准确地在透光率为 100 的读数上。

⑥ 将比色皿架的拉杆轻轻拉出一格，使第二只比色皿内的待测溶液进入光路。此时，即可在检流计上读出该溶液的吸光度或透光率，记录此数据，依次进行第三只、第四只待测溶液的测定。光度计在使用过程中，要经常校正零点。

⑦ 测试结束后，将比色皿取出，洗净擦干后，放入比色皿盒，将电源开关置于关的位置，拔掉仪器的插头。

三、光电比色计和分光光度计的维护

光电比色计和分光光度计均属精密仪器，因此在使用和保存过程中都必须做好维护。

① 光电池是一种受光照而产生电流的部件，有一定的寿命，平时不应曝光，以免降低寿命。外界光线进入仪器内部不仅影响光电池的使用寿命，而且影响测定结果。因此放置仪器的地方要比较暗，切勿在阳光直射下工作。滤光片没有插入时，不应开启光源。

② 光电池一经受潮，其灵敏度急剧下降，甚至完全失效。因此仪器要放置在干燥处，干燥剂应及时更换。

③ 悬镜式检流计是仪器的重要部件，它的张丝极易损坏，因此仪器应放置在坚固、不受震动的水泥台上。

④ 仪器接地应该良好，电源电压变动大的实验室，应该加接 220V 的电源稳压器。

⑤ 比色皿、滤光片必须保持清洁。比色皿使用完毕，应立即用蒸馏水洗净，并用干净柔软的布或擦镜纸擦净、擦干，放入比色皿盒，以保证光洁度。取放比色皿时，手指只能接触磨砂的一面，不可接触透光面。滤光片不能用手指直接擦，应用擦镜纸擦干净。

⑥ 仪器连续使用时，光电比色计不宜超过 3h，分光光度计不宜超过 2h，以免光电池或光电管疲劳损坏，必须间歇半小时才能继续使用。

四、火焰光度计的使用

火焰光度计是以发射光谱法为基本原理的一种分析仪器，以火焰作为激发光源，并应用光电检测系统来测量被激发元素由激发态回到基态时发射的辐射强度。根据其特征光谱及光强度判断元素类别及其含量。它包括气体和火焰燃烧部分、光学部分、光电转换器及检测记录部分。火焰的温度比较低，因此只能激发少数的元素，而且所得的光谱比较简单，P 扰较小。火焰光度法特别适用于较易激发的碱金属及碱土金属元素的测定。

国产及进口火焰光度计的型号很多，但其燃气及构造原理大同小异，这里以 JF12-1B 型火焰光度计为例进行说明。

① 接通电源，打开主机电源开关和空气压缩机开关。

② 待压缩机空气压力稳定以后，开启汽化器的燃气输出阀。打开主机上的点火开关，然后转动燃气旋钮（逆时针方向旋转）直到火焰引燃。关闭点火开关，立即打开助燃气开关（逆时针方向旋转 90°），同时将进样细管插入水中喷雾。

③ 调节火焰。调节燃料旋钮，使整个蓝绿色火焰稳定，无明显跳动和串火等现象，这时内火焰（蓝绿色小圆锥形）的高度应为 2～3mm，边缘清晰。调好后须保持稳定，一般情况下，不再转动燃气旋钮。

④ 灵敏度的选择。抽去遮光板，换上钾（钠）滤光片，同时把灵敏度选择按钮转到合适的挡上，一般按测液 K 的浓度在 50mg 以上用“1”挡，20～50mg 用“2”挡，10mg 以下用“3”挡为宜。

⑤ 调节零点和满度。用水作空白液，用“调零”旋钮调节检流计的指针到零点，而后用 20mg 或 50mg 标准液调节“满度”旋钮使指针到满度。如此反复操作数次，直到稳定后即可进行标准液和样品待测液的测定。测定 10 个样品后，须用合适浓度的标准液校正一下，使检流计的读数保持前后一致。

⑥ 测试完毕后，须用水充分喷洗，再关主机电源和空气压缩机。

⑦ 一般检流计的线性以中间一段为最好，到 100 刻度处往往不是很稳定。所以，有时定 90 为满度。

参 考 文 献

[1] 北京矿冶研究院．矿石及有色金属分析法．北京：科学出版社，1973.
[2] 北京煤炭研究院．煤炭化验手册．北京：煤炭工业出版社，1976.
[3] 马鞍山矿山研究院．黑色金属矿石分析．北京：冶金工业出版社，1977.
[4] 成都工学院分析化学教研室．水质污染分析．北京：中国水利电力出版社，1978.
[5] 上海化工学院分析化学教研组．分析化学．北京：人民教育出版社，1979.
[6] 潘教麦，陈亚森．显色剂及其在冶金分析中的应用．上海：上海科学技术出版社，1981.
[7] 许昌华，化验员必读．南京：江苏科学技术出版社，1983.
[8] 日本分析化学会北海道分会．水的分析．孙铁，译．北京：中国建筑工业出版社，1983.
[9] 方国铭，胡国成．光电比色计和分光光度计．北京：中国计量出版社，1988.
[10] 白浚仁，刘凤歧．煤质分析．北京：煤炭工业出版社，1990.
[11] 杨金和．煤质化验仪器的使用与维护．北京：煤炭工业出版社，1996.
[12] 李英华．煤质分析应用技术指南．北京：中国标准出版社，1999.
[13] 李尤泉，林长山．定量化学分析．合肥：中国科学技术大学出版社，2002.
[14] 北京煤炭研究院．煤质化验工．北京：煤炭工业出版社，2013.
[15] 神华宁夏煤业集团有限责任公司教育培训中心．煤质化验工．北京：煤炭工业出版社，2014.